高等学校电子信息类"十二五"规划教材

多媒体技术基础与应用

主　编　杜建荣
副主编　李兴笃　马万锋
　　　　张　鹏　孙金艳

U0227212

西安电子科技大学出版社

内 容 简 介

  本书介绍了多媒体技术的基本概念和基本理论,将多媒体数据信息表示、多媒体数据压缩技术、多媒体计算机系统、多媒体数据接口、多媒体卡、常用多媒体设备、多媒体数据存储技术、网络多媒体技术等内容融为一体,形成完整、系统的多媒体技术教学内容,并突出了多媒体硬件技术及硬件基本操作的内容,解决了教学中重软件应用讲解、少硬件技术实践与创新的问题。本书集理论与实践于一体,使学生在学习多媒体技术时全而不乱,有所侧重,掌握关键,自然流畅。

  本书既可作为高等院校信息技术类专业教材,亦可作为多媒体技术爱好者自学的参考书。

图书在版编目(CIP)数据

多媒体技术基础与应用/杜建荣主编. —西安:西安电子科技大学出版社,2013.1
高等学校电子信息类"十二五"规划教材
ISBN 978-7-5606-2935-3

Ⅰ. ① 多… Ⅱ. ① 杜… Ⅲ. ① 多媒体技术—高等学校—教材 Ⅳ. ① TP37

中国版本图书馆 CIP 数据核字(2012)第 294323 号

策　　划	杨丕勇			
责任编辑	杨丕勇　樊新玲			
出版发行	西安电子科技大学出版社(西安市太白南路 2 号)			
电　　话	(029)88242885　88201467		邮　　编	710071
网　　址	www.xduph.com		电子邮箱	xdupfxb001@163.com
经　　销	新华书店			
印刷单位	陕西天意印务有限责任公司			
版　　次	2013 年 1 月第 1 版　　2013 年 1 月第 1 次印刷			
开　　本	787 毫米×1092 毫米　1/16　印 张 14			
字　　数	324 千字			
印　　数	1～3000 册			
定　　价	24.00 元			

ISBN 978 - 7 - 5606 - 2935 - 3/TP

XDUP 3227001-1

如有印装问题可调换

前　　言

多媒体技术是当今信息技术领域发展最快、最活跃的技术，是新一代电子技术发展和竞争的焦点。多媒体技术是指以数字化为基础，能够对多种媒体信息，如文本、图形、图像、视频和声音等进行采样、加工处理、存储和传递，并能使各种媒体信息之间建立起有机的逻辑联系，集成为一个具有良好交互性的系统技术。借助日益普及的高速信息网，可实现计算机的全球联网和信息资源共享，因此多媒体技术被广泛应用在咨询服务、图书、教育、通信、军事、金融、医疗等诸多行业，并正潜移默化地改变着我们的生活方式。

多媒体技术作为一种迅速发展的综合性电子信息技术，是 21 世纪大学生知识结构的重要组成部分，对提高大学生的综合素质和能力具有十分重要的作用。学习多媒体技术，掌握多媒体硬件基本操作，并将相应技术应用于各项学习和今后的工作中，是当今社会对信息技术类专业学生的基本要求。全国许多高校将"多媒体技术基础与应用"作为一门独立的课程面向大学非计算机专业学生开设，促使学生在各自的专业中能够有意识地借鉴、引入和运用多媒体技术，学会用技术解决问题。本书是在对行业发展和就业市场调研的基础上编写的，主要针对多媒体硬件技术掌握难、发展空间大、人才需求多这一现象，在内容选择和理论组织上，采用"够用、实用、能用"的原则，力求全面、精简和深入浅出地阐述多媒体技术的基本概念和基本理论。书中重点介绍多媒体硬件技术及硬件基本操作，略提及常用多媒体创作工具以作引导，各章节内容注重逻辑联系，注重理论联系实际，突出应用和基本技能的训练。本书对日常学习和工作中常用的硬件及其操作流程作了详细的介绍，让读者学以致用、触类旁通，用最短的时间学会硬件的基本操作技能，解决多媒体应用系统中的难点问题，克服"学习"和"实用"脱节的问题，使学习贴近生活，充分体现了学以致用的教育理念，是一本技术性、实用性较强的学习用书。

全书共 10 章，第 1 章为多媒体技术概论，第 2 章为多媒体数据信息表示，第 3 章为多媒体数据压缩技术，第 4 章为多媒体计算机系统，第 5 章为多媒体数据接口，第 6 章为多媒体卡，第 7 章为常用多媒体设备，第 8 章为多媒体数据存储技术，第 9 章为网络多媒体技术，第 10 章为多媒体技术综合应用。

本书由河西学院杜建荣任主编，兰州工业学院李兴笃、甘肃农业职业技术学院马万锋、河西学院张鹏、湖南科技职业学院孙金艳任副主编。

多媒体技术发展迅猛，尽管编者尽力将新技术、新应用介绍给读者，但由于编者水平有限，书中难免有不妥或疏漏之处，恳请专家、教师及广大读者批评指正。

编　者

2012 年 9 月

目　　录

第 1 章

多媒体技术概论

☞ 20 世纪 80 年代中后期，多媒体技术开始成为人们关注的热点之一。作为一种综合性电子信息技术，多媒体技术给传统的计算机系统、音频和视频设备带来了方向性的变革，对大众传媒产生了深远的影响。多媒体计算机加速了计算机进入家庭和社会各个方面的进程，给人们的工作、生活和娱乐带来深刻的变化。多媒体改善了人类信息的交流，缩短了人类信息传递的路径。多媒体技术应用是 20 世纪计算机的又一次革命，成为 21 世纪信息技术的时代特征。

1.1 多媒体技术的基本概念

1.1.1 多媒体技术的定义

"多媒体"一词译自英文"Multimedia"，其核心词是媒体。媒体(medium)一般指信息的表现形式和承载载体。我们日常生活和工作中经常看到的文字、图像，听到的声音，以及存储信息的光盘、传输通信的光缆等均为媒体。

媒体的概念范围相当广泛，国际电信联盟(ITU，International Telecomunication Union)下属的国际电报电话咨询委员会(CCITT，Consultative Committee International Telegraph and Telephone)根据信息被人们感觉并加以表示，使之呈现、实现存储或进行传输的载体的不同，将媒体分为五大类。

1. 感觉媒体(Perception Medium)

感觉媒体是指人的感觉器官所能感觉到的信息的自然种类，如各种语言、文字、音乐、自然界的其他声音，静止的或活动的图像、图形和动画等信息。人的感觉包括视觉、听觉、触觉、嗅觉、味觉等。感知媒体帮助人类来感知环境。目前，人类主要靠视觉和听觉来感知环境的信息，触觉作为一种感知方式也慢慢引入到计算机中。

2. 表示媒体(Representation Medium)

表示媒体是为了加工、处理和传输感觉媒体而人为构造出来的一种媒体，指被交换的数据类型，它们定义了信息的特性。表示媒体的特性用信息的计算机内部编码来表示，如语音 PCM 编码、图像 JPEG 编码、文本 ASCII 编码和乐谱等。

常见的表示媒体可概括为声(声音 Audio)、文(文字和文本 Text)、图(静止图像 Image 和动态视频 Video)、形(波形 Wave、图形 Graphic 和动画 Animation)、数(各种采集或生成的数据 Data)等五类信息的数字化编码表示。

3．显示媒体(Presentation Medium)

显示媒体是指为人们再现信息的物理工具和设备(输出设备)，或者指获取信息的工具和设备(输入设备)，是表示媒体和感觉媒体之间转换所用的媒体。显示媒体又分为输入显示媒体和输出显示媒体。输入显示媒体如键盘、鼠标器、光笔、数字化仪、扫描仪、麦克风、摄像机等，输出显示媒体如显示器、音箱、打印机、投影仪等。

4．存储媒体(Storage Medium)

存储媒体又称存储介质，指用于存储表示媒体(也就是把感觉媒体数字化以后的代码进行存入)，以便计算机随时加工处理和调用的物理实体。这类存储媒体有硬盘、软盘、CD-ROM、优盘、磁带、半导体芯片等。

5．传输媒体(Transmission Medium)

作为通信的信息载体，用来将表示媒体从一处传送到另一处的物理实体叫传输媒体。这类媒体包括各种导线、电缆、光缆、电磁波等。

那么，这么多的媒体和我们要研究的多媒体有什么关系？即我们这里所说的多媒体的含义究竟指的是什么？从字面意义上讲，多媒体就是多种媒体，即计算机能够处理多种信息媒体。人们普遍认为，多媒体是融合两种或者两种以上媒体的一种人-机交互信息交流和传播媒体，使用的媒体信息表现形式包括文字、图形、图像、声音、动画和视频。与传统媒体相比，最大的不同就是，这些媒体信息我们能够自己控制。换句话说，就是我们需要了解哪方面的信息，就可以通过相应的控制操作来实现。这一过程我们称其为"交互"。

经过分析，我们可以基本明确，多媒体包括两层含义，简单地说就是"多种媒体"和"交互"。它的核心内容就是利用计算机技术对媒体进行处理和重现，同时，对媒体进行交互控制。"交互控制"可以说是多媒体的主要特色，也是区别于其他媒体形式的重要标志。而恰恰就是这一区别，使得多媒体与其他媒体有了本质的不同；也恰恰就是这一区别，使得我们的信息交流方式有了本质的飞跃。从这个意义上说，多媒体最终被归为一种技术。所以我们现在所说的多媒体，常常不是指多媒体本身，而主要是指处理和应用它的一整套技术。因此，多媒体实际上就常常被当作多媒体技术的同义词。

由此可见，多媒体技术就是利用计算机技术把文本、图形、图像、音频和视频等多种媒体信息综合一体化，使之建立逻辑连接，集成为一个具有交互性的系统，并能对多种媒体信息进行获取、压缩编码、编辑、加工处理、存储和展示。简单地说，多媒体技术就是把声、文、图、像和计算机结合在一起的技术，它不是各种信息媒体的简单复合。实际上，多媒体技术是计算机技术、通信技术、音频技术、视频技术、图像压缩技术、文字处理技术等多种技术的一种综合。多媒体技术能提供多种文字信息 (文字、数字、数据库等) 和多种图像信息(图形、图像、视频、动画等) 的输入、输出、传输、存储和处理，使表现的信息图文声并茂，且更加直观和自然。

1.1.2　多媒体技术基本术语

文本(Text)：指编辑的文字，含字体、大小、格式等变化。

图形(Graphics)：对计算机来说，是现实生活中图像的形象再现。它用点、线、面等构图的基本元素通过有机的组合生成二维或三维的现实物体。

静止图像(Still image)：指存在于某一载体或印刷品上的图片、幻灯片、名片等。

照片(Picture)：包括个人照片、风景照片、技术照片、工程照片等。

动画(Animation)：指活动的图形，用点、线、面等构图元素，通过二维或三维的算法，以关联为纽带生成动画。例如，卡通片就是动画制作的典型。

影片(Video)：存于录像带、CD-ROM 上的电影片等。

音响(Sound)：任何一种能发出声音的激励信号。

音乐(Music)：各种歌声、乐声、乐器的旋律等。

对话(Interaction)：指人机交互的问答、按钮、指示、感应、触控等。

音频(Audio)：声音的电信号。

采样频率(Sampling Rate)：指一秒钟内采样的次数，它反映了采样点之间的间隔大小；间隔越小，采样频率越高，丢失的信息越少，但要求的存储量越大。

视频(Video)：人们肉眼可见图像的电信号。

像素(Pixel)：显示屏上能独立地赋予彩色或亮度的最小元素。

帧(Frame)：在影片录制或电视播放中的单个完整的画面。

图像(Image)：指计算机可以再现的现实生活中的画面，是由不同色彩元素组成的。图像可分为活动图像和静止图像两种。活动图像是连续显示的动态画面，必须每秒播放 25 幅以上才不至于在人眼中产生滞留。

背景(Background)：动画中为其他图像作衬底的图像。

前景(Foreground)：在放映中，位于其他图像之前而显示的图像。

课件(Courseware)：为讲述一门课程或一般教学内容所需要的软件或支持材料。

CD-ROM(Compact Disc Read-Only Memory)：只读型光盘。它具有容量大、单位存储成本低、只可读不能写的特点。

CD-DA(Compact Disc Digital Audio)：数字音频光盘。它是光盘的一种存储格式，是专门用来记录和存储音乐的，可存储长达 73 分钟的高质量数字音频数据。

AVI(Audio-Video Interleaved)：音频、视频交互格式。它是一种不需要专门硬件参与就可以实现大量视频压缩的视频文件格式。AVI 格式是由美国 Intel 公司制订，被 Microsoft 所认可，并积极推广的视频文件格式。

MIDI 文件(Midi File)：一种保存 MIDI 乐曲的文件格式。在多媒体 Windows 中，MIDI 文件的扩展名为 MID。

多媒体平台：计算机、音响系统和图像系统的集成。它可提供对多种信息格式的存取。

1.2 多媒体技术的基本特性

多媒体技术所处理的文字、数据、声音、图像、图形等媒体数据是一个有机的整体，而不是一个个"分立"的信息类的简单堆积，多种媒体间无论在时间上还是在空间上都存在着紧密的联系，是具有同步性和协调性的群体。因此，多媒体技术的关键特性在于信息载体的多样性、集成性、协同性、实时性和交互性。这也是多媒体技术研究中必须解决的问题。

1.2.1　信息载体的多样性

信息载体的多样性是多媒体的主要特征之一，也是多媒体研究需要解决的关键问题。多媒体技术的多样性体现在信息采集或生成、传输、存储、处理和显现的过程中，要涉及到多种感觉媒体、表示媒体、传输媒体、存储媒体和呈现媒体，或者多个信源或信宿的交互作用。这种多样性，当然不是指简单的数量或功能上的增加，而是质的变化。例如，多媒体计算机不但具有文字编辑、图像处理、动画制作，以及通过电话线路(经由调制解调器)或网络(经由网络接口卡)收发电子邮件(E-mail)等功能，还具有处理、存储、随机地读取包括伴音在内的电视图像的功能，能够将多种技术和业务集合在一起。

信息载体的多样化使计算机所能处理的信息空间范围扩展和放大，而不再局限于数值、文本或特殊对待的图形和图像，这是计算机变得更加人性化所必需的条件。人类对于信息的接收和产生主要在五个感觉，即视觉、听觉、触觉、嗅觉和味觉空间内，其中前三种占了95%的信息量。借助于这些多感觉形式的信息交流，人类对于信息的处理可以说是得心应手。然而，计算机以及与之相类似的设备都远远没有达到人类的水平，在信息交互方面与人的感官空间就相差更远。多媒体就是要把机器处理的信息多维化，通过信息的捕获、处理与展现，使之在交互过程中具有更加广阔和更加自由的空间，满足人类感官空间全方位的多媒体信息要求。

1.2.2　交互性

多媒体的第二个关键特性是交互性。所谓交互就是通过各种媒体信息，使参与的各方(不论是发送方还是接收方)都可以进行编辑、控制和传递。交互性在于，使用者对信息处理的全过程能进行完全有效的控制，并把结果综合地表现出来，而不是单一数据、文字、图形、图像或声音的处理。多媒体系统一般具有捕捉、操作、编辑、存储、显现和通信功能，用户能够随意控制声音、影像，实现用户和用户之间、用户和计算机之间的数据双向交流的操作环境，以及多样性、多变性的学习和展示环境。

交互性向用户提供更加有效的控制和使用信息的手段和方法，同时也为应用开辟了更加广阔的领域。交互可做到自由地控制和干预信息的处理，增加对信息的注意力和理解，延长信息的保留时间。当交互性被引入时，活动(Activity)本身作为一种媒体便介入了信息转变为知识的过程。借助于活动，我们可以获得更多的信息，如在计算机辅助教学、模拟训练、虚拟现实等方面都取得了巨大的成功。媒体信息的简单检索与显示，是多媒体的初级交互应用；通过交互特性使用户介入到信息的活动过程中，才达到了交互应用的中级水平；当用户完全进入到一个与信息环境一体化的虚拟信息空间自由遨游时，这才是交互应用的高级阶段，但这还有待于虚拟真实(Virtual Reality，又译作灵境)技术的进一步研究和发展。

1.2.3　协同性

每一种媒体都有其自身规律，各种媒体之间必须有机地配合才能协调一致。多种媒体之间的协调以及时间、空间和内容方面的协调是多媒体的关键技术之一。

1.2.4　实时性

所谓实时性，是指在多媒体系统中多种媒体间无论在时间上还是在空间上都存在着紧密的联系，是具有同步性和协调性的群体。例如，声音及活动图像是强实时的(hard real time)，多媒体系统提供同步和实时处理的能力。这样，在人的感官系统允许的情况下，进行多媒体交互，就好像面对面(face-to-face)一样，图像和声音都是连续的。实时多媒体分布系统把计算机的交互性、通信的分布性和电视的真实性有机地结合在一起。

1.2.5　集成性

多媒体技术是多种媒体的有机集成。它集文字、文本、图形、图像、视频、语音等多种媒体信息于一体。它像人的感官系统一样，从眼、耳、口、鼻、脸部表情、手势等多种信息渠道接收信息，并送入大脑，然后通过大脑综合分析、判断，去伪存真，从而获得准确的信息。目前，人们还在进一步研究多种媒体，如触觉、味觉、嗅觉。多种媒体的集成是多媒体技术的一个重要特点，但要想完全像人一样从多种渠道获取信息，还有相当的距离。

所谓集成性，除了声音、文字、图像、视频等媒体信息的集成外，还包括传输、存储和显示媒体设备的集成，如图 1-1 所示。多媒体系统一般不仅包括计算机本身，而且包括电视、音响、录像机、激光唱机等设备。

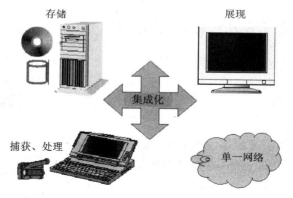

图 1-1　多媒体的集成性

多媒体的集成性应该说是在系统级上的一次飞跃。早期多媒体中的各项技术和产品几乎都是由不同厂商根据不同的方法和环境开发研制出来的，基本上只能单一零散和孤立地被使用，在能力和性能上很难满足用户日益增强的信息处理要求。但当它们在多媒体的大家庭里统一时，一方面意味着技术已经发展到相当成熟的阶段，另一方面也意味着各自独立的发展不再能满足应用的需要。信息空间的不完整，开发工具的不可协作性，信息交互的单调性等都严重地制约和限制着多媒体信息系统的全面发展。因此，多媒体的集成性主要表现在多媒体信息的集成和操作这些媒体信息的工具和设备集成这两个方面。对于前者而言，各种信息媒体应能按照一定的数据模型和组织结构集成，强调与多媒体相关的各种硬件的集成和软件的集成，为多媒体系统的开发和实现建立一个理想的集成环境，提高多媒体软件的生产力。

1.2.6 非线性

多媒体技术的非线性特点将改变人们传统循序性的读写模式。以往人们读写方式大都采用章、节、页的框架，循序渐进地获取知识，而多媒体技术将借助超文本链接(Hyper Text Link)的方法，把内容以一种更灵活、更具变化的方式呈现给读者。

从多媒体技术的上述特性可以看出，多媒体技术是一种能同时综合处理多种形式的信息，在这些信息之间建立逻辑联系，使其集成为一个交互式系统的技术。多媒体技术主要用于实时地综合处理声音、文字、图形、图像和视频等信息，是将多种媒体信息用计算机集成在一起同时进行综合处理，并把它们融合在一起的技术。

1.3 多媒体基本技术和关键技术

多媒体是多种信息媒体在计算机上的统一管理，它是多种技术的结合。多媒体通信可以实现图、文、声、像一体化传递。多媒体技术是在一定技术条件下的高科技产物，它是多种技术综合的结晶。此处简要概述多媒体的关键技术及相关技术。

通常，我们通过电视机、收音机得到的信息是非数字化的。多媒体系统中的视频、音频技术必须依靠数字化技术，信号的数字化处理是多媒体技术的基础。

1.3.1 视频和音频数据压缩和解压缩技术

多媒体数据的压缩及编码技术是多媒体系统的关键技术。多媒体系统具有综合处理声、文、图的能力，要求面向三维图形、立体声音、真彩色高保真全屏幕运动画面，为了达到满意的视听效果，要求实时地处理大量数字化视频、音频信息，这对计算机的处理、存储、传输能力是一个严峻的挑战。

数字化的声音和图像数据量非常大。例如，一幅中等分辨率(640 × 480 像素点)的彩色(24 bit/像素)图像的数据量约为每帧 1 MB(精确计算为 0.922 MB/帧)。为了使视频画面活动保持连续，则必须至少以 25 帧/s 的速度播放。这样，一秒钟的活动视频画面约占 25 MB，一分钟的活动视频画面约占 1500 MB，约合 1.5 GB。即使是存储容量高达 600 MB 的 CD-ROM，其单片也仅能存储播放 20 多秒钟的数据量。

这样，如果在未压缩的情况下，要实行全动态的视频及立体声音响的实时处理，则需要高达上亿次每秒的操作速度和几十个 GB 的存储容量，这对目前的微机来说是无法实现的。因此，对多媒体信息进行实时压缩和解压缩是十分必要的。

从多媒体信息本身的角度来讲，数据压缩也是可能的。

首先，原始信息源数据存在着大量的冗余。我们平常遇到的图像，大致可以分为两类：一类是单张的画面，如照片、图片，是静止图像；另一类是由一连串的画面所组成的，如一段视频的相邻接的图像，这是活动的图像。以一张照片为例，蓝色的天空、绿色的草地、白衣红裙，画面中的很多部分都有着同一种颜色。这种密切相关性称为空间相关或空间重复。显然，可以用少量的数据来表示这些空间相关的数据。又如一段动画或影视图像，除了具有上述空间相关的特性外，每相邻的两帧图像之间产生的变化往往很小。这是因为在连续的节目中，活动目标的动作在短暂的时间内(1/25 s)的变化很小，这中间又存在着大量重复的数据，这称为时间相关或时间重复。这种静态和动态画面帧内像素间的空间相关和帧与帧之间的时间相关都产生了大量的数据冗余。这些冗余的数据量，就是可以进行压缩的对象。

其次，由于作为多媒体信息的主要接收端——人类的视觉、听觉器官具有某种不敏感性，如人眼对边缘剧变不敏感，以及对亮度信息敏感而对颜色分辨力不敏感，基于这种不敏感性，可对某些原非冗余的信息进行压缩，从而大幅地提高压缩比。

目前，最流行的关于压缩编码的国际标准有三种：

(1) 静止图像压缩编码标准：JPEG(Joint Photographic Experts Group)；

(2) 运动图像压缩编码标准：MPEG(Moving Picture Experts Group)；

(3) 视频通信编码标准：P × 64 标准。

1.3.2　超大规模集成(VLSI)电路制造技术

对声音和图像信息进行压缩处理时，需要完成大量的计算。有些处理，如视频图像的压缩还要求实时完成。这样的处理，如果由通用计算机来完成，需要用中型计算机，甚至是大型计算机才能胜任，高昂的成本使多媒体技术无法推广。由于 VLSI 技术的进步使得生产低廉的数字信号处理器(DSP)芯片成为可能。DSP 是为完成某种特定信号处理而设计的。在通用计算机上需要多条指令才能完成的处理，而在 DSP 上只需一条指令即可完成，DSP 价格虽然只有几十到几百美元，但完成特定处理时的计算能力却与普通中型计算机相当。

1.3.3　大容量光盘存储器

数字化的媒体信息虽然已经经过了压缩处理，但仍然包含了大量的数据。视频图像在未经压缩处理时每秒钟的数据量约为 25 MB，经压缩处理后每分钟的数据量约为 10 MB。这样的容量用一般的软盘存储当然是不可能的。几个 GB 的硬盘虽然容量可以达到要求，但是一方面硬磁盘存储器是不可交换的，不能用于多媒体信息和软件发行，另一方面上千元的价格也不能让全部的用户接受。而大容量只读光盘(CD-ROM)的出现，正好适应了这样的需要。每张 CD-ROM 的外径为 5 英寸，可以存储 650 MB 的数据，并可以像软盘那样用于信息交换，大量生产时价格也相当低廉。

DVD 是 Digital Video Disk 的缩写，意思是数字视频光盘(系统)，这是为了与 VCD(Video CD)相区别。VCD 和 DVD 都是光学存储媒体，但 DVD 的存储容量和带宽都明显高于 VCD。DVD 的特点是存储容量比现在的 CD 盘大得多，最高可达 17 GB。一片 DVD 盘的容量相当于现在的 25 片 CD-ROM，而 DVD 盘的尺寸与 CD 相同。DVD 所包含的软硬件要遵照正在由计算机、消费电子和娱乐公司联合制定的规格，目的是为了能够根据这个新一代的 CD 规格开发出存储容量大和性能高的兼容产品，用于存储数字电视和多媒体软件。

1.3.4　多媒体同步技术

多媒体技术需要同时处理声音、文字、图像等多种媒体信息，在多媒体系统所处理的信息中，各个媒体都与时间有着或多或少的依从关系。例如，图像、语音都是时间的函数，声音和视频图像要求实时处理同步进行，使得声音和视频图像的播放不能中断。在多媒体应用中，根据不同的应用目的，往往要对某些媒体执行加速、放慢、重复等交互性处理。多媒体系统允许用户改变事件的顺序并修改多媒体信息的表现。各媒体具有本身的独立性、共存性、集成性和交互性。系统中各媒体在不同的通信路径上传输，将分别产生不同的延迟和损耗，造成媒体之间协同性的破坏，因此，媒体同步也是一个关键问题。

多媒体系统中有一个多媒体核心系统(即多媒体操作系统)就是为了解决声音、图像、文字等多媒体信息的综合处理，解决多媒体信息的时空同步问题。

在多媒体技术应用中，多媒体信息以三种模式，即制约式、协作式和交互式相互集成。制约式是指一种媒体的状态转移或激活会影响到另一种媒体；协作式是指两种以上的媒体信息同时存在。此两种模式要求按事件发生的顺序同步，属基本同步型。交互式是指某一种媒体上含有的信息变换成另一种媒体信息。

1.3.5　多媒体网络和通信技术

要充分发挥多媒体技术对多媒体信息的处理能力，必须与网络技术相结合。多媒体信息要占用很大的存储空间，即使将数据压缩，对于单机用户来说，要获得丰富的多媒体信息仍然有困难。此外，在多个平台上独立使用相同数据，性价比小。特别是在某些特殊情况下，要求许多人共同对多媒体数据进行操作，如电视会议、医疗会诊等时，不借助网络就无法实施。多媒体如果不与网络相结合，只是在单机上应用的话，其功能将显得黯然失色。实际上，近年来迅速发展的许多多媒体技术都是与网络技术相结合的。随着 Internet 在全世界的普及，网络多媒体技术得到了迅速而广泛的发展，并且形成四类重要的网络多媒体应用：多媒体数据库(Multimedia DataBase)、学术出版(Academic Publishing)、计算机辅助学习(Computer Aided Learning)以及通用多媒体信息服务(General Multimedia Information Service)。

多媒体网络通信分同步通信和异步通信。同步通信主要在电路交换网络的终端设备之间交换实时语音、视频信号，能满足人的感官分辨力的要求。异步通信主要在成组交换网络的数字终端间交换非实时的数字多媒体数据。

多媒体通信技术包含语音压缩、图像压缩及多媒体的混合传输技术。为了只用一根电话线同时传输语音、图像、文件等信号，必须要用复杂的多路混合传输技术，而且要采用特殊约定来完成，这种语音、数据的同时传输技术在美国已正式命名为 SVD(Simultaneous Voice on Date，语音数据同时传输)技术。

1.3.6　多媒体计算机硬件体系结构的关键——专用芯片

多媒体计算机需要快速且实时完成视频和音频信息压缩和解压缩、图像的特技效果(如改变比例、淡入淡出、马赛克等)、图形处理(图形的生成和绘制等)和语音信息处理(抑制噪声、滤波等)。要圆满地完成上述任务，一定要采用专用芯片。

多媒体计算机专用芯片可归结为两种类型：一种是功能固定的芯片。第一批功能固定的芯片目标瞄准了图像数据的压缩处理。另一种是可编程的多功能芯片。

虽然多媒体计算机硬件结构的核心是专用处理器，但是任何多媒体系统都需要其他芯片的支持，以完成用户对多媒体技术越来越高的要求。它包括 VRAM、A/D 变换器、D/A 变换器以及音频处理芯片。

1.3.7　多媒体计算机系统软件的核心——AVSS 或 AVK

为了支持计算机对声音、文字、图像多媒体信息的处理，特别是要解决多媒体信息的时、空同步问题，研制用于连接驱动程序接口模块的多媒体计算机的核心软件(即音频/视频子系统或音频/视频内核(AVSS，AVK))是多媒体计算机的又一关键技术。Commodore 公司为 Amiga 系统研制的 Amiga 操作系统，以及著作语言 Amiga Vision，Philips/SONY 公司为 CD-I 系统研制的 CD-RTOS(CD 实时操作系统)，Intel/IBM 公司为 DVI 系统研制的 AVSS(Audio, Video Sub-System，音频/视频子系统)以及 AVK(Audio Video Kernel，音频/视频内核)，都是多媒体计算机系统已解决和正在解决的关键技术的实例。

多媒体核心软件的设计思想包括以下几点：

(1) 平台的独立性：保证多媒体的基本操作适用于各种不同的具体的多媒体环境；

(2) 灵活性：提供一个能够管理和控制多媒体计算机中所使用的各种类型设备的统一环境；

(3) 可扩展性：支持由于半导体技术的进步，多媒体计算机中所采用的硬件性能的改进和提高，以及不断形成和完善的新标准的需要；

(4) 高性能：为了满足多媒体计算机技术中高速、密集的处理需要，AVSS 或 AVK 要提供高水平实时的多媒体协同处理的支持。

在多媒体计算机系统中，多媒体核心软件要完成的任务是：

(1) 支持随时移动或扫描窗口条件下运动和静止图像的处理显示；

(2) 为相关的语音和视频数据流的同步问题提供需要的实时任务调度；

(3) 支持标准的桌上型计算机的环境；

(4) 使主机 CPU 的开销减到最小；

(5) 能够在多种硬件和操作系统环境下执行；

(6) 随着硬件性能的增加，AVSS 或 AVK 的性能指标也在不断增长。

1.3.8　多媒体声音卡技术

在多媒体计算机中，声音卡是最基本的硬件部件，因此声音卡技术也是多媒体技术中最基本的技术之一。声音卡的作用是实现声音模拟信号和数字信号之间的相互转换。在实现声音采集时，声音卡根据用户的指定获取来自麦克风(Microphone)、音频输入端口(Line in)或光盘驱动器中 CD 声音的模拟信号，通过模数转换器(ADC)将声波振幅信号转换成一串数字，而后被抽样采集保存到计算机文件中。在实现声音回放时，把数字信号从计算机的文件中取出，送到数模转换器(DAC)，以相同的抽样速率把声音的数字信号转换为模拟信号，或经过声音卡的放大后经 Speaker Out 端口送到扬声器去发声，或经声音卡的 Line Out 端口直接送到音响的放大器上，经放大后在扬声器上发声。在声音卡上采用的这种技术称为脉冲编码调制(PCM，Pulse Code Modulation)技术。在声音卡上还包括一个音乐设备数字接口(MIDI，Musical Instrument Digital Interface)的连接口，它是计算机与电子音乐设备的通信接口，增强了 PCM 对于声音的处理能力。

1.3.9 多媒体视频卡技术

在多媒体计算机中，视频卡是另一个重要的硬件设备。视频卡是专门为图形、图像的处理而设计的，但它并非多媒体个人计算机所必须的。根据视频卡的用途，我们可以把它们大致分成视频图像采集卡和视频信号转换卡。就其功能来说，前者用于把视频图像逐帧捕捉采集转换成数字信号存储于计算机的文件中，后者用于将计算机输出的显示器数字信号转化成模拟视频信号。视频技术在多媒体技术中是极为有用的技术，如果要制作 VCD 光盘或用计算机制作电视节目和广告等，必须采用这类技术。就目前的情况来看，还没有一种视频卡能同时满足上面的两种功能。在视频卡的产品中，根据其采集质量或转换效果，价格可有数量级的差别。

1.3.10 多媒体触摸屏技术

触摸屏技术是伴随多媒体技术而产生的一种新的计算机控制技术。触摸屏是该技术的产品，它在计算机中类似于鼠标器(Mouse)等输入控制设备。触摸屏输入或控制计算机的原理是，通过物理手段检测用户在显示屏上的触摸点，向计算机报告其坐标值，计算机据此而完成相应的功能，实现对计算机的控制。触摸屏技术的应用使得人们不必通过键盘或鼠标器就能完成与计算机的交互和对计算机的控制，使操作更加方便简洁，同时还把注意力全部集中到了展示信息的显示屏上。触摸屏主要有红外切割式、电阻压力式和电容感应式等类型。

1.3.11 超文本与超媒体技术

超文本技术产生于多媒体技术之前，直到 20 世纪 80 年代，随着多媒体技术的发展才得以大放异彩。这一方面是由于多媒体所引发的强大需求所致，另一方面也说明了超文本与超媒体都适合于表达多媒体信息。

超文本就是超级文本(Hyper Text)，超文本技术是一种类似于人脑的联想思维，非线性地存储、管理和浏览(Browsing)文字信息的技术。超文本是一个非线性的结构，以结点为单位组织信息，在结点与结点之间通过表示它们之间关系的链加以连接，构成表达特定内容的信息网络。在超文本中，用户可以通过点击或类似的简单操作直接查阅与之相关联的文本，而不需要自己去费力地查找相关的文本。超文本组织信息的方式与人类的联想记忆方式有相似之处，从而可以更有效地表达和处理信息。制作超文本时，素材以其内部联系划分为不同层次、不同关系的单元，并在著作工具的作用下形成网状结构。早期的超文本是由链连接成的字符串文章。随着多媒体技术的发展，链结构的内容扩展为多种媒体形式，此时通称为超媒体。

超媒体最早源于超文本。由于多媒体十分强调人的主动参与，因此也称为交互式多媒体。超媒体所提供的信息包括图、文、声、动画、视频等多种媒体信息。超媒体将这些信息以类似人脑的联想思维方式，把相关的信息联系起来，构成一种网状体系，而非传统的树形结构。因此，用超媒体技术组织的信息系统无所谓头，也无所谓尾。建立和浏览这种信息系统时，用户可以任意选择起始点和起始点之后的顺序。超媒体一方面提高了检索效率，另一方面让用户来控制信息系统的建立和浏览，使人感觉更自然、更友好。

1.3.12　多媒体信息管理和检索技术

早期的多媒体文档管理系统将媒体信息内容保存在一个文件中，并使用许多指针和界线来定位每个多媒体文档的起点，这样就允许在一个文件中存放多个相对独立的媒体信息内容。但是，随着多媒体应用的日益广泛和深入，多媒体数据库应用开发者正面临着巨大的挑战。多媒体数据库应用需要充分吸收数据库管理的新技术，多媒体数据库技术已成为开发多媒体应用不可缺少的技术。由于多媒体数据具有数据量大、集成性、实时性、非解释性和非结构性等特性，故其管理需要考虑许多新的要求。

传统数据库对文本数据的管理、查询和检索可以精确地处理数据的概念和属性，如"职工"数据库对工资的精确查询。但在多媒体数据库中，对图形、图像、声音、动画等非格式化的多媒体信息进行管理、查询和检索，非精确匹配和相似性查询将占相当大的比重，我们较难确定和正确处理许多媒体内容(如图像、声音等)的语义信息，如对于纹理、颜色和形状等本身就不易于精确描述的概念。

比较现实的是采用现有的关系型数据库和面向对象的数据库系统，对其中的数据模型进行扩充(增加 BLOD 字段)，使它不但能支持格式化数据，也能处理非格式化数据，并利用关系型数据库进行存储和管理、快速检索和浏览(注意是对文件名而不是多媒体内容)。

1.3.13　虚拟现实技术

虚拟现实(VR，Virtual Reality)是利用计算机生成一种模拟环境，通过各种传感设备，使使用者投入到该环境中，实现用户与该环境直接进行自然交互的技术。

今天的 VR 要依赖于音频、视频技术和计算机接口技术来实现，通过接口可以获取参与者的身体运动信息，身体运动信息起着触发的作用，人们从与身体运动相关的人造世界中看到和听到东西，并可以改变声音的方向和景物的观察角度，使得这个人造世界好像现实世界一样。虚拟现实具有多感知性、临场感、交互感和自主性等特性。

虚拟现实技术是用计算机生成现实世界的技术。虚拟现实的本质是人与计算机之间进行交流的方法，它以其更加高级的集成性和交互性，给用户以十分逼真的体验，可以广泛应用于模拟训练、科学可视化等领域，如飞机驾驶训练、分子结构世界、宇宙作战游戏等。

虚拟现实的定义可归纳为：利用计算机技术生成的一个逼真的视觉、听觉、触觉及嗅觉等的感觉世界，用户可以用人的自然技能对这个生成的虚拟实体进行交互考察。这个定义有三层含义：首先，虚拟实体是用计算机来生成的一种模拟环境，"逼真"就是要达到三维视觉，甚至包括三维的听觉及触觉、嗅觉等；其次，用户可以通过人的自然技能与这个环境交互，这里的自然技能可以是人的头部转动、眼睛转动、手势或其他的身体动作；第三，虚拟现实往往要借助于一些三维传感设备来完成交互动作，常用的如头盔立体显示器、数据手套、数据服装、三维鼠标等。

扩展题

1. 你在日常生活工作中接触到了哪些多媒体产品？
2. "信息高速公路"与多媒体技术有什么关系？
3. 多媒体的关键技术有哪些？试说说某一关键技术的应用。
4. 试举例说明多媒体应用的发展现状和前景。

第2章

多媒体数据信息表示

☞ 计算机处理的对象除了数值和字符外，还包含大量的图形、图像、声音、视频等多媒体数据。要使计算机能够处理这些多媒体数据，必须先将它们转换成二进制信息。多媒体数据量大、类型多且区别大、输入输出复杂，处理和表示多媒体数据具有基础性的作用。

2.1　文本数据信息表示

文本是指以文字或特定的符号来表达信息的方式，是符号化的媒体，是多媒体中不可缺少的基本元素。文本包括字母、数字、符号、文字等，它具有大小、字体、格式等属性，通过对属性的变化，形成各种不同的显示方式，使文本的内容显示出活泼的景象。

文本方式在多媒体信息的表示中依然是最广泛、最常用的。计算机信息处理中，文字是最容易处理的，占有最少的存储空间，其规范的符号结构最适合计算机的输入、存储、处理与输出，尤其是在大段内容需要表达或表达复杂而确切的内容时(如数学公式、化学分子式等)，文本方式表现出了固有的优点。然而，进入多媒体时代，文字渐渐退出计算机媒体中的主角地位，但是在多媒体中文字依旧是一种重要的表现手段，其他媒体的表达往往需要文字的辅助。

2.1.1　计算机中文本编码原理

文字是一种有结构的符号组，由具有上下文关系的字符串组成。符号包括各种各样描述、语言、数据、标识等形式，是人类对信息进行抽象的结果。在多媒体计算机中为了对信息进行处理都采用了编码的方式，对文本的处理也不例外。

1. 计算机中常见的编码方式

计算机中常用的编码方式主要有字符编码(ASCII 码)、汉字编码(输入码、内码)等。

1) 字符编码(ASCII 码)

键盘上的字符在计算机中都必须转换为二进制数，才能被识别。现在，绝大部分计算机的字符编码采用 ASCII 码。ASCII 码(American Standard Code For Information Interchange)即美国标准信息交换码，这一编码方案最初由美国制订，后来由国际标准组织(ISO)确定为国际标准字符编码。为了和国际标准兼容，我国制定了国家标准，即 GB1988。其中除了将货币符号转换为人民币符号外，其他均相同。

ASCII 码采用七位二进制编码，七位二进制数最多可表示的字符数为 128(即 2^7)。计算机中用 8 位二进制数(1 字节)存储一个 ASCII 码，将字节的最高位取 0。

例如，字母 A 的二进制代码是 1000001B，十六进制代码表示为 41H；字母 K 的二进制代码是 1001011B，十六进制表示为 4BH。

在 ASCII 码表中，包含有 33 个特殊控制符。它们被定义用于对设备的操作和特殊控制，特殊控制符一般不能被显示或打印，因而也被称做非打印字符。扩充 ASCII 码采用了八位二进制编码，使字节的最高位(第 7 位)均为 1，从而扩大定义了 128 个图形符号，如表 2-1 所示。

表 2-1　ASCII 码表

H L	0000	0001	0010	0011	0100	0101	0110	0111
0000	NUT	DLE	SP	0	@	P	'	p
0001	SOH	DC1	!	1	A	Q	a	q
0010	STX	DC2	"	2	B	R	b	r
0011	ETX	DC3	#	3	C	S	c	s
0100	EOT	DC4	$	4	D	T	d	t
0101	ENQ	NAK	%	5	E	U	e	u
0110	ACK	SYN	&	6	F	V	f	v
0111	BEL	ETB	'	7	G	W	g	w
1000	BS	CAN	(	8	H	X	h	x
1001	HT	EM	)	9	I	Y	i	y
1010	LF	SUB	*	:	J	Z	j	z
1011	VT	ESC	+	;	K	[	k	{
1100	FF	FS	,	<	L	\	l		
1101	CR	GS	-	=	M	]	m	}
1110	SO	RS	.	>	N	^	n	~
1111	SI	US	/	?	O	—	o	DEL

2) 汉字编码

汉字信息处理过程包含三个环节，即文字信息的输入、处理和输出。因此，汉字编码分为输入码、内码、字形码，如图 2-1 所示。

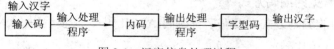

图 2-1　汉字信息处理过程

(1) 输入码。输入码借助于标准键盘，用英文字母和数字组合进行汉字输入，即用若干个键代表一个汉字。这组字母数字串称为汉字的输入码。汉字输入码主要有数字编码、拼音编码、字形编码和音形编码四类。

(2) 内码。汉字内码是指汉字在计算机内部进行存储、传递和运算所使用的数字代码。汉字的输入方式可以不同，但是对于每一个汉字，它的内码是固定的，即每个汉字有唯一的内码。

　　我国国家标准局公布的"信息交换用汉字编码字符集基本集"即 GB2312-80 作为国家标准，共收录最常用汉字(俗称一级汉字)3755 个和次常用汉字(俗称二级汉字)3008 个，各种符号、图形共 682 个，总计 7445 个。所有汉字分成 94 个区，每个区设有 94 个位，每个汉字由区号和位号唯一确定。例如，"大"字在 20 区 83 位，区位码是 2083。

　　规定用两个字节存储一个汉字。汉字的区号和位号分别占用一个字节，因此，每个汉字占用两个字节。为了区别汉字和英文字符，英文字符的机内代码(ASCII 码)是 7 位二进制，其字节的最高位为"0"，汉字机内码中两个字节的最高位均为"1"。

　　计算机中英、数字符和符号的表示方式有"半角字符"和"全角字符"两种。例如，用 ASCII 码表示的"A"，其机内码占用一个字节，被称为半角字符；用两个字节的汉字码表示的"A"，被称为全角字符。特别应注意的是，用全角方式输入的数字，比如"1"，不能被用于数值计算。

　　随着计算机应用范围的扩展，7445 个汉字与图形明显不能满足汉字处理的需要。从 2001 年 1 月 1 日开始执行新的 GB18030 标准，GB18030 标准采用单、双、四字节混合编码，新的汉字编码字符集包含 27 000 多个汉字和少数民族文字，并与旧标准兼容。

　　汉字输入时采用输入码，存储或处理汉字时采用机内码，输出汉字时根据汉字库中的汉字地址码寻找汉字字形码进行显示或打印。而国标汉字/区位码是编制这些代码的统一标准和依据。

　　(3) 汉字字形码(字模码)。汉字字形码用于显示或打印汉字时产生的字形。字形码有点阵方式字形码和矢量方式字形码两种。一个汉字信息系统具有的所有汉字字形码的集合构成了汉字库。根据输出汉字的质量要求不同，汉字点阵的多少也不同。点数越多，汉字输出的质量越高。点数的多少以横向点数乘纵向点数表示。目前在微机中，普遍采用 16 × 16、24 × 24、32 × 32、48 × 48 的字形点阵，图 2-2 所示为一个 16 × 16 的字形点阵。不同字体的汉字需要不同的点阵字库汉字字形码。

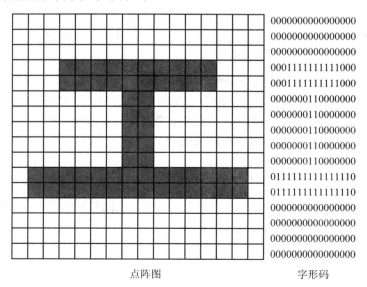

点阵图　　　　　　　　　　　　字形码

图 2-2　工字的点阵图

2. 多媒体计算机中处理文本的必要条件和过程

在多媒体计算机中处理汉字，首先要求在该多媒体计算机中具有汉字系统。所谓汉字系统，就是指计算机中处理汉字的软件系统。它包括三个方面：

(1) 汉字操作系统：包括汉字信息输入输出管理软件、文字信息处理软件、汉字字库等。

(2) 汉字输入法：即在汉字操作系统支持下，把汉字输入到计算机中所采用的方法。例如，全拼拼音输入法、简拼拼音输入法、双拼拼音输入法、五笔字型输入法等。

(3) 汉字编辑软件：用于对文本的编辑排版，目前较常用的汉字编辑软件有汉字处理之星 Wordsfor、WordProcessing System 及 Word 等。

汉字处理的全过程如图 2-3 所示。

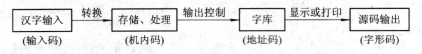

图 2-3　汉字处理的全过程

2.1.2　文本文件格式

在文本文件中，不带有文本格式信息的文本称为非格式化文本文件或纯文本文件；而带有各种文本排版等格式信息的文本文件，称格式化文本文件。

文本的不同格式可以根据文件的后缀来区别，文本的常见存储格式有 TXT、DOC、RTF、WPS、PDF 格式。

(1) TXT 格式是一种纯文本格式，可适用于任何一种文字编辑软件和机型。

(2) DOC 格式是微软公司 Word 文字处理软件的存储格式，大多数软件环境都兼容 DOC 格式。

(3) RTF 格式是 Rich Text Format 的缩写，意即丰富的文本格式，主要用于各种文字处理软件之间的文本交换，其特点是可保持原文字设置不变。

(4) WPS 格式是金山公司 WPS Office 2000 文字处理软件的存储格式，它的通用性受到一定限制。

(5) PDF 格式是 Portable Document Format 的缩写，译为可移植文件格式，是目前在 Internet 上进行电子文档发行和数字化信息传播的理想文档格式，PDF 阅读器 Adobe Reader 专门用于打开 PDF 格式的文档。在实际应用中，微软公司的 Word 和金山公司的 WPS 文字处理软件都提供了读取和转换不同文本格式的功能。

2.1.3　文本获取方式及呈现方式

多媒体计算机技术应用过程中，需要把文字转化到计算机中。根据不同的需求可采用不同的方法，在呈现的过程中也有其固有的方式。

1. 文本获取方式

1) 键盘录入

键盘录入是最常见的文字录入方法，需要相应输入法软件。目前比较流行的有笔画输入法(如五笔、双笔、郑码等)和拼音输入法(如智能拼音、搜狗拼音、紫光拼音等)。

2) 语音录入

语音录入需要相应录入软件和识别软件支持,依靠计算机来判断用户的发音,进行舍取录入。其优点是录入速度较快,缺点是录入语音标准度要求较高、识别错误率较高。现在的个别语音识别系统中还带有语音校稿功能等,使用很方便,目前语音识别软件有 IBM Voice 等。

语音录入是通过计算机话筒向计算机输入声音,输入的语音包括命令控制语音和听写语音两种情况。命令控制语音是向计算机发出一个简单的声音指令,控制计算机操作;听写语音是由计算机将人说话的声音写入到计算机中,即语音录入文字。在安装 Office 2003 时,也会自动安装一个语音识别工具,如图 2-4 所示。

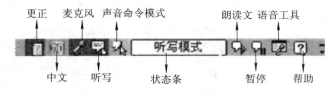

图 2-4　语音识别工具条

单击"工具"菜单→"语音"命令,打开语音识别工具条。在语音识别工具条上单击"麦克风"按钮,再单击其右侧的"听写模式"按钮进入听写模式,这时就可以进入语音录入状态。在进行语音录入之前,系统会提示进行语音校正,校正后可提高语音的识别率。语音录入时最好是一句一句地念;对单个语音,系统不太容易识别;对姓名等内容,最好还是采用键盘输入。

3) 手写板录入

手写板录入需要手写板与手写识别软件支持,手写笔在手写板的感应区域写字,计算机采集该图形信息与文字库中的文字作比较,选择最相似的文字进行转换,加上智能语义舍取功能,最终达到手写输入的目的。其优点是能解决部分电脑基础较差的教师的文本录入问题,缺点是录入速度较慢、效率较低,如图 2-5 所示。

图 2-5　手写板

4) 扫描文字识别录入

扫描录入需要扫描仪和相应识别软件支持,这种方式最适合将印刷品上的文字资料信息录入计算机，可以使用 OCR 技术。OCR 技术是在电脑上利用字符识别软件控制扫描仪，对所扫描到的文字图像内容进行分析，将图中的文字图像识别出来，并自动转换为文本格式，以便进行编辑和修改。识别效果的好坏与书本印刷的质量、字体的正规程度、软件水平、文本的质量、扫描仪的解析度都有关系。这种录入文本的方式对用户的个人技能要求很低，只要计算机配置了扫描仪，安装了相关的文字识别软件，就可以实现将大量文本信息转换到计算机中。目前，中文识别软件有清华 OCR、汉王 OCR 等，如图 2-6 所示。

图 2-6　扫描仪文字识别软件

5) 网络下载获取文本

在一些实际的应用过程中，网络资源也是获取文本的方式。网络上存在大量的共享资源，提供各种格式的文本资料，通过下载或者复制(Ctrl+C)、粘贴(Ctrl+V)操作可以提取。进行语言的加工与处理后，便形成新的文本素材。下载的文档格式种类很多，如 Word 文档、文本文档、PDF 文档、CAJ 文档等。它们需要专门的软件来读取，如 PDF 文档需要使用 Acrobat 软件，CAJ 文档要用 CAJviewer 软件来读取。

在以上文本信息获取技术中，文字的输入和编辑是获取文字资料最主要的方式。文字素材的编辑处理离不开文字处理软件。目前，较常用的文字处理软件是 Word。Word 软件提供了非常强大的文字处理功能，能够输入文字、进行格式设定、编辑版面、查错处理、图文混排等功能。

2. 文本呈现方式

在多媒体技术应用中，呈现文本有两种方式：图形方式及文本文件方式。

1) 图形方式呈现文本

以图形方式呈现的文本，可以在 Windows 的画笔中输入(中文或英文)，最后保存为图形文件(BMP)。另外，也可以在 Photoshop 等绘图软件中输入，由于它们输出文件的格式比较多(如 BMP、PCX、DXF、TIF、GIF 等)，不需经过图形转换工具的转换即可使用。

2) 文本文件方式呈现文本

以文本文件方式呈现的文本，可在文本编辑器中编辑，如 Windows 中的记事本、写字板等，最后保存成文本文件，即可供多媒体制作工具编辑使用，由于多媒体制作工具一般都具备文本输入功能，因此也可以在多媒体创作中直接输入。

2.1.4　文本信息表示规范和要求

在多媒体制作过程中，各类文档编写的规范和要求如下：

(1) 汉字、英文字母和符号各自采用统一编码和存储；

(2) 单位、符号、标点、量、数字、正斜体等用法必须符合国际标准；

(3) 文字的字体、字号和颜色等要符合醒目、易读原则；

(4) 使用简体字，最好用黑体或宋体；字号不应过小，字体颜色必须与背景色反差较大；

(5) 文字语言表述需精简、主体明确、重点突出、无歧义，语气符合场景需求；

(6) 文档排版美观、统一，可自动产生标题目录，自动进行页编码。

2.2　图形与图像数据获取与处理

2.2.1　光色图像基础知识

1. 颜色及其要素

颜色是视觉系统对可见光的感知结果，可见光是波长在 380～780 nm 之间的电磁波。颜色与波长有关，不同波长的光呈现不同的颜色，随着波长的减小，可见光的颜色依次为红、橙、黄、绿、青、蓝、紫。

亮度、色调和饱和度是色彩的三要素，三个要素的综合特性就是我们看到的彩色。

1) 色相

色调(又称为色相)是指色彩的颜色，调整色相就是在多种颜色之间选择某种颜色，使人眼看一种或多种波长的光时所产生的彩色感觉能反映颜色的种类。在通常情况下，色相是由颜色名称标识的，如红、橙、黄、绿、青、蓝、紫就是具体的色相。

2) 明度

明度又称亮度，是眼睛对光源和物体表面明暗程度的感觉，主要是由光线强弱决定的一种视觉经验。明度就是图像的明暗度，调整明度就是调整明暗度。明度的范围是 0～255，共包括 256 种色调。图像明度的调整应该适中，明度过亮会使图像发白，明度过暗会使图像变黑。

3) 饱和度

饱和度又称纯度或彩度，是指颜色的纯度即掺入白光的程度，或者说是指颜色的深浅程度。对于同一色调的彩色光，饱和度越大，颜色越鲜明，或者说越纯。调整饱和度就是调整图像色彩的深浅或鲜艳程度。饱和度通常指彩色中白光含量的多少，对同一色调的彩色光，饱和度越深颜色越纯。比如当红色加进白光后，由于饱和度降低，红色被冲淡成粉红色。将一个彩色图像的饱和度调整为 0 时，图像就会变成灰色。增加图像的饱和度会使图像的颜色加深。

2. 色彩模式

色彩模式是指计算机上显示或打印图像时定义颜色的不同方式。在不同的领域，人们采用的色彩模式往往不同，比如计算机显示器采用 RGB 模式，打印机输出彩色图像时采用

CMYK 模式。从事艺术绘画的采用 HSB 模式，彩色电视系统采用 YUV/YIQ 模式。

1) RGB 模式

用红(R)、绿(G)、蓝(B)三基色来描述颜色的方式叫 RGB 模式。对于真彩色，R、G、B 三基色分别用 8 位二进制数来描述，共有 256 种。R、G、B 的取值范围在 0～255 之间，可以表示的彩色数目为 256×256×256 = 16 777 216 种颜色。这是计算机绘图中经常使用的模式。

2) CMYK 模式

CMYK 模式是一种基于四色印刷的印刷模式，是相减混色模式。C 表示青色，M 表示品红色，Y 表示黄色，K 表示黑色。它是一种最佳的打印模式。虽然 RGB 模式可以表示的颜色较多，但打印机与显示器不同，打印纸不能创建色彩光源，只可以吸收一部分光线和反射一部分光线，它不能打印出这么多的颜色。CMYK 模式主要用于彩色打印和彩色印刷。

3) HSB 模式

HSB 模式是利用颜色的三要素来表示颜色的，它与人眼观察颜色的方式最接近，是一种定义颜色的直观方式。其中，H 表示色调(也叫色相，Hue)，S 表示饱和度(Saturation)，B 表示亮度(Brightness)。这种方式与绘画的习惯相一致，用来描述颜色比较自然。

4) Lab 模式

L 模式是由 3 个通道组成，即亮度(L)通道、颜色通道 a 和颜色通道 b。a 通道包括的颜色，是从深绿色(低亮度值)到灰色(中亮度值)，再到亮粉红色(高亮度值)；b 通道包括的颜色是从亮蓝色(低亮度值)到灰色(中亮度值)，再到焦黄色(高亮度值)。L 的取值范围是 0～100，a 和 b 的取值范围是−120～120。Lab 模式可以产生明亮的颜色。Lab 模式可以表示的颜色最多，且与光线和设备无关，处理的速度与 RGB 模式一样快，是 CMYK 模式处理速度的数倍。

5) 灰度模式

灰度模式只有灰度色(图像的亮度)，没有彩色。在灰度色图像中，每个像素都以 8 位或 16 位表示，取值范围在 0(黑色)～255(白色)之间。

2.2.2　图形与图像

1. 图形与图像的基本类型

在计算机中使用两种图，一种叫做矢量图(Vector Image)，另一种叫做位图(Bitmap Image)。通常将位图称为图像，将矢量图称为图形。图形与图像又称为静态图，但有不同的描述方式和各自的特点及适用范围。

1) 位图

图像又称点阵图像或位图图像。位图式图像是由许多点组成的，这些点称为像素。许许多多不同颜色的点(即像素)组合在一起便构成了一幅完整的图像。位图的清晰度与像素点的多少有关，单位面积内像素点数目越多则图像越清晰，否则越模糊。图像是由许多点阵(像素)构成的点位图。黑白线条图常用 1 位值表示，灰度图常用 4 位(16 种灰度等级)或 8 位(256 种灰度等级)表示该点的亮度，而彩色图像则用更多的位数(8、16、24、32 位)来描述像素点的颜色层次。

位图占据的存储器空间比较大，位图文件记录的是组成点阵图的各像素的色度和亮度信息，颜色的种类越多，图像文件越大。位图主要用于表现自然景物、人物、动植物和一切引起人视觉感受的景物。放大、缩小和旋转图像时会产生失真。

在多媒体制作过程中，这类图像侧重于"获取"、"编辑"和"处理"，即可以通过扫描仪、数码照相机等多媒体采集设备获得，以适当的文件格式存储到计算机后，再通过图像编辑软件对所获得的图像进行进一步的编辑、加工，以达到制作所需的素材效果。位图处理软件有 Photo Editor、Ulead PhotoImpact、Photoshop 和 Paint Shop Pro 等。

2) 矢量图

图形又称矢量图形、几何图形或矢量图，与位图不同，矢量图没有分辨率，也不使用像素。通常，它的图形形状主要由点和线段组成。

矢量图是用一系列计算机指令来描述和记录一幅图的，如画点、画线、画曲线、画圆、画矩形等，分别对应不同的画图指令。

它的图像格式文件只记录生成图的算法和图上的特征点。例如，同样是一个圆形，矢量图可以通过 Circle(x，y，r，color)这样的指令来实现，其中，x、y 用以确定圆心的坐标，r 为圆的半径，而 color 则用于描述圆形的颜色。这种方式实际上是用数学的方式来描述一幅图形，而对于图形的编辑、修改也是根据各子图对应的指令表达式实现的。

这些特点使得矢量图可以进行任意放大、变形、改变颜色等操作，因为只是记录图形的信息特征，所以在文件的存储容量上，矢量图比位图小很多。但是，在图像色彩的表现力上，矢量图就没有位图那么好的表现效果了。而且，在表现复杂的图形时，计算机要花费很长的时间去执行绘图指令，每一步编辑操作都要进行大量的运算。所以，矢量图多用于制作文字、线条图形或工程制图等。矢量图的特点是占用的空间小，放大或缩小后不失真。

矢量图形的优点是文件容量较小；缺点是色彩不丰富，有时会因打印机型号不同而不能打印，显示图形所花费的计算时间比较多。

2. 图形与图像的基本属性

在计算机中存储的每一幅数字图像，除了需要所有的像素数据之外，还必须有一些关于该图像的描述信息(属性)。

1) 分辨率

分辨率通常可以分为显示分辨率和图像分辨率两种。

(1) 显示分辨率。显示分辨率是指在屏幕的最大显示区域内水平与垂直方向的像素数。例如，1024×768 像素的分辨率表示屏幕可以显示 768 行像素，每行有 1024 个像素，即 786 432 个像素。屏幕显示的像素个数越多，图像越清晰逼真。

显示分辨率不但与显示器和显卡的质量有关，还与显示模式的设置有关。单击 Windows桌面的【开始】→【设置】→【控制面板】菜单选项，调出【控制面板】对话框，再双击该对话框中的显示图标，调出【显示属性】对话框，单击【设置】标签，用鼠标拖曳调整该对话框内屏幕分辨率框架中的滑块，可以调整显示分辨率。

(2) 图像分辨率。图像分辨率是指组成一幅图像的像素个数。例如，400×300 像素的图像分辨率表示该幅图像由 300 行，每行 400 个像素组成。它既反映了该图像的精细程度，又表示了该图像的大小。如果图像分辨率大于显示分辨率，则图像只会显示其中的一部分。图像分辨率与显示分辨率是两个不同的概念。图像分辨率是确定组成一幅图像的像素数目，而显示分辨率是确定显示图像的区域大小。如果显示屏的分辨率为 640×480 像素，那么一幅 320×240 像素的图像只占显示屏的 1/4；相反，2400×3000 像素的图像在这个显示屏上就不能显示一个完整的画面。在显示分辨率一定的情况下，图像分辨率越高，图像越清晰，但图像的文件也越大。

在用扫描仪扫描彩色图像时，通常要指定图像的分辨率，用每英寸多少点(DPI, Dots Per Inch)表示，如果用 300 DPI 来扫描一幅 8 英寸×10 英寸的彩色图像，就得到一幅 2400×3000 个像素的图像。分辨率越高，像素就越多。

2) 颜色深度

点阵图像中各像素的颜色信息是用若干二进制数据来描述的，二进制的位数就是点阵的颜色深度。颜色深度决定了图像中可以出现的颜色的最大个数。目前，颜色深度有 1、4、8、16、24 和 32 几种。

例如，颜色深度为 1 时，表示点阵图像中各像素的颜色只有 1 位，可以表示两种颜色(黑色和白色)；颜色深度为 8 时，表示点阵图像中各像素的颜色为 8 位，可以表示 2^8 即 256 种颜色；颜色深度为 24 时，表示点阵图像中各像素的颜色为 24 位，可以表示 2^{24} 即 16 777 216 种颜色，它是用 3 个 8 位来分别表示 R、G、B 颜色，这种图像叫真彩色图像；颜色深度为 32 时，也是用 3 个 8 位来分别表示 R、G、B 颜色，另一个 8 位用来表示图像的其他属性(透明度等)。

颜色深度不但与显示器和显卡的质量有关，还与显示设置有关。利用【显示属性】对话框中【设置】选项卡中的【颜色质量】下拉列表框可以选择不同的颜色深度。

3) 图像文件大小

图像文件的大小是指在磁盘上存储整幅图所占的字节数。用 B 表示字节，描述图像文件大小可用下面的公式计算：

$$文件字节数=图像分辨率(高×宽)×图像深度/8$$

如一幅 800×600 像素大小的真彩色图片所需存储空间大小为：800×600×24/8 = 1440000 B。由此我们可以看出，位图图像文件所需存储空间很大，存储时必须采用压缩技术。

3. 图形与图像的区别

矢量图形和位图图像都是静止的，与时序无关，其区别如表 2-2 所示。

表 2-2　矢量图与位图对比

对比项目	矢 量 图 形	位 图 图 像
分解难易	图形是用一组指令来描述画面的直线、圆、曲线等。图形很容易分解成不同单元，分解后的成分有明显的界限	图像是用画面中每个像素的颜色和亮度来描述的。图像分解较难，各成分之间的分界往往有模糊之处，有些区间很难区分属于哪部分
文件大小	矢量图文件的大小则主要取决图形的复杂程度	位图占用的存储器空间比较大。影响位图大小的因素主要有两个：图像分辨率和像素深度。分辨率越高，图像文件越大；像素深度越深，图像文件就越大
显示速度	对于复杂图形，使用矢量图形计算机要花费很长的时间去计算每个对象的大小、位置、颜色等特性	显示位图文件比显示矢量图文件快

2.2.3 图形与图像的数字化处理

1. 图形与图像的获取

采集多媒体作品中所需的数字图像的渠道很多，如利用彩色扫描仪扫描、数码照相机拍摄和使用摄像机捕捉图像等硬件设备采集；利用软件从屏幕上抓取；购置存储在 CD-ROM 光盘上的数字化图像库；从互联网上下载的图像；利用图像编辑软件自行创建。

1) 用扫描仪获取图像

在使用扫描仪前，首先要确保扫描仪的数据线是否与计算机正确连接，其次要在计算机中安装相应的扫描仪驱动程序和扫描程序，然后就可启动扫描仪的电源，预热几分钟，采用具有扫描输入功能的软件获取图像。

2) 用数码照相机获取图像

用数码照相机获取图像，即将拍摄到的数码照片输入到计算机中查看浏览。目前市场上数码照相机很多，其操作步骤基本相同，后续章节会介绍相关用法。

3) 用屏幕抓图软件获取图像

通过屏幕不仅可以获取静态的图形、图像、软件操作界面等，也可以从 DVD 影片、3D 游戏等动态画面中获取静态画面，这种将屏幕图像采集为图像文件的过程，称为屏幕抓图。目前比较常用的屏幕抓图软件有 HyperSnap-DX、PrintKey 和 SnagIt 等。

4) 利用图像编辑软件创建图像

对于不易找到的图形、图像，可以用专用的绘图软件如金山画王、Photoshop 等自己制作。

5) 购买数字化图像光盘

市场上有许多专业的素材库光盘，其中有丰富的图像素材，如中国大百科全书、Flash 资源大全、中国地图大全、牛津百科等不胜枚举。

6) 从互联网上下载的图像

有许多专门的软件用于图片搜索，搜索到需要的图片资源后可以使用下载工具，如迅雷下载。

2. 图形与图像的存储格式

图像的文件格式是计算机中存储图像文件的方法，它包括图像的各种参数信息。不同的文件格式所包含的诸如分辨率、容量、压缩程度、颜色空间深度等都有很大不同，所以在存储图形及图像文件时，选择何种格式是十分重要的。

1) BMP 格式(*.bmp)

BMP 格式是美国微软的图像格式，是英文 Bitmap(位图)的简写，它是 Windows 操作系统中的标准图像文件格式。它的特点是包含的图像信息较丰富，几乎不进行压缩，但由此导致了它占用磁盘空间过大，打开时需要较长时间的缺点。

2) GIf 格式(*.gif)

通常用于保存作为网页中需要高传输速率的图像文件，因为与位图相比，它可极大地节省存储空间。该格式不支持 Alpha 通道，最大缺点是只能处理 256 种色彩，不能用于存储真彩色图像文件。不过这种格式的图像可作为透明的背景，能够与网页背景无缝融合。

3) JPEG 格式(*.jpg/*.jpeg)

当图像保存为 JPEG 格式时，可以指定图像的品质和压缩级别。JPEG 格式会损失数据信息，因为 JPEG 格式的文件尺寸较小，下载速度快，使得 Web 页以较短的下载时间提供大量丰富生动的图像。

4) PSD 格式(*.psd)

PSD 格式是 Photoshop 特有的图像文件格式，它可将所编辑的图像文件中所有关于图层和通道的信息保存下来。用 PSD 格式保存图像，图像不经过压缩。所以，当图层较多时，会占较大的存储空间。图像制作完成后，除了保存为其他通用格式外，最好存储一个 PSD 格式的文件备份，以便重新读取需要的信息，对图像再修改和编辑。

5) TIFF 格式(*.tif)

TIFF 格式是一种应用非常广泛的位图图像格式，几乎所有绘画、图像编辑和页面排版应用程序都支持。它常用于应用程序之间和计算机平台之间交换文件，支持带 Alpha 通道的 CMYK、RGB 和灰度文件。

6) PNG 格式(*.png)

PNG(Portable Network Graphics)是一种网络图像格式。它的特点是能把图像文件压缩到极限以利于网络传输，但又能保留所有与图像品质有关的信息，PNG 采用无损压缩方式来减少文件的大小，还支持透明图像的制作，缺点是不支持动画应用效果。Macromedia 公司的 Fireworks 软件的默认格式就是 PNG。

7) PDF 格式(*.pdf)

PDF(Portable Document Format)文件格式是 Adobe 公司开发的电子文件格式。与操作系统平台无关。不管是在 Windows、Unix，还是在苹果公司的 Mac OS 操作系统中都是通用的。这使它成为在互联网上进行电子文档发行和数字化信息传播的文档格式。它还可以将文字、字型、格式、颜色及独立于设备和分辨率的图形和图像等封装在一个文件中。

8) 其他文件格式

(1) DXF(Autodesk Drawing Exchange Format)格式是 AutoCAD 中的矢量文件格式，它以 ASCII 码方式存储文件，在表现图形的大小方面十分精确。

(2) EPS(Encapsulated PostScript)格式是用 PostScript 语言描述的一种 ASCII 码文件格式，主要用于排版、打印等输出工作。

(3) TGA(Tagged Graphics)文件是由美国 Truevision 公司为其显示卡开发的一种图像文件格式，是高档 PC 彩色应用程序支持的视频格式。

3. 图形与图像的处理

计算机中的图形图像处理，简称图像处理，是指将图像信号转换成数字信号并利用计算机对其进行处理的过程。图像处理的目的是改善图像的质量，提高图像的视觉效果。常用的图像处理方式有图像增强、复原、编码、压缩等。

1) 图像处理常用方式

(1) 图像变换。由于图像阵列很大，直接在空间域中进行处理，涉及的计算量很大。因此，往往采用各种图像变换的方法，如傅里叶变换、沃尔什变换、离散余弦变换等间接处理技术，将空间域的处理转换为变换域处理，不仅可减少计算量，而且可获得更有效的处理(如傅里叶变换可在频域中进行数字滤波处理)。目前，新兴研究的小波变换在时域和频域中都具有良好的局部化特性，它在图像处理中也有着广泛而有效的应用。

(2) 图像编码压缩。图像编码压缩技术可减少描述图像的数据量(即比特数)，以便节省图像传输和处理时间，以及减少所占用的存储器容量。压缩可以在不失真的前提下获得，也可以在允许的失真条件下进行。编码是压缩技术中最重要的方法，它在图像处理技术中是发展最早且比较成熟的技术。

(3) 图像增强和复原。图像增强和复原的目的是为了提高图像的质量，如去除噪声，提高图像的清晰度等。图像增强不考虑图像降质的原因，突出图像中所感兴趣的部分。如强化图像高频分量，可使图像中物体轮廓清晰，细节明显；如强化低频分量，可减少图像中噪声的影响。图像复原要求对图像降质的原因有一定的了解，一般讲应根据降质过程建立"降质模型"，再采用某种滤波方法，恢复或重建原来的图像。

(4) 图像分割。图像分割是数字图像处理中的关键技术之一。图像分割是将图像中有意义的特征部分提取出来，其有意义的特征有图像中的边缘、区域等，这是进一步进行图像识别、分析和理解的基础。虽然目前已研究出不少边缘提取、区域分割的方法，但还没有一种普遍适用于各种图像的有效方法。因此，对图像分割的研究还在不断深入之中，图像分割是目前图像处理中研究的热点之一。

(5) 图像描述。图像描述是图像识别和理解的必要前提。作为最简单的二值图像可采用其几何特性描述物体的特性，一般图像的描述方法采用二维形状描述，它有边界描述和区域描述两类方法。对于特殊的纹理图像可采用二维纹理特征描述。随着图像处理研究的深入发展，已经开始进行三维物体描述的研究，提出了体积描述、表面描述、广义圆柱体描述等方法。

(6) 图像分类(识别)。图像分类(识别)属于模式识别的范畴，其主要内容是图像经过某些预处理(增强、复原、压缩)后，进行图像分割和特征提取，从而进行判决分类。图像分类常采用经典的模式识别方法，有统计模式分类和句法(结构)模式分类，近年新发展起来的模糊模式识别和人工神经网络模式分类在图像识别中也越来越受到重视。

2) 常用图像编辑处理软件

常见的矢量图创作工具软件中，Windows 操作系统"附件"中的画笔(Paintbrush)是一个功能全面的小型绘图程序，它能处理简单的图形。同时，还有一些专用的图形创作软件，如 AutoCAD 用于三维造型，CorelDraw、Freehand、Illustrator 等用于绘制矢量图形等。此外，专用于网页设计的 Fireworks 可以编辑矢量和位图，快速创建专业的 Web 图形和复杂的交互。位图编辑软件很丰富，PhotoShop 是公认的最优秀的专业图像编辑处理软件之一，它有众多的用户，但精通此软件并非易事。专业的网页图形设计也离不开 Fireworks 的支持。

2.3　音频信息数字化处理与表示

2.3.1　声音的概念

声音是人们最熟悉、最习惯的传递信息的方式，声音携带的信息量大、精细、准确。

设计师为计算机安上了"嘴巴"(扬声器)，让计算机奏乐、讲话；为计算机装上了"耳朵" (传声器)，让计算机能听懂、理解人的讲话。网络专家还期望分布在不同地点的计算机成为"顺风耳"，实现音频的实时传播。随着媒体信息处理技术的发展和计算机数据处理能力的增强，音频处理技术倍受重视，并得到广泛的应用，如视频图像的配音、配乐，静态图像的解说、背景音乐，可视电话、电视会议中的话音，游戏中的音响效果，虚拟现实中的声音模拟，用声音配制 Web，电子读物的有声输出等。

1．声音的定义

声音是通过一定介质(如空气、水等)传播的一种连续振动的波，也称为声波。通过话筒可以将声音变为时间和幅度上都连续的模拟电信号。当声音用电压表示时，声音信号在时间和幅度上都是连续的模拟信号。

声音有以下三个重要指标：

(1) 振幅(Amplitude)：波的高低幅度；

(2) 周期(Period)：两个相邻波之间的时间长度，代表振动的快慢；

(3) 频率(Frequency)：每秒钟振动的次数，以 Hz 为单位。频率为周期的倒数，周期越短，振动越快、频率越高。

2．声音的基本特性

(1) 声音的三要素。声音的三要素为音调、音强、音色。音调与声音的频率有关，频率快则声音高，频率慢则声音低。音强又称响度，取决于声音的幅度，即振幅的大小和强弱。而音色则由混入基音的泛音所决定，每个基音又都有其固有的频率和不同音强的泛音，从而使得每个声音具有特殊的音色效果。

(2) 声音的连续谱特性。声音是一种弹性波，声音信号可以分成周期信号与非周期信号两类。周期信号即为单一频率音调的信号，其频谱是线性谱；而非周期信号包含一定频带的所有频率分量，其频谱是连续谱。真正的线性谱仅可从计算机或类似的声音设备中听到，这种声音听起来十分单调。其他声音信号或者属于完全的连续谱，如电路中的平滑噪声，听起来完全无音调；或者属于线性谱中混有一段段的连续谱成分，只不过这些连续谱成分比起那些线性谱成分来说要弱，致使整个声音表现出线性谱的有调特性，也正是这些连续谱成分使声音听起来饱满、生动。自然界的声音大多属于这一种。

(3) 声音的方向感特性。声音的传播是以声波形式进行的。由于人类的耳朵能够判别出声音到达左右耳的相对时差、声音强度，所以能够判别出声音的方向以及由于空间使声音来回反射而造成声音的特殊空间效果。因此，现在的音响设备都在竭力模拟这种立体声效果和空间感效果。在现有的多媒体计算机环境中，声音的方向感特性也是试图要实现的需求之一。

(4) 声音的时效性。声音具有很强的时效性，没有时间也就没有声音，声音适合在一个时间段中表现。声音常常处于一种伴随状态，如伴音、伴奏等，起一种渲染气氛的作用。由于时间性，声音数据具有很强的前后相关性，因而，数据量要大得多，实时性要求也比较高。

(5) 声音的质量。声音的质量与声音的频率范围有关。一般来说，频率范围越宽，声音的质量就越高。表 2-3 给出了不同种类声音的频宽。在有些情况下，系统所提供的声音媒体并不能满足所需的频率宽度，这会对声音质量有影响。因此，要对声音质量确定一个衡量的标准。对语音而言，常用可懂度、清晰度、自然度来衡量；而对音乐来说，保真度、空间感、音响效果都是重要的指标。现在对声音主观质量度量比较通用的标准是 5 分制，各档次的评分标准如表 2-4 所示。

表 2-3 不同种类声音的频宽

次声(Infrasound)	0～20 Hz
电话语音	200 Hz～3.4 kHz
调幅广播	50 Hz～7 kHz
调频广播	20 Hz～15 kHz
音响	20 Hz～20 kHz
超声(Ultrasound)	20 kHz～1 GHz

表 2-4 声音质量的评分标准

分数	评价	失真级别
5	优(Excellent)	感觉不到声音失真
4	良(Good)	刚察觉但不讨厌
3	中(Fair)	声音有些失真，有点讨厌
2	差(Poor)	声音失真，不令人反感
1	劣(Bad)	严重失真，令人反感

2.3.2 数字化音频

1. 数字音频的概念

自然的声音是连续变化的，它是一种模拟量。人类最早记录声音的技术是，利用一些机械的、电的或磁的参数随着声波引起的空气压力的连续变化而变化来模拟和记录自然的声音，并研制了各种各样的设备，其中最普遍、人们最熟悉的要数麦克风(即话筒)了。当人们对着麦克风讲话时，麦克风能根据它周围空气压力的不同变化而输出相应连续变化的电压值，这种变化的电压值便是一种对人类讲话声音的模拟，是一种模拟量，称为模拟音频。它把声音的压力变化转化成电压信号，电压信号的大小正比于声音的压力。当麦克风输出的连续变化的电压值输入到录音机时，通过相应的设备将它转换成对应的电磁信号记录在录音磁带上，因而便记录了声音。但以这种方式记录的声音不利于计算机存储和处理，因为计算机存储的是一个个离散的数字。要使计算机能存储和处理声音，就必须将模拟音频数字化。

数字化音频的获得是通过每隔一定的时间间隔测一次模拟音频的值(如电压)并将其数字化来实现的。这一过程称为采样，每秒钟采样的次数称为采样率。一般地，采样率越高，记录的声音就越自然，反之，若采样率太低，将失去原有声音的自然特性，这一现象称为失真。音频的数字化由模拟量变为数字量的过程称为模/数转换。

由上述可知，数字音频是离散的，而模拟音频是连续的，数字音频质量的好坏与采样率密切相关。数字音频信息计算机可以存储、处理和播放。

2．音频的数字化

音频信息数字化的优点是传输时抗干扰能力强，存储时重放性能好，易处理，能进行数据压缩，可纠错，容易混合。音频信息数字化的关键步骤是采样、量化和编码。音频数字化的基本过程如图 2-7 所示。

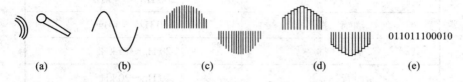

011011100010

(a)　　　　(b)　　　　(c)　　　　(d)　　　　(e)

图 2-7　音频数字化过程

1）采样

在音频数字化过程中，采样是指以固定的时间间隔 T 对模拟电信号(音频信号)进行取值。固定的时间间隔 T 称为采样周期，$1/T$ 称为采样频率(f_s)。采样后得到的是一个离散时间信号。采样间隔时间 T 越短，采样频率越高，声音数据在后期播放时保真度就越好。那么应该间隔多长的时间(T)采集一个样本，或者说每秒需要采集多少个声音样本，也就是采样频率应该是多少？奈奎斯特通过反复试验，发现只要采样频率高于信号中最高频率的两倍，采样完成后，就可以从采样得到的数据中恢复原始信号波形，称之为奈奎斯特定理(采样定理)。

由采样过程可知，采样完成之后，得到的是时间离散但幅度连续的采样信号，还不是数字化信号。要将采样信号变成数字化信号，还必须进行量化处理。

2）量化

采样后的音频信号需要经过量化，使信号幅度转变为有限的离散数值。这种由有限个数值组成的信号就称为离散幅度信号。例如，假设输入电压的范围是 0～7 V，并假设它的取值只限定在 0，1，2，…，7 共 8 个值。如果采样得到的幅度值是 1.2 V，则它的取值就应是 1 V；如果采样得到的幅度值是 2.6 V，则它的取值就应是 3 V 等。这种数值就称为离散数值，即量化值。

由量化过程可知，量化之后得到时间离散、幅度离散的数字信号。

3）编码

编码，即是将量化值表示成二进制数的形式，以便于计算机存储和处理。例如，上面量化规定的 8 个取值，就可以使用 3 位二进制数即(000～111)表示，如 2 V 可以表示为 010，3 V 可以表示为 011，6 V 可以表示为 110。

离散值的多少决定了编码的位数。显然，选取的离散值越多，编码位数就越多，量化误差就越小，信号失真也越小。那么每个声音样本的位数(BPS，Bit Per Sample)应该是多少，即应该用多少位二进制数表示一个量化后的样本值，即量化精度。计算机中常用的编码位数是 8 位($2^8 = 256$ 阶)和 16 位($2^{16} = 65\,536$ 阶)。

由编码过程可知：编码将量化后的信号形成一个二进制码组输出。

3. 数字音频的技术参数

对模拟音频信号进行采样量化编码后，得到数字音频。数字音频的质量取决于采样频率、量化位数和声道数三个因素。

(1) 采样频率。采样频率是指一秒钟时间内采样的次数。在计算机多媒体音频处理中，采样频率通常有：11.025 kHz(语音效果)、22.05 kHz(音乐效果)、44.1 kHz(高保真效果)三种。常见的 CD 唱盘的采样频率即为 44.1 kHz。

(2) 量化位数。量化位数也称量化精度，是描述每个采样点样值的二进制位数。例如，8 位量化位数表示每个采样值可以用 2^8 即 256 个不同的量化值之一来表示，而 16 位量化位数表示每个采样值可以用 2^{16} 即 65 536 个不同的量化值之一来表示。常用的量化位数为 8 位、12 位、16 位。

(3) 声道数。声音通道的个数称为声道数，是指一次采样所记录产生的声音波形个数。记录声音时，如果每次生成一个声波数据，则称为单声道；如果每次生成两个声波数据，则称为双声道(立体声)。随着声道数的增加，所占用的存储容量也成倍增加。

4. 数字音频的存储

1) 数字音频文件的存储量

在音频信息的数字化过程中，采样频率和采样量化级数是数字化声音的两个最基本要素，直接影响数字化音频的质量和数据量。一般而言，采样频率越高，声音失真越小，但用于存储音频的数据量也越大。量化位数越高，音质越好，数据量也越大。

对声音的采样可以使用不同的采样频率、采样量化级数和声道数，但实际中为了节省存储空间，经常要在数字化音频数据量的大小与声音回放质量之间进行权衡。

声音信息数字化后的数据量计算公式为

$$数据量 = 采样频率 \times 量化位数 \times \frac{声道数}{8} \times 时间$$

数据量的单位为 B/s(字节/秒)。

例如，用 44.1 kHz 的采样频率进行采样，量化位数选用 16 位，则录制 1 秒的立体声节目，其波形文件所需的存储量为

$$44\ 100 \times 16 \times \frac{2}{8} \times 1 = 176\ 400 (字节)$$

2) 数字音频的存储格式

在音频处理中，经常会遇到各种各样的文件格式，其来源、功能、特点和使用的领域各不相同。下面对一些常用的格式作简要介绍。

(1) WAV 文件(*.wav)。

Wave(波形)声音格式是 Windows 平台上最经典的多媒体音频格式，由 Microsoft 公司开发，来源于对声音波形的采样，属于波形文件。用不同的采样频率对声音的模拟波形进行采样可以得到一系列离散的采样点，以不同的量化位数(8 位或 16 位)把这些采样点的值转换成二进制数，就产生了声音的 WAV 文件，即波形文件。这种文件的数据是未经过压缩而直接对声音波形进行采样记录的数据，其最大优点就是音质非常好，但缺点是文件非常大。

支持多种音频位数,采样频率和声道,标准格式的 WAV 格式文件和 CD 音乐格式一样,采用 44.1 kHz 的采样频率,16 位量化位数,速率 88 kB/s,所以 WAV 格式的声音质量和 CD 相差无几。WAV 格式也是目前 PC 上广为流行的声音文件格式,几乎所有的音频编辑软件都能识别它。同 WAV 格式对应的是由 Apple 公司开发的 AIFF(Audio Interchange File Format)格式和为 UNDO 系统开发的 AU 格式,它们与 WAV 格式非常相似,在大多数的音频编辑软件中都有此格式。

(2) CD 格式(*.cda)。

CD 格式就是在音乐 CD 唱片中采用的格式,又叫"红皮书"格式,记录的是波形流。在大多数播放软件的"打开文件类型"中,都可以看到*.cda 格式,它实际上就是 CD 唱片上的音轨。唱片上的一首首歌曲,并非我们通常理解的一个个文件,因为 CD-DA 唱片格式标准即"红皮书"标准比计算机上用的 CD-ROM 标准即"黄皮书"标准早,所以,当初制定标准的时候当然不会考虑要让 CD-ROM 驱动器能认出 CD 唱片。后来,为了在计算机上更方便地使用 CD 音轨,就规定:一个 CD 音轨就是一个*.cda 文件。所以,不论 CD 音乐的长短,在计算机上看到的"*.cda"文件都是 44 字节唱,只是位置索引,并不是真正的包含一首歌的声音信息。

标准 CD 格式采用 44.1 kHz 的采样频率,速率 88 kB/s,16 位量化位数,这样的声音可以说是对自然声音近似无损的数字化,因此用它播放声音基本上是忠于原来的声音,质量也较高。CD 光盘可以在 CD 唱机中播放,也能用计算机中的各种播放软件来播放。但要注意,不能直接复制 CD 格式的*.cda 文件到硬盘上播放,需要使用抓音轨软件把 CD 格式的文件转换成 WAV 格式文件,才能脱离 CD 光盘直接播放声音文件。在多媒体作品中,许多声音素材都采用这种文件格式,如按钮音效、解说词等。

(3) MP3 文件(*.mp3)。

MP3 的全称为 MPEG-1 Audio Layer 3,属于波形文件。此种数据文件采用了有损压缩的方法,利用声学编码技术,结合人的听觉原理,使用先进的算法,从而达到高压缩比的目的,压缩比达到 10∶1～12∶1,也就是说 1 min CD 音质的音乐,未经压缩需要 10 MB 的存储空间,而经过 MP3 压缩编码后只有 1 MB 左右,和 WAV 格式相比,相同长度的音乐文件,若用*.mp3 格式来存储,则一般只有*.wav 文件的 1/10,而音质大体接近 CD 的水平,因此,目前使用最多的是 MP3 文件格式,也是现在最流行的声音文件格式。因其压缩率大,故在网络、可视电话和通信方面应用广泛,但和 CD 唱片相比,音质稍差。

获得 MP3 音乐文件的方式很多,可以从网上下载,可以从 CD 唱片或*.wav 文件转换而来,也可以购买 MP3 歌曲光盘。世界各大门户网站和著名的搜索引擎都专门开设 MP3 专用搜索通道,MP3 现在可以说是网络上最热门的搜索对象。MP3 文件可被存储在各种介质中,最流行的 MP3 专用播放设备是一种以 U 盘为基础硬件和存储载体的随身听,其外形小巧,可以毫不夸张地说,MP3 音乐可能是目前流行最广的音乐形式。

(4) RA 文件(*.ra)。

RA 的全称为 RealAudio,是由 Real Networks 公司开发的一种基于流媒体技术的网络实时传输格式,属于波形文件。其特点在于可以边浏览边下载数据,而不需要下载完毕后再播放。RA 格式的压缩比也非常高,但音质较差。这种格式被广泛应用于网络广播。

(5) WMA 格式(*.wma)。

WMA 的全称为 Windows Media Audio，是 Microsoft 公司的产品，属于波形文件。它也是一种基于流媒体技术、适合网络传输的音频数据格式。该格式的压缩比也很高，同时还能保持一定的音质效果。WMA 格式的优势在于它是一种可制作版权保护的格式，甚至可以限制播放次数、播放机器、播放时间等。现在，越来越多的网络电台和网络电视台采用 Windows Media Player 作为收听收看的客户端软件。

(6) MIDI 文件(*.mid)。

MIDI 文件格式是目前成熟的音乐格式之一，全称为 Musical Instrument Digital Interface。MIDI 的意思就是乐器数字化接口，可以把 MIDI 理解成是一种协议、一种标准，或是一种技术，但不要把它看做是某个硬件设备。MIDI 音乐的获得不像 WAV 文件可以直接从声卡的输入端口获得，从连接在输出端口上的音频输出设备播放，如传声器、CD 机、磁带机等，而需要专门的 MIDI 乐器。与 WAV 波形文件格式不同，MIDI 不是将声波进行采样数字化而得到的声音波形，而是将数字式电子乐器的演奏过程记录下来。实际上记录的是一种表示音乐指令的编码。作一个通俗的比喻，MIDI 就相当于音乐的乐谱，它只记录在这种乐器上，以这种强度和节奏来演奏的音乐。由于 MIDI 文件记录的是乐器指令，所以 MIDI 文件的存储容量较 WAV 格式文件小很多，而且，用户可以通过音序器自由地改变 MIDI 音乐的曲调、速度甚至音色。

但是，MIDI 在音源的使用、音乐效果上都与 WAV 存在差距，因此，MIDI 音乐在多媒体制作过程中常用作背景配乐。这不仅是因为 MIDI 的数据容量小，更重要的是 MIDI 能够与其他数字音频配合使用，而两个 WAV 文件不能同时播放。在多媒体作品中常会出现多种音乐和音效同时存在的情况，所以，在用 WAV 播放语音时，播放 MIDI 配乐在多媒体作品中经常使用。

除上述提及的音频格式以外，还有表 2-5 中所列举的音频格式。

表 2-5 音 频 格 式

文件的扩展名	说　明
au	Sun 和 Next 公司的声音文件存储格式
aif(Audio Interchange)	Apple 计算机上的声音文件存储格式
mct	MIDI 文件存储格式
mff(MIDI Files Format)	MIDI 文件存储格式
mid(MIDI)	Windows 的 MIDI 文件存储格式
mp2	MPEG Layer I 及 MPEG Layer II
mp3	MPEG Layer III
mod(Module)	MIDI 文件存储格式
rm(Real Media)	Real Networks 公司的流放式声音文件格式
ra(Real Audio)	Real Networks 公司的流放式声音文件格式
voc(Creative Voice)	声霸卡存储的声音文件存储格式
wav(Wave form)	Windows 采用的波形声音文件存储格式

5．数字音频编辑软件

为了能对数字声音进行录制与编辑，一些公司开发出了许多声音编辑软件。下面简单介绍几种常用的声音编辑软件。

(1) Ulead Audio Editor。它是 Ulead 公司出品的一组多媒体制作软件，集多媒体素材的采集、编辑、制作于一体，其功能强大，操作使用灵活，具有强大的音频采集和编辑功能，操作界面上的控制工具、编辑菜单一目了然，十分简洁且很实用。

(2) Sound Forge。它是 Macromedia 公司推出的著名音频编辑工具软件，是音乐编辑、多媒体音效设计的创作软件。

(3) GoldWave。此软件通用性强，功能强大，可以在安装任何一款声卡的计算机系统中使用。播放、录制、编辑、格式转换、特技处理等，表现非凡，丰富、形象的快捷键让用户的编辑操作迅速而明了。

(4) Cool Edit Pro。它是 Syntrillium 公司出品的一款音频编辑软件，界面非常直观实用且对音频的编辑处理过程非常简便，除自身附带 30 余种音频处理效果，支持各种 DirectX 效果器插件外，同时还支持 SMPTC 以及 MIDI 时间码的同步功能，特别适合录音棚、电台对声音进行后期编辑处理。

(5) Sound Edit Pro。它是一款非常出色的数字音频编辑软件，界面布局十分简洁，非常适合初级用户使用，它支持麦克风、CD 唱机、线路输入等输入选择，还提供了许多特殊的声音效果并且支持 MP3、WMA 以及 WAV 等多种音频格式之间的相互转换。

2.3.3 数字音频的采集处理

1．数字音频的采集方法

(1) 音频文件的直接使用。市场上有很多音乐光盘或声音库，直接以数字文件的格式提供给用户，使用者可以直接使用。

(2) 用麦克风录制声音。录音机是 Windows 操作系统提供的一个声音采集、处理工具，它具备基本的播放、录音和简单声音编辑等功能，借助于麦克风就可以将外部声音采集到电脑中。

(3) 其他音频设备输入。将录音机、摄像机、影碟机、电视机模拟音频信号通过采样、量化、编码后，以数字音频文件的形式存储在计算机中。

(4) 电子合成音乐。电子合成音乐是根据一定的协议标准，采用音乐符号来记录和解析乐谱，并合成相应的音乐信号，也就是 MIDI 合成方式。

(5) 从互联网下载音频。访问专门音乐网站，如百度 MP3、一听音乐等专业音乐网站，借助相应下载软件下载所需音乐，编辑后使用。

2．数字音频的格式转换

音频具有多种格式，多媒体作品中的声音大多数都是 WAV 和 MIDI 类型的文件。WAV 格式的文件数据容量较大，在多媒体作品中过多地使用 WAV 声音文件，将会使作品数据文件变得很庞大，这会给作品的交流、存储带来不便。利用一些音频处理软件可将 WAV 文件转换成其他格式的音频文件，比如将 WAV 文件转换为 MP3 文件，可以使声音文件的大小缩小 10 倍以上，再者音频播放器对音频的播放也有局限性。因此，如果能够解决音频格式间的相互转换问题，则将给用户带来很大的方便。要进行音频格式的转换，主要是借助于一些音频格式转换软件，如格式工厂、全能音频转换器等多种格式转换软件即可实现。

2.3.4　MIDI 音频

MIDI 音频是将电子乐器键盘上的弹奏信息记录下来，包括键名、力度、时值长短等，是乐谱的一种数字式描述。当需要播放时，只需从相应的 MIDI 文件中读出 MIDI 消息，生成所需要的声音波形，经放大后由扬声器输出。

1. 什么是 MIDI

MIDI 是 Musical Instrument Digital Interface(乐器数字接口)的缩写。MIDI 是一种国际标准，是计算机和 MIDI 设备之间进行信息交换的一整套规则，包括各种电子乐器之间传送数据的通信协议。

2. MIDI 设备配置

MIDI 设备就是处理 MIDI 信息所需的硬件设备，其基本组成包括 MIDI 端口、MIDI 键盘、音序器(Sequencer)、合成器。

1) MIDI 端口

一台 MIDI 设备可以有 1～3 个 MIDI 端口，分别称为 MIDI In、MIDI Out 和 MIDI Thru。

(1) MIDI In：接收来自其他 MIDI 设备的 MIDI 信息；

(2) MIDI Out：发送本设备生成的 MIDI 信息到其他设备；

(3) MIDI Thru：将从 MIDI In 端口传来的信息转发到相连的另一台 MIDI 设备上。

2) MIDI 键盘

MIDI 键盘是用于 MIDI 乐曲演奏的，MIDI 键盘本身并不发出声音，当作曲人员触动键盘上的按键时，就发出按键信息，所产生的仅仅是 MIDI 音乐消息，从而由音序器录制生成 MIDI 文件。

3) 音序器

音序器用于记录、编辑、播放 MIDI 的声音文件，音序器有以硬件形式提供的，目前大多为软件音序器。音序器可捕捉 MIDI 消息，将其存入 MIDI 文件，MIDI 文件扩展名为 .mid。音序器还可编辑 MIDI 文件。

4) 合成器

MIDI 文件的播放是通过 MIDI 合成器，合成器解释 MIDI 文件中的指令符号，生成所需要的声音波形，经放大后由扬声器输出，声音的效果比较丰富。

(1) MIDI 合成方式。MIDI 合成方式主要有调频(FM)合成和波形表(Wave Table)合成两种方式。调频合成方式，其原理是根据傅里叶级数而来。波形表合成的原理是 ROM 中已存储着各种实际乐器的声音采样，合成时以查表方式调用这些样本将其还原回放。

(2) 硬波形表合成与软波形表合成。硬波形表合成方式的数字声音样本被保存在 ROM 或 RAM(可动态更换)内。而软波形表的数字化样本保存于系统主存中，合成运算靠 CPU 完成，最终的音频合成靠声卡上的 WAVE 合成器来完成。软波形表实际上是针对合成 MIDI 音乐而开发的一套软件，其主要作用是控制高速 CPU 来完成波形表 MIDI 合成器的部分功能。

3．MIDI 文件的特点

(1) 由于 MIDI 文件只是一系列指令的集合，因此它比数字波形文件小得多，大大节省了存储空间。

(2) 使用 MIDI 文件，其声音卡上必须含有硬件音序器或者配置有软件音序器。

(3) MIDI 声音适于重现打击乐或一些电子乐器的声音，利用 MIDI 声音方式可用计算机来进行作曲。

(4) 对 MIDI 的编辑很灵活，在音序器的帮助下，用户可自由地改变音调、音色以及乐曲速度等，以达到需要的效果。

2.3.5 数字语音的应用

目前，数字语音的应用大都集中在语音识别和语音合成两个方面。在语音识别方面，我国比较成功的应用是汉字的语音输入，其正确率可达 90% 以上。文—语转换则是语音合成方面一个较有发展前途的应用。

1．语音识别技术

语音识别是指机器收到语音信号后，如何模仿人的听觉器官以辨别所听到的语音内容或讲话者的特征，进而模仿人脑理解出该语音的含义或判别出讲话者的过程。

1) 语音识别系统分类

语音识别是数字语音应用的一个重要方面，语音识别系统按其构成与规模有多种不同的分类标准。语音识别系统按讲话者作为分类标准，可分为特定人语音识别系统和非特定人语音识别系统。

(1) 特定人语音识别系统。其特点是依赖于讲话者，只有在用特定单词组形成的词汇表系统训练后，它才能识别。为了训练系统识别单词，讲话者要说出具体规定的词汇表中的单词，一次一个。把单词输入系统的过程重复几次，这样会在计算机中生成单词的参考模板。系统必须在将来使用的环境中训练，以便考虑周围环境的影响。例如，如果系统要在工厂中使用，就必须在工厂中训练它，以把背景噪声也考虑在内。训练是很枯燥的，但为使识别器能高效地工作，彻底训练是很重要的。如果不在它进行训练的环境中使用识别器，它也许会工作得很不好。

特定人语音识别系统的优点是它是可训练的，系统很灵活，可以训练它来识别新词。通常，这种类型的系统用于词汇量少于 1000 词的小词汇表情况。这种小词汇表的典型应用是用于定制应用软件需要的用户命令和用户界面。虽然可以训练特定人的系统来识别更大的词汇表，但还存在一些要权衡考虑的方面：首先，这需要彻底的训练，因为要把单词输入系统需要重复进行很多次；其次，为识别大词汇表中的单词需要大量的存储；最后，为识别词而进行的搜索需要更长的时间，这影响了系统的整体性能。

特定人语音识别系统的缺点是由一个用户训练的系统不能被另一用户使用。如果训练系统的用户得了常见的感冒或声音有些变化，系统就会识别不出用户或犯错误。在支持大量用户的系统中，存储要求很高，因为必须为每个用户存储语音识别数据。目前，市面上常见的汉字语音输入系统基本都是基于特定人语音识别的。

(2) 非特定人识别系统。此类系统可识别任何用户的语音。它不需要任何来自用户的训练，因为它不依赖于个人的语音签名。无论是男声还是女声，用户是否得了感冒，环境是否改变或噪声如何，或者用户讲方言并带有口音，都没有关系。为生成非特定人识别系统，需大量的用户训练一个大词汇表的识别器。在训练系统时，男声和女声、不同的口音和方言，以及带有背景噪声的环境都计入了考虑范围之内以生成参考模板。系统并不是为每种情况下的每个用户建立模板，而是为每种声音生成了一批模式，并在此基础上建立词汇表。

如果按识别词的性质作为分类标准，则语音识别系统又可分成三类：孤立词语音识别系统、连接词语音识别系统和连续语音识别系统。这三种系统具有不同的作用和要求。它们使用了不同的机理来完成语音识别任务。

(1) 孤立词语音识别系统。一次只提供一个单一词的识别。用户必须把输入的每个词用暂停分开，暂停像一个标志，它标志了一个词的结束和下一词的开始。识别器的第一个任务是进行幅度和噪声归一化，以使由讲话者周围的噪声、讲话者的声音、讲话者与麦克风的相对距离和位置，以及由讲话者的呼吸噪声而引起的语音变化最小化。下一步是参数分析，这是一个抽取语音参数的时间相关变化序列，如共振峰、辅音、线性可预测编码系数等的预处理阶段。

这一阶段的作用有两个：第一，它抽取了与下一阶段相关的时间变化语音参数；第二，它通过抽取相关语音参数而减少了数据量。如果识别器在训练方式中，就会把新的帧加在参考表上。如果它是在识别方式中，就会把动态时间变形用于未知的模式上以计算音素持续的平均值。然后，将未知模式与参考模式相比较，从表中选出最大相似度参考模式。

可以通过把对应于一个词的大量样本聚集为单一群来获得非特定人孤立单词语音识别器。例如，可以把 10 个用户(带有不同的口音和方言)的每个单词 25 遍的发音收集成样本集，这样每个词就有 250 个样本。把这 2500 个样本中声学上相似的样本聚集在一起就形成了对应于单词的单一群，群就成为了这个词的参考。

随着词汇表大小的增加，参考模式需要更多的存储空间，计算和搜索就需要更多的计算时间。如果计算时间和搜索时间变长，反应时间就会变长，同时随着处理信息的增加，错误率也会增加。

(2) 连接词语音识别系统。为什么要把连接词识别单独分出来？孤立单词语音识别(也称为命令识别)使用暂停作为词的结束和开端标志。讲出的连接词也许在单词之间没有足够长的暂停来清楚地确定一个词的结束和下一个词的开始。识别连接词短语中单词的一种方法是采用词定位技术。在这一技术中，通过补偿语音速率变化来完成识别，而补偿语音速率变化又是通过前面所述的称为动态时间变形的过程，以及把调整了的连接词短语表示成沿时间轴滑过所存储的单词模板以找到可能的匹配这样一个过程来实现的。如果在给定时间内，任何相似性都显示出已经在说出的短语和模板中找到了相同的词，那么识别器就定位出模板中的关键词。将动态时间变形技术用于连接词短语来消除或减少由于讲话者个人或其他影响语音的因素，如因兴奋而造成的讲出单词速率的变化。不同情况下，可以用不同的重音和速度说出同一短语。如果我们在每次用不同的重音说出短语，都抽取所说短语的瞬时写照，并在时间域中生成帧，那么我们会很快发现每一获取帧是如何相对其他帧而变化的。这就提供了表示所说短语中可能变化的时间变化参数范围。当把动态时间变形技术用于连接词语音识别时，就可以用数学上的压缩或扩展帧去除可能的时间变化，然后把帧与存储模板相比较来进行识别。

为什么连接词语音识别是有用的？这是一种命令识别的高级形式，其中命令是短语而不是单一的词。例如，连接词语音识别可以用于执行操作的应用中。如短语"给总部打电话"，会引起查询总部电话并拨号。类似如孤立词语音识别，连接词语音识别可用于命令和控制应用之中。

(3) 连续语音识别系统。这种方法比孤立单词或连接词语音识别都复杂许多。它提出了两个主要问题，即分割和标志过程。在此过程中把语音段标记成代表音素、半音节、音节和单词等更小的单元，以及为跟上输入语音并实时地识别词序列所需要的计算能力。用现行的数字信号处理器，可以通过选择正确的 CPU 体系结构来获得实时连续语音识别需要的计算能力。

上面我们讨论了特定人和非特定人语音识别系统间区别的关键。而孤立单词语音识别器和连接词语音识别器之间的主要区别是，正确地把两个词之间的沉默与所讲词的音节之间的沉默分离开来的这种能力。有效地使用单词识别的音素分析有助于识别音节之间的间断。

连接词语音与连续语音的区别是什么？连接词的语音由所说的短语组成，而短语又是由词序列组成，例如"王主任"和"我们的领导是王主任"。相比较而言，连续语音由在听写中形成段落的完整句子组成，同时它需要更大的词汇表比较。

2) 语音识别的应用领域

语音识别把人从不自然的信息输入方式中解放出来，其应用领域主要有：

(1) 语音识别技术应用于需要以语音作为人机交互手段的场合，主要是实现听写和命令控制功能。

(2) 电话商业服务是语音识别技术应用的又一个主要领域，特别是多种语言的口语识别、理解和翻译功能的电话自动翻译系统。

(3) 在计算机领域使多媒体产品具有语音识别能力，可以命令和控制计算机为用户处理各种事务，从而极大地提高用户的工作效率。

2．文字—语音转换技术

文字—语音转换技术使得计算机具有对信息进行讲解的能力，从而达到声文并茂的效果。此技术是基于声音合成技术的一种声音产生技术，它能将计算机内的文本转换成连续自然的语言交流。

1) 按其实现的功能来分类

(1) 有限词汇的计算机语音输出。

(2) 基于语音合成技术的文字—语音转换(TTS)。这是目前计算机语言输出的主要研究领域。

2) 按合成采用的技术分类

(1) 发音器官参数语音合成。此法直接模拟人的发音过程。它定义了唇、舌和声带的相关参数。

(2) 声道模型参数语音合成。此法基于声道截面面积函数或声道谐振特性合成语音。

(3) 波形编辑语音合成技术。它是直接把语音波形数据库中的波形相互拼接在一起，输出连续语流。此合成技术用原始语音波形替代参数，合成的语音清晰、自然，其质量普遍高于参数合成。波形存储方式以数字化的语音波形数据存储,采用 PCM 和 ADPCM 等编码。

3) 文字—语音转换技术的发展方向

(1) 特定应用场合的计算机语言输出系统;

(2) 韵律特征的获取与修改;

(3) 语言理解与语言合成的结合;

(4) 计算机语言输出与计算机语言识别的结合。

2.4　视频信息表示与处理

2.4.1　视频的基本概念

1. 视频的概念

一般说来,视频信号是指连续的随时间变化的一组图像(24 帧/s、25 帧/s、30 帧/s),又称运动图像或活动图像。每一幅单独的图像就是视频的一帧。当连续的图像(即视频帧)按照一定的速度快速播放时,由于人眼的视觉暂留现象,就会产生连续的动态画面效果,也就是所谓的视频。视频信号按其特点可分为模拟和数字两种形式。常见的视频源有电视摄像机、录像机、影碟机、激光视盘 LD 机、卫星接收机以及可以输出连续图像的输出设备等。

2. 视频信号的特性

1) 电视扫描方式

视频信号源捕捉二维图像信息,并转换为一维电信号进行传递,而电视接收器或电视监视器要将电信号还原为视频图像在屏幕上再现出来,这种二维图像和一维电信号之间的转换是通过光栅扫描来实现的。扫描方式主要有逐行扫描和隔行扫描两种。

逐行扫描就是各扫描行按次序进行扫描,即一行紧跟一行的扫描方式,计算机显示器一般都采用逐行扫描。隔行扫描就是一帧图像分为两场(从上至下为一场)进行扫描,第一场扫描 1、3、5、7 等奇数行,第二场扫描 2、4、6、8 等偶数行,目前电视系统一般采用隔行扫描。

2) 视频信号的空间特性

(1) 长宽比(Aspect Ratio)。扫描处理中的一个重要参数是长宽比,即图像水平扫描线的长度与图像竖直方向所有扫描线所覆盖距离的比。它也可被认为是一帧宽与高的比。电视的长宽比是标准化的,早期为 4 : 3 或 16 : 9。其他系统如电影利用了不同的长宽比,有的高达 2 : 1。

(2) 水平分辨率(Horizontal Resolution)。当摄像机扫描点在线上横向移动时,传感器输出的电子信号连续地变化以反映传感器所见图像部分的光亮程度。扫描特性的测量是用所持系统的水平分辨率来刻画的。它依赖于扫描感光点的大小。为了测试一个系统的水平分辨率,即测量其重新产生水平线的精细程度的能力,通常将一些靠得很近的竖直线放在摄像机前面。如果传感器区域小于竖直线之间的空隙时，这些线将重新产生，但当传感器区域太大时，产生的是平均信号，将看不到这些线的输出信号。

为了取得逼真的测量效果，水平分辨率必须与图像中的其他参数相联系。在电视工业中，水平分辨率是通过数条黑白竖直线来进行测量的。这些竖直线能以相当于光栅高度的距离被重新产生。因此，一个水平分辨率为 300 线的系统，就能够产生 150 条黑线和 150 条白线。黑白相间，横穿于整个图像高度的水平距离。

黑白线的扫描模式在于能产生高频电子信号，用于处理和转换这些信号的电路均有一个适当的带宽，广播电视系统中每 80 条线的水平分辨率需要 1 MHz 的带宽。由于北美广播电视系统利用的带宽为 4.5 MHz，所以水平分辨率的理论极限是 380 线。

(3) 垂直分辨率(Vertical Resolution)。第二个分辨率参数是垂直分辨率。它简单地依赖于同一帧面扫描线的数量。扫描线越多，垂直分辨率就越高。广播电视系统利用了每个帧面 525(北美)或 825(欧洲)线的垂直分辨率。

3) 视频信号的时间特性

视频信号的时间特性可用视频帧率来刻划。视频帧率表示视频图像在屏幕上每秒钟显示帧的数量(帧/s)。帧率越高，图像的运动就越流畅。在电视系统中，PAL 制式采用 25 帧/s 隔行扫描的方式；NTSC 制式则采用 30 帧/s 隔行扫描的方式。较低的帧率(低于 10)仍然呈现运动感，但看上去有"颠簸"感。

3. 彩色电视制式

电视制式指的是一个国家按照国际上的有关规定、具体国情和技术能力所采取的电视广播技术标准，是一种电视的播放标准。不同制式的视频信号的编码、解码、扫描频率界面的分辨率均不同。不同制式的电视机只能接收相应制式的电视信号。因此，如果计算机系统处理的视频信号与连接的视频设备制式不同，播放时图像的效果就会明显下降，有的甚至无法播放。

目前世界上使用的彩色电视制式有 3 种，即 NTSC 制、PAL 制和 SECAM 制，其中 NTSC(National Television System Committee)彩色电视制式是 1952 年美国国家电视标准委员会定义的彩色电视广播标准，称为正交平衡调幅制。美国、加拿大等大部分西半球国家，以及日本、韩国、菲律宾等国和中国台湾均采用这种制式。

由于 NTSC 制存在相位敏感造成彩色失真的缺点，因此德国(当时的联邦德国)于 1982 年制定了 PAL(Phase Alternating Line)制彩色电视广播标准，称为逐行倒相正交平衡调幅制。德国、英国等一些欧洲国家，以及中国、朝鲜等国家均采用这种制式。

法国制定了 SECAM 彩色电视广播标准，称为顺序传送彩色与存储制。法国、前苏联及东欧国家采用这种制式。世界上约有 85 个国家和地区使用这种制式。

NTSC 制、PAL 制和 SECAM 制都是兼容制制式。这里说的"兼容"有两层意思：一是指黑白电视机能接收彩色电视广播，显示的是黑白图像；另一层意思是彩色电视机能接收黑白电视广播，显示的也是黑白图像，这叫逆兼容性。

不同的电视制式其扫描特性各不相同。

1) PAL 制电视的扫描特性

(1) 625 行(扫描线)/帧，25 帧/s(即 40 ms/帧)；

(2) 高宽比(aspect ratio)为 4∶3；

(3) 隔行扫描，2 场/帧，312.5 行/场；

(4) 颜色模型为 YUV。

一帧图像的总行数为 625 行，分两场扫描。行扫描频率是 15 825 Hz，周期为 84 μs；场扫描频率是 50 Hz，周期为 20 ms；帧频是 25 Hz，是场频的一半，周期为 40 ms。在发送电视信号时，每一行中传送图像的时间是 52.2 μs，其余的 11.8 μs 不传送图像，是行扫描的逆程时间，同时作为行同步及消隐用。每一场的扫描行数为 625/2 = 312 行，其中 25 行作场回扫，不传送图像，传送图像的行数每场只有 287.5 行，因此每帧只有 575 行有图像显示。

2) NTSC 制的扫描特性

(1) 525 行/帧，30 帧/s(29.97 帧/s，即 33.37 ms/帧)；

(2) 宽高比：电视画面的宽高比(电视为 4∶3，电影为 3∶2，高清晰度电视为 16∶9)；

(3) 隔行扫描，一帧分成 2 场(262.5 线/场)；

(4) 在每场的开始部分保留 20 行扫描线作为控制信息，因此只有 485 条线的可视数据；

(5) 每行 63.5 μs，水平回扫时间 10 μs(包含 5 μs 的水平同步脉冲)，所以显示时间是 53.5 μs；

(6) 颜色模型为 YIQ。

一帧图像的总行数为 525 行，分两场扫描，行扫描频率为 15 750 Hz，周期为 63.5 μs；场扫描频率是 80 Hz，周期为 12.5 ms；帧频是 30 Hz，周期为 33.3 ms。每一场的扫描行数为 525/2 = 262.5 行。除了两场的场回扫外，实际传送图像的行数为 480 行。

3) SECAM 制电视的扫描特性

SECAM 制式是法国开发的一种彩色电视广播标准，称为顺序传送彩色与存储制。这种制式与 PAL 制类似，其差别是 SECAM 中的色度信号为频率调制(FM)，而且它的两个色差信号，即红色差(R−Y)和蓝色差(B−Y)信号是按行的顺序传输的。电视画面的宽高比为 4∶3，每帧 625 线，场扫描 50 Hz。

常见的三种电视制式及其相关参数如表 2-6 所示。

表 2-6　常见的电视制式及其参数

电视制式	帧频/Hz	行/帧	屏幕宽高比	场扫描频率/Hz	扫描方式	使 用 地 区
NTSC	30	525	4∶3	60	隔行扫描	美国、加拿大等大部分西半球国家，日本、韩国等国及中国的台湾省
PAL	25	625	4∶3	50	隔行扫描	德国、英国等一些欧洲国家，以及中国、朝鲜等国家
SECAM	25	625	4∶3	50	隔行扫描	法国、俄罗斯及几个东欧国家

2.4.2 视频数字化

1. 视频信息的获取

1) 视频信息的获取途径

(1) 将计算机动画转换成 AVI 视频格式。比较大型的动画软件一般都会提供 AVI 存储格式，动画可以以 AVI 格式导入视频软件，进行再加工和编辑处理。

(2) 将静态图像序列组合成视频文件序列。在视频软件中，具有将静态图像序列组合连接成连续播放的视频文件的功能。

(3) 计算机屏幕动态显示效果的采集。通过数/模转换器将计算机屏幕上的动态过程记录到录像磁带上，或者直接输出数字视频文件，存储到计算机内存中。

(4) 通过视频采集卡对模拟视频进行采集。模拟设备一般通过普通的音、视频数据线或复合视频接口线连接到视频采集卡，经过一系列的采样、量化、编码后，得到数字视频，存储在计算机内存中。

(5) 通过 IEEE1394 数据线采集 DV 数字磁带上的视频。数字摄像机、数字录像机等数字设备可以通过 IEEE 数据线，传输 DV 磁带上的数字视频，再经过编码转换成计算机可以识别的“0”、“1”信号，以数字文件的形式存储在计算机内存中。

(6) 光盘摄像机直接提供数字视频文件。采用光盘摄像机或硬盘摄像机进行视频的现场拍摄，拍摄的同时进行模/数转换和压缩编码处理，并以数字视频文件的格式进行存储。

2) 视频信息的硬件获取方式

(1) 通过数字化设备如数码摄像机、数码照相机、数字光盘等获得；

(2) 通过模拟视频设备如摄像机、录像机(VCR)等输出的模拟信号再由视频采集卡将其转换成数字视频存入计算机，以便计算机进行编辑、播放等各种操作。

在第二种方式中，要使一台 PC 机具有视频信息的处理功能，计算机系统对硬件和软件的需求如图 2-8 所示。

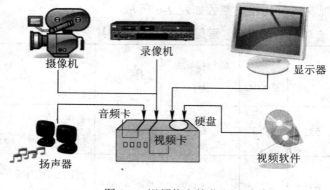

图 2-8　视频信息的获取

计算机系统中必须包括视频卡、视频存储设备、视频输入源及视频软件。

① 视频(捕获)卡：它将模拟视频信号转换为数字化视频信号；

② 视频存储设备：至少有 30 MB 的自由硬盘空间或更多；

③ 一个视频输入源，如视频摄像机、录像机(VCR)或光盘驱动器(播放器)，这些设备连到视频捕获板上；

④ 视频软件(如 Video for Windows)：它包括视频捕获、压缩、播放和基本视频编辑功能。

2. 视频数字化

视频数字化是指以一定的速度对模拟视频信号进行捕获、处理生成数字信息的过程。

摄像机、录像机(VCR)所提供的视频信息是模拟量，要使计算机能接受并处理，需将其数字化，即将原先的模拟视频变为数字化视频。视频数字化一般有两种方法。一种是复合编码，它直接对复合视频信号进行采样、编码和传输；另一种是分量编码，它先从复合彩色视频信号中分离出彩色分量(Y 表示亮度，U 表示彩度，V 表示色度)，然后数字化。现在接触到的大多数数字视频信号源都是复合的彩色全视频信号，如录像带、激光视盘、摄像机等。对这类信号的数字化，通常是先分离成 Y、U、V 或 R、G、B 分量信号，分别进行滤波，然后用三个 A/D 转换器对它们数字化，并加以编码，如图 2-9 所示。目前，这种方案已成为视频信号数字化的主流。

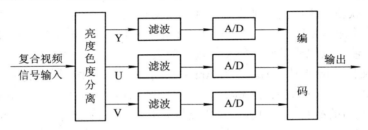

图 2-9　视频分量信号数字化系统框图

在视频数字化过程中，计算机要对输入的模拟视频信息进行采样与量化，并经过编码才能使其变成数字化图像。

对视频信号进行采样时，必须满足三个要求：一是要满足采样定理。对于 PAL 制电视信号，视频带宽为 6 MHz，按照 CCIR 601 建议，亮度信号的采样频率为 13.5 MHz，色度信号为 6.75 MHz。二是采样频率必须是行频的整数倍。三是要满足两种扫描制式。在现行的扫描制式中，数字视频信号的采样频率和格式主要有 625 行/50 场和 525 行/60 场两种，它们的行频分别为 15 625 Hz 和 15 734.265 Hz。ITU 建议的分量编码标准的亮度采样频率为 13.5 MHz，这恰好是上述两种行频的整数倍。根据电视信号的特征，亮度信号的带宽是色度信号带宽的两倍，如果用 Y∶U∶V 来表示 Y、U、V 三分量的采样比例，则数字视频的采样格式分别有 4∶1∶1、4∶2∶2 和 4∶4∶4 三种。为了在 PAL、NTSC 和 SECAM 电视制式之间确定共同的数字化参数，ITU-R 建议使用了 4∶2∶2 采样结构，即色度信号取亮度信号采样频率的一半。

模拟视频经过采样之后，变成了时间上离散的脉冲信号，而量化过程则是进行幅度上的离散化处理。如果视频信号量化比特率为 8 位，则信号就有 2^8 即 256 个量化值。量化位数越多，层次就越细腻，但数据量也会成倍上升，每增加一位，数据量就翻一番。例如，DVD 播放机视频量化位数多为 10 位，灰度等级达到 1024 级，数据量是 8 位量化的 4 倍。

采样、量化后的视频信号要转换成二进制数才能进行传输，这一过程称为编码。在通信理论中，编码分为信源编码和信道编码两大类。所谓信源编码，是指将信号源中多余的信息除去，形成一个适合用来传输的信号。为了抑制信道噪声对信号的干扰，需要对信号进行再编码，使接收端能够检测或纠正数据在信道传输过程引起的错误，这就是信道编码。

3. 视频文件存储格式

视频文件分为两大类：一是影像文件，例如常见的 VCD；二是流式视频文件，它是随着 Internet 的发展而诞生的后起之秀，比如常说的在线实况转播，就是构架在流式视频技术之上的。

1) 影像文件

生活中接触较多的 VCD、多媒体 CD 光盘中的动画等都是影像文件。影像文件不仅包含了大量的图像信息，同时还容纳了大量的音频信息。所以影像文件较大，动辄就是几 MB 甚至几十 MB。

(1) AVI 文件(*.avi)。AVI(Audio Video Interleave)格式有一个专业名字，叫做音频视频交错格式，是微软公司推出的一种音频、视频交叉记录的数字视频文件格式，一般用于保存电影、电视等各种影像信息。有时也存在于 Internet 上，主要用于让用户欣赏新影片的精彩片段。调用方便、图像质量好，但文件过于庞大。

(2) MOV 文件(*.mov 及*.qt)。作为 Apple 公司开发的一种音频、视频文件格式，用于保存音频和视频信息，其扩展名为*.mov。现在已经被包括 Apple MacOS，Microsoft Windows 95/98/NT/2000 在内的所有主流电脑平台所支持。此格式支持 25 位彩色及领先的集成压缩技术，提供 150 多种视频效果，并配有 200 多种 MIDI 兼容音响和设备的声音装置，包含了基于 Internet 应用的关键特性。这种格式因具有跨平台、存储空间要求小等技术特点，得到了业界的广泛认可，目前已成为数字媒体软件技术领域的工业标准。

(3) MPG 文件(*.mpeg，*.mpg 及*.dat)。MPG 格式文件是将 MPEG 算法用于压缩全运动视频图像而形成的活动视频标准文件格式。MPEG 采用有损压缩方法减少运动图像的冗余信息，从而达到高压缩比的目的(平均压缩比为 50∶1，最高可达 200∶1)，同时图像和音响的质量也非常好。在适当条件下，可于 1024×768 分辨率下以 25 帧/s(或 30 帧/s)的速率播放包含 128 000 种颜色的全运动视频图像和同步 CD 音质的伴音，并且其文件大小仅为 AVI 文件的 1/6。几乎所有的计算机平台都支持这种格式，现在市场上销售的 Video CD(VCD)、Super VCD(SVCD)和 DVD(Digital Versatile Disk)全面采用 MPEG 技术。

2) 流式视频格式(Streaming Video Format)

目前世界上使用较多的流式视频格式主要有以下三种：

(1) RealMedia 格式(*.ram，*.rmm，*.ra，*.rm，*.rp，*.rt)。RealMedia 格式是 Real Network 公司开发的一种用于在低速网上实时传输音频和视频信息的压缩格式，具有体积小而又较清晰的特点。用户可以使用 RealPlayer 或 RealOne Player 对符合 RealMedia 技术规范的网络音频、视频资源进行实况转播，并且用户可以在不下载音频、视频内容的条件下实现在线播放。RealMedia 采用的 SureStream(自适应流)技术很具有代表性，通过 Real Server(Real 服务器)将 AN 文件以流的方式传输，然后利用 SureStream 方式，根据客户端不同的拨号速率(不同的带宽)，让传输的 AN 信息自动适应带宽，并始终以流畅的方式播放。

(2) MOV(QuickTime)(*.mov)格式。MOV 格式也可以作为一种流式文件格式。QuickTime 能够通过 Internet 提供实时的数字化信息流、工作流与文件回放功能，为了适应这一网络多媒体应用，QuickTime 为多种流行的浏览器软件提供了相应的 Quick Timer Viewer 插件(Plus-in)，能够在浏览器中实现多媒体数据的实时回放。QuickTime 还提供了自动速率选择功能，当然，不同的速率对应着不同的图像质量。

(3) Windows Media(*.asf)格式。ASF(Advanced Streaming Format)格式，是 Microsoft 公司推出的高级流格式，是一种在互联网上实时传输多媒体的技术标准。采用 MPEG 压缩标准，压缩率、图像质量都很好。ASF 的最大优点是体积小，因此适合网络传输，使用微软公司的最新媒体播放器(Microsoft Windows Media Player)可以直接播放该格式文件。

4. 视频编辑处理软件

1) Adobe Premiere

Adobe Premiere 是 Adobe 公司出品的一款功能十分强大的处理影视作品的音、视频编辑软件，其工作界面设计简洁而紧凑，而且提供了近百种的特技切换效果，轨道数目可以多达近百条。

2) Ulead Video Studio

Ulead Video Studio 是 Ulead 公司出品的另一款影视制作软件，主要面向家庭用户，采用流程式设计思想，顶部的菜单项分为"开始"、"故事板"、"效果"、"标题"、"声音"、"音乐"和"完成"七个选项。

3) 专业级非线性编辑软件

专业视频采集卡附带的视频编辑软件组，操作界面精简，视窗、素材窗、视频轨、音频轨、字幕轨、特技轨明晰，快捷键的设置贴合操作需求，适合编辑那些较为简单、冗长的视频片段。

2.5 计算机动画

动画使得多媒体作品更加生动，富于表现力，同时在 MPC 机上可以很容易地实现简单动画。

2.5.1 动画的概念

1. 什么是动画

医学研究表明，人眼具有视觉滞留效应，即观察物体后，物体的影像将在人眼视网膜上保留一段短暂的时间(约为 1/24 秒)。利用这一现象，让一系列逐渐变化的画面以足够的速率连续出现，人眼就可以感觉到画面上的物体在连续运动。

动画正是利用了人类眼睛的视觉滞留效应，动画由很多内容连续但各不相同的画面组成。由于每幅画面中的物体位置和形态不同，如果每秒更替 24 个画面或更多的画面，那么，前一个画面在人脑中消失之前，下一个画面就进入人脑，从而形成连续的影像。

2. 动画的分类

按制作技术和手段分类，可以将动画分为以手工绘制为主的传统动画和以计算机制作为主的电脑动画。

从动画制作上可划分为二维动画和三维动画两大类。由绘图软件形成的动画，由于只能产生平面效果，这类动画被称为平面动画，或者二维动画；利用计算机辅助设计技术创建的，具有空间效果的物体形成的动画，被称为三维动画。

从动画内容与画面数量关系上划分为全动画和半动画。

从动画的播放效果上划分为顺序动画(连续动作)和交互式动画。

2.5.2 常见的动画制作软件

动画制作软件很丰富，流行的计算机二维平面动画制作软件有 Flash、Animate Studio 和 Adobe ImageReady 等。其中 Flash 动画是目前最流行的二维动画技术。计算机三维动画制作软件有 MAYA、SoftImage、3DS MAX、POSER 和 Cool 3D 等。

1. Ulead Cool 3D

Ulead Cool 3D 是 Ulead 公司出品的专门用于文字特效的制作软件，选用设计模板可以简单制作三维文字及动画，其界面友好、操作简单，适合非专业用户使用。

2. Flash

Flash 是 Macromedia 公司推出的制作网络动画的二维矢量动画的软件，具有强大的矢量图形和动画编辑能力，音频编辑能力，支持 Alpha 通道的编辑，提供遮罩、交互功能，并采用了数据流技术；适用于多媒体软件制作、商业产品演示、媒体教学、游戏等领域。

3. 3D Studio MAX

3D Studio MAX 是 Autodesk 公司推出的主要用于三维动画设计、影视广告设计、室内外装饰设计等的软件。其色彩、光线渲染十分出色，造型工具的设置丰富、细腻，变化繁多，配合其他软件可以塑造各种专业造型。软件容量较大，对机器配置要求较高。

4. MAYA

MAYA 是 Alias/Wavefront 公司推出的三维动画软件，软件体系容量很大，有六大功能模块。工具包汇集了众多功能强大的工具，可创建逼真的毛发、海洋、烟火、岩浆以及创建花草、树木、闪电、火花、毛发的生长过程。

5. Poser

Poser 是一款专门用于制作人体建模的软件工具，其功能十分人性化，使用鼠标可以直接扭动视窗中的人体模型的动作，并且可以随意观察人体模型各个侧面的动作形态。工具的参数设置丰富而详细，可以细腻模拟人体的动态过程。

6. Gif Animator

Gif Animator 是一款专门用来制作平面动画的软件，提供有"精灵向导"，动画制作者可以根据向导的提示一步步地完成动画的制作。软件的操作和使用都相当简单，非常适合非专业人员使用。

2.5.3 动画的文件格式

动画是以文件的形式保存的，不同的动画软件产生不同的文件格式。比较常见的文件格式有以下几种。

1. GIF 文件格式(*.gif)

GIF 是 Graphics Interchange Format 的缩写，是由 CampuServe 机构发展出来的点阵式图像文件格式，采用 LZW 压缩算法，可以有效降低文件大小同时保持图像的色彩信息。许多图像处理软件都具备处理 GIF 文件的能力，这种文件格式支持分辨率 65 535 × 65 535 像素和 256 色的图像。由于 GIF 文件支持动画和透明，所以被广泛应用在网页中。需要强调的是，GIF 文件格式无法存储声音信息，只能形成"无声动画"。

2. FLC 文件格式(*.fli/*.flc)

FLC 文件格式是 Autodesk 公司在出品的动画制作软件中采用的彩色动画文件。FLI 是最初基于 320 × 200 分辨率的动画文件格式，而 FLC 则是 FLI 的进一步扩展，采用更高效的数据压缩技术，其分辨率也不再局限于 320 × 200 像素。FLC 文件格式仍然不能存储声音信息，也是一种"无声动画"格式，目前大量应用于多媒体作品中。

3. SWF 文件格式(*.swf)

SWF 是一种矢量动画格式，由于它采用矢量图形记录画面信息，因此这种格式的动画在缩放时不会失真，非常适合描述由几何图形组成的动画。Macromedia 公司的二维动画制作软件 Flash，专门用于生成 SWF 文件格式的动画。由于这种格式的动画可以与 HTML 充分结合，并能添加音乐，形成二维"有声动画"，因此被广泛应用在网页上，成为一种"准"流式媒体文件。其特点是：数据量小，动画流畅，但不能进行修改和加工。

2.5.4 动画的获取

在制作多媒体产品时引入动画将大大提高产品的表现力。根据动画来源、动画类型的不同，动画获取的方法也有一些差异。目前使用较多的获取方法有网上下载、动画库光盘获取等。

1. 网上下载

随着网络技术的发展，Internet 成为获取动画素材的一个重要途径。目前，网页中的动画主要以 GIF 和 SWF 格式为主。

2. 从现有的动画库中获取

除了从网上下载外，还可以直接从现成的动画库中获取动画素材。一般市场上销售的动画库都以光盘形式存在，一个动画就是一个文件，可以根据动画格式分类，也可以根据表达内容分类。

3. 利用动画制作软件制作和绘制

可以利用专业的动画制作软件制作，如二维动画使用 Flash 制作，三维动画用 3D MAX 制作处理。

扩展题

1. 计算机中常见的编码方式有哪些？
2. 在文本的获取过程中会借助于哪些硬件和软件？
3. 在图形与图像的数字化中会用到哪些硬件和软件？
4. 在音频数字化中会用到哪些硬件和软件？它们各有什么特点？
5. 在视频数字化中会用到哪些硬件和软件？它们各有什么特点？
6. 动画文件的格式和常见的制作软件有哪些？
7. 上网了解各种多媒体软件制作工具，并下载使用，比较同类软件的优劣势。

第 3 章

多媒体数据压缩技术

☞ 多媒体信息数字化后的数据量相当庞大，内容复杂，往往要占用巨大的存储空间，在处理过程中质量要求较高，而且要解决数据通信等网络问题，这样会给当前计算机的存储、处理和实时传输能力的提高带来很大的困难。因此，数据的存储、传输以及加工成为多媒体计算机面临的最大难题之一。解决的方法有两种：一是提高计算机的存储容量及通信信道的带宽；二是对多媒体数据进行有效的压缩。显然，前一种方法成本较高、技术难度较大，可扩充性不好。只有后一种方法才较为妥善，其关键在于采取可行的数据压缩技术。换言之，以压缩的方式存储数字化的多媒体信息就成为解决这一问题的较为可行的一种途径。

可以说，多媒体数据压缩技术是多媒体技术中的核心技术，它揭示了多媒体数据处理的本质，是在计算机上实现多媒体信息处理、存储和应用的前提。

3.1　多媒体数据压缩的概念

数据压缩是一种数据处理方法，是将一个文件的数据容量减少，同时基本保持原有文件的信息内容。数据压缩的目的就是减少信息存储的空间，缩短信息传输的时间。当需要使用这些信息时，可以通过解压缩将信息还原回来。

数据压缩一般由两个过程组成：一是编码过程，即将原始数据经过编码进行压缩，以便存储和传输；二是解码过程，即对编码数据进行解码，将其还原为可以使用的数据。

显然，压缩了的信息经解压缩后，信息的内容能否完全还原或基本还原是压缩的基本要求。如果解压缩后的数据与原始数据相比变得面目全非，那么这种压缩就失去了意义。

3.1.1　多媒体数据压缩的可能性

首先举例说明一下多媒体数据有多大。屏幕的分辨率一般是 1024×768 像素，如图 3-1 所示，图中的黑点为一个像素(像素是能独立赋予颜色和亮度的最小单位)，在这样的分辨率下到底有多少数据呢？图中横向有 1024 个像素点，纵向有 768 个像素点。

若每个彩色像素在计算机存储器内用 24 位表示，那么，已知的图像就有 1024×768 个点，每一个点就要存储一个 24 位数据，所以，该图像的存储空间大小为

$$1024 \times 768 \times 24 = 18\,874\,368 \text{ bit} = 2.25 \text{ MB}$$

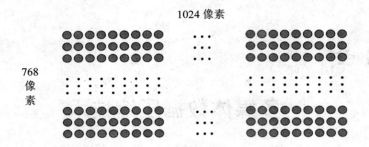

图 3-1　1024 × 768 像素点

如果这是视频中的一帧，那么按照 NTSC 制，每秒钟传送 30 帧这样的图片，其每秒钟的数据量为

$$2.25 \text{ MB} \times 30 \text{ 帧/s} = 67.5 \text{ MB/s}$$

一个 650 MB 的光盘可以存储的图像需要播放的时间为

$$\frac{650 \text{ MB}}{67.5 \text{ MB/s}} = 9.6 \text{ s}$$

这样的光盘是没有任何实际意义的。因此在实际应用中要使用数据压缩技术，只有在保证原有信息量的基础上，把数据中冗余的数据去掉，才可以广泛使用 VCD 光盘。

数据的冗余就是数据量与信息量的差值，其公式如下：

$$\text{d}u = D - I$$

式中：I 为信息量；D 为数据量；$\text{d}u$ 为冗余量。

从上式可以看出，当 D 和 I 相等时，$\text{d}u$ 为 0，即不存在数据的冗余量，那么就根本不可能进行数据压缩了。而事实上，这种情况很少见，数据量和信息量往往是不等的。

一般存在着以下几种常见的数据冗余。

1．空间冗余

如图 3-2 所示的一幅背景为同一颜色的图片，中间为一个英文字母。如果按 Bitmap 编码的方法为每一点编码，这样需要很大的数据量，但实际上背景只有一种颜色，其光的亮度、饱和度都一样，因此，数据存在着很大的冗余。

图 3-2　空间冗余

2．时间冗余

在视频图像序列的两幅相邻图像中，后一帧图像与前一帧图像之间存在着许多相同的地方，这就是时间冗余。例如，如图 3-3 所示，两个钢球运动图像的背景没变，只是在平面上的运动，故两幅图像存在着时间冗余。

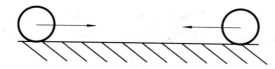

图 3-3　时间冗余

3．结构冗余

有些图像从大面积或整体上看，会重复出现相同或相近的纹理，如地板图案、布的纹理和草席图案，这些称为结构的冗余，如图 3-4 所示。

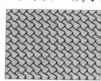

图 3-4　结构冗余

4．知识冗余

对许多图像的理解与图像所表现内容的基础知识(鲜艳或背景知识)有相当大的相关性，通过这种规则的变化构造其模型，保存一些特征参数，从而可以大大减少数据量，这类冗余称为知识冗余。知识冗余的一个典型例子是对人像的理解，如鼻子上方有眼睛，鼻子又在嘴的上方等。

5．视觉冗余

事实表明，人的视觉系统只对某一程度范围内的图像变化产生敏感。例如，人的视觉对边缘剧烈的变化不敏感。在记录数据时，对人眼看不见或不能分辨的部分进行记录是不必要的，人类视觉系统的分辨率一般为 64 灰度级，而一般量化用的是 256 灰度级，多出来的为视觉冗余。

6．编码冗余

编码冗余指一组数据所携带的信息量少于数据本身所产生的冗余。信息量是指从 N 个可能事件中选出一个事件所需要的信息度量或含量。将信源所有可能事件的信息量进行平均，就得到信息的"熵"，即平均信息。

信息熵是指从 N 个相等的可能事件中选出一个事件所需的信息度量或含量。通俗地说，就是从中获取的知识。例如，从 8 个数中要找到其中的一个数，可以首先得到是否大于 4 这一信息，如果是小于 4 的，继续可以得到是否大于 2 这一信息，再继续下去就可以得到该数了。在这过程包含的信息量为

$$\text{lb}8 = 3 \text{ (bit)}$$

事件 i 信息量的定义，从 N 个数中选取任意一个数 X 的概率为 $P_i(x)$，那么事件 i 的信息量为

$$I_i = -\text{lb}P_i(x)$$

信息熵定义为一组数据所带的信息量，平均信息量就是信息熵，即

$$D = -\sum_{i=0}^{N-1} P_i B_i$$

式中：D 为信息熵；N 为数据的种类(或称码元)；P_i 为第 i 个码元出现的概率。另外一组数据的数据量等于各记录码元的二进制位数(即编码长度)与该码元出现的概率乘积之和，即

$$D = -\sum_{i=0}^{N-1} P_i B_i$$

式中：D 为数据量；B_i 为第 i 个码元的二进制位数。若要求不存在数据冗余，即 $D = D - E = 0$，则应有 $B_i = -\text{lb}P_i(x)$，实际中很难估计各事件出现的概率，所以一般取 $B_0 = B_1 = \cdots = B_{N-1}$，这样编码的 D 就必然大于 E，从而出现了信息冗余。

以上这些冗余的存在为我们对多媒体数据的压缩提供了可能。数据的压缩从某种意义上讲，就是去除这些冗余。数据的压缩实际上是一个编码过程，即把原始的数据进行编码压缩。数据的解压缩是数据压缩的逆过程，即把压缩的编码还原为原始数据。因此数据压缩方法也称为编码方法。目前数据压缩技术日臻成熟，适应各种应用场合的编码方法不断产生。针对多媒体数据冗余类型的不同，相应地也有不同的压缩方法。

3.1.2　多媒体数据压缩的衡量指标

衡量一种数据压缩技术的好坏有三个重要指标：

(1) 压缩比要大，即压缩前的数据量与压缩后的数据量之比值要大。压缩比是指压缩前的数据与压缩后的数据的比值。压缩比高，表明压缩后数据减少得多。从节省存储空间、减少传输时间以及便于处理的角度看，希望压缩比愈高愈好，但通常压缩比超高，信息损耗量也就越大。

(2) 解压效果要好，即数据解压还原后能尽可能恢复原始数据。解压效果要好，即数据解压还原后能尽可能恢复原始数据。理想的状态是无损压缩，即数据经压缩后再被解压还原后没有任何信息损耗。例如，压缩与解压还原后的图像与原始图像完全相同。无损压缩没有任何失真，但无损压缩后数据量的减少不明显。有损压缩后数据量的减少十分明显，但信息损耗的程度，即失真的大小有时也会很大，失真太大将会使解压后的数据变得令人不能接受，所以必须保证失真足够小，以满足应用的需要。因此，解压效果的好坏要根据实际应用的具体要求确定。

(3) 压缩和解压的算法要简单、快速，尽可能地做到实时压缩、解压。实时性好主要指解压缩所需的时间愈短愈好。当然，压缩数据时所需的时间也是愈短愈好。但其实时性要求不如解压时的实时性要求高。这是因为在许多应用中，多媒体的数据只要压缩一次就可以了，而解压缩可能需要成千上万次。若解压缩不满足一定的实时性要求，则会使得解压跟不上数据处理的需要。例如，把一部 60 分钟的电影压缩到 CD-ROM 盘片上，压缩时间多达十几小时也许都可接受，而播放时。只能在 60 分钟内播完，时间长了，观众无法接受，因而解压必须尽可能地快。

3.1.3　多媒体数据压缩方法

数据压缩的分类方法繁多，到目前为止尚未统一。多数学者比较一致的分类方法是，将数据压缩分为在某种程度上可逆的与实际上不可逆的两类，这样更能说明它们的本质区

别。如图 3-5 所示为数据压缩的分类。

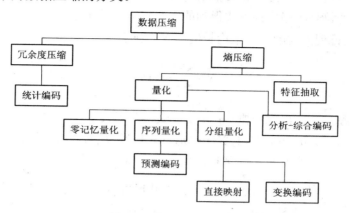

图 3-5　数据压缩的分类

可逆压缩也叫做无失真编码(Lossless Coding)或无噪声编码(Noiseless Coding)、信息保持型编码(Bit-preserving Coding)、熵编码(Entropy Coding)，等等。20 世纪 40 年代香农(C.E.Shannon)在创立信息论时，提出把数据看做信息和冗余度(Redundancy)的组合。冗余度压缩的工作机理是去除(至少是减少)那些可能是后来插入数据中的冗余度，因而始终是一个可逆过程。不可逆压缩就是有失真(Lossy)编码，信息论中叫熵压缩(Entropy Compression)。

熵压缩主要有两大类型：特征抽取和量化方法。特征抽取的典型例子就是指纹的模式识别，一旦抽取出足以有效表征与区分不同人指纹的特征参数，便可用其取代原始的指纹图像数据。对于实际应用而言，量化是更为通用的熵压缩技术，除了直接对无记忆信源的单个样本做所谓的零记忆量化外，还可以对有记忆信源的多个相关样本映射到不同的空间，去除了原始数据中的相关性后再做量化处理。由此又引出了预测编码和变换编码这两类最常见的实用压缩技术。另外，在特征抽取与量化相结合的基础上，新近开发出一类高效的分析—综合编码技术。必须指出的是，一个实用的高效编码方案常常要同时综合考虑各类编码技术之所长。

3.2　统　计　编　码

统计编码是根据消息出现概率的分布特性而进行的压缩编码。这种编码的宗旨在于，在消息和码字之间找到明确的一一对应关系，以便在恢复时能准确无误地再现出来，或者至少是相似地找到相当的对应关系，并把这种失真或不对应概率限制到可容忍的范围内。但不管什么途径，它们总是要使平均码长或码率压低到最低限度。常用的编码有 Huffman 码、Shannon-Famo 码、算术编码等。

3.2.1　哈夫曼(Huffman)编码

1. 变字长编码的最佳编码定理

在变字长编码中，对于概率大的信息符号编以短字长的码；对于概率小的信息符号编以长字长的码。如果码字长度严格按照符号概率大小的相反顺序排列，则平均码字长度一定小于按任何其他符号顺序排列方式得到的码字长度。

证明：设最佳排列方式的码字平均长度为 $\overline{N}$，则有

$$\overline{N} = \sum_{i=1}^{M} n_i p(a_i)$$

式中：$p(a_i)$ 为信源符号 a_i 出现的概率；n_i 是 a_i 的编码长度。

规定 $p(a_i) \geq p(a_s)$，$n \leq n_s$，$i = 1, 2, \cdots, m$，$s = 1, 2, \cdots, m$。如果将 a_i 的码字与 a_s 的码字互换，其余码字不变，则其平均码字长度变为 $\overline{N'}$，即

$$\overline{N'} = \overline{N} - [n_i p(a_i) + n_s p(a_s)] + [n_s p(a_i) + n_i p(a_s)]$$
$$= \overline{N} + (n_s - n_i)[p(a_i) - p(a_s)]$$

因为 $n_s \geq n_i$，$p(a_i) \geq p(a_s)$，所以 $\overline{N'} \geq \overline{N}$，也就是说 $\overline{N}$ 是最短的。

霍夫曼编码就是利用了这个定理，将等长分组的信源符号，根据其概率采用不等长编码。概率大的分组，使用短的码字编码；概率小的分组，使用长的码字编码。霍夫曼编码把信源符号按概率大小顺序排列，并设法按逆次序分配码字的长度。在分配码字的长度时，首先将出现概率最小的的两个符号的概率相加，合成一个概率；第二步把这个合成的概率看做一个新组合符号的概率，重复上述做法，直到最后只剩下两个符号的概率为止。完成以上概率相加顺序排列后，再反过来逐步向前进行编码。每一步都有两个分支，各赋予一个二进制码，可以将概率大的编为"0"码，概率小的编为"1"码，反之亦然。

2. 哈夫曼编码方法

(1) 统计概率，得 n 个不同概率的信息符号；

(2) 将 n 个信源信息符号的 n 个概率，按概率大小排序；

(3) 将 n 个概率中，最后两个小概率相加，这时概率个数减少为 $n-1$ 个；

(4) 将 $n-1$ 个概率，按大小重新排序；

(5) 重复(3)，将排序后的最后两个小概率再相加，相加和与其余概率再排序；

(6) 如此反复重复 $n-2$ 次，最后只剩两个概率；

(7) 分配码字。由最后一步开始反向进行，依次对"最后"两个概率一个赋予"0"码，一个赋予"1"码，构成霍夫曼编码字，编码结束。

3. 哈夫曼编码特点

(1) 哈夫曼方法构造出来的码不是唯一的；

(2) 哈夫曼编码码字字长参差不齐，因此硬件的实现不太方便；

(3) 哈夫曼编码对不同信源的编码效率是不同的；

(4) 对信源进行哈夫曼编码后，形成了一个哈夫曼编码表。解码时，必须参照这一哈夫编码表才能正确译码。

例：5 个符号的信源 a_1、a_2、a_3、a_4 和 a_5 出现的概率分别为 0.40、0.25、0.15、0.15 和 0.05，设解码器收到 11100011010 时，可唯一译码成 $a_4 a_1 a_1 a_3 a_2$，则

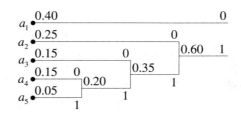

$$a_1 : 0, \quad a_2 : 10, \quad a_3 : 110, \quad a_4 : 1110, \quad a_5 : 1111$$

$$1 \times 0.40 + 2 \times 0.25 + 3 \times 0.15 + 4 \times 0.15 + 4 \times 0.05 = 2.15$$

即平均编码长度为 2.15 比特。

3.2.2 Shannon-Famo 编码

1. S-F 码主要准则

符合即时码条件；在码字中，1 和 0 是独立的，而且是(或差不多是)等概率的。这样的准则一方面能保证无需用间隔区分码字，同时又保证每一位码字几乎有 1 位的信息量。

2. S-F 码的编码过程

(1) 信源符号按概率递减顺序排列；

(2) 把符号集分成两个子集，每个子集的概率和相等或近似相等；

(3) 对第一个子集赋编码"0"，对第二个子集赋编码"1"；

(4) 重复上述步骤，直到每个子集只包含一个信源符号为止。

3.2.3 游程编码

游程编码(简写为 RLE 或 RLC)是一种十分简单的压缩方法，它将数据流中连续出现的字符(称为游程)用单一的记号来表示。例如，字符串 a b a C C C b b a a a a 可以压缩为 a b a 3C 2b 4a 游程编码的压缩效果不太好，但由于简单，编码/解码的速度非常快，因此它仍然得到广泛的应用。许多图形和视频文件，如*.bmp、*.tif 及*.avi 等都使用了这种压缩。

3.2.4 算术编码

1. 算术编码——一种非分组编码算法

算术编码是从全序列出发，采用递推形式的连续编码。它不是将单个的信源符号映射成一个码字，而是将整个输入序列的符号依据它们的概率映射为实数轴上区间[0, 1)内的一个小数。

算术编码把一个信源集合表示为实数线上的 0 到 1 之间的一个区间。这个集合中的每个元素都要用来缩短这个区间。信源集合的元素越多，所得到的区间就越小，当区间变小时，就需要更多的数位来表示这个区间，这就是区间作为代码的原理。算术编码首先假设一个信源的概率模型，然后用这些概率来缩小表示信源集的区间。

2. 举例说明算术编码过程

例：设英文元音字母采用固定模式符号概率分配如下：

字符	a	e	i	o	u
概率	0.2	0.3	0.1	0.2	0.2
范围	[0，0.2]	[0.2，0.5]	[0.5，0.6]	[0.6，0.8]	[0.8，1.0]

设编码的数据串为 eai。令 high 为编码间隔的高端，low 为编码间隔的低端，range 为编码间隔的长度，rangelow 为编码字符分配的间隔低端，rangehigh 为编码字符分配的间隔高端。

初始 high=1，low = 0，range = high−low，一个字符编码后新的 low 和 high 按下面两式计算：

$$low = low + range \times rangelow$$
$$high = low + range \times rangehigh$$

(1) 对第一个字符 e 编码时，e 的 rangelow = 0.2，rangehigh = 0.5。因此，

$$low = 0 + 1 \times 0.2 = 0.2$$
$$high = 0 + 1 \times 0.5 = 0.5$$
$$range = high - low = 0.5 - 0.2 = 0.3$$

此时分配给 e 的范围为[0.2，0.5]。

(2) 对第二个字符 a 编码时使用新生成的范围[0.2，0.5]，a 的 rangelow=0，rangehigh=0.2。因此，

$$low = 0.2 + 0.3 \times 0 = 0.2$$
$$high = 0.2 + 0.3 \times 0.2 = 0.26$$
$$range = 0.06$$

范围变成[0.2，0.26]。

(3) 对下一个字符 i 编码时，i 的 rangelow = 0.5，rangehigh = 0.6。因此，

$$low = 0.2 + 0.06 \times 0.5 = 0.23$$
$$high = 0.2 + 0.06 \times 0.6 = 0.236$$

即用[0.23，0.236]表示数据串 eai，如果解码器知道最后范围是[0.23，0.236]，则它马上可解得一个字符为 e，然后依次得到唯一解 a，即最终得到 eai。

3．算术编码的特点

(1) 不必预先定义概率模型，自适应模式具有独特的优点；

(2) 信源符号概率接近时，建议使用算术编码，这种情况下其效率高于 Huffman 编码；

(3) 算术编码避开了用一个特定的代码替代一个输入符号的想法，用一个浮点输出数值代替一个流的输入符号，较长的复杂消息输出的数值中就需要更多的位数；

(4) 算术编码实现方法比较复杂，但 JPEG 成员对多幅图像的测试结果表明，算术编码的效率比 Huffman 编码提高了 5%左右，因此在 JPEG 扩展系统中用算术编码取代 Huffman 编码。

综上所述，可见：

① 算术编码是一种非分组编码，对变长信源符号序列赋于变长码，理论上可以达到更好的效果。

② 信源的每一个符号对应[0，1)的一个子区间，该子区间的长度等于对应符号出现的概率。

③ 算术编码把信源 X 的任一给定序列 $X=\{x_1, \cdots, x_N\}$ 和[0，1)的一个子区间联系在一

起，该子区间的长度等于这个序列的概率。

　　④ 编码过程从第一个符号开始，逐个处理。随着处理符号数目的增加，同序列联系在一起的区间长度越来越小。

　　⑤ 随着区间的缩小，区间首尾二进制代码相同位数越来越多，这些二进制代码唯一确定了输入符号序列，并可唯一译码。

　　⑥ 概率大的符号对应区间大，描述所需的比特少。随着输入序列长度的增加，平均编码所用比特数趋向信源熵。

3.3　预　测　编　码

　　预测编码是根据某一模型利用以往的样本值对新样本值进行预测，然后将样本的实际值与其预测值相减得到一个误差值，并对这一误差值进行编码。如果模型足够好并且样本序列在时间上相关性较强，那么误差信号的幅度将远远小于原始信号，从而可以得到较大的数据压缩。可见，建立一个理想的预测器是很关键的。

1. 差分脉冲编码调制

　　差分脉冲编码调制(DPCM)最简单的预测压缩算法是在像素级使用差分脉冲编码调制技术。对于相邻的两个像素，只传送像素间的差异之处，由于相邻像素通常是类似的，它们之间的差值很小，因而传送差值需要的位数总是小于传送整个像素需要的位数。

2. 自适应脉冲编码调制

　　自适应脉冲编码调制(APCM)是一种根据输入信号幅度大小改变量化阶大小的波形编码技术。这种自适应可以是瞬间自适应，改变量化阶的大小方法有两种：

　　(1) 前向自适应(forward adaptation)：就是根据未量化的样本值的均方根来估算输入信号的电平，以此来确定量化阶的大小，并对其电平进行编码作为边信息传送到接收端。

　　(2) 后向自适应：是从量化器刚输出的过去样本中来提取量化阶信息。

3. 自适应差分脉冲编码调制

　　自适应差分脉冲编码调制(ADPCM)综合了 APCM 的自适应特性和 DPCM 系统的差分特性，是一种性能比较好的波形编码，其核心思想是：

　　(1) 利用自适应改变量化阶的大小，即使用小的量化阶去编码小的差值，使用大的量化阶去编码大的差值。

　　(2) 使用过去的样本值估算下一个输入样本的预测值，使实际样本值和预测值之间的差值总是最小。

4. 增量调制

　　增量调制(DM, Delta Modulation)是一种预测编码技术，是 PCM 编码的一种变形。PCM是对每个采样信号的整个幅度进行量化编码，因此它具有对任意波形进行编码的能力。

　　DM 是对实际的采样信号与预测的采样信号之差的极性进行编码，将极性变成"0"和"1"这两种可能的取值之一。如果实际的采样信号与预测的采样信号之差的极性为正，则用"1"表示，反之用"0"表示。由于 DM 编码只需一位对信号进行编码，所以 DM 编码系统又称为"1位系统"。

5．自适应增量调制

为了使增量调制器的量化阶也能自适应，常采用自适应增量调制(ADM，Adaptive Delta Modulation)，也就是根据输入信号斜率的变化自动调整量化阶的大小，以使斜率过载和粒状噪声都减到最小。几乎所有的方法基本上都是检测到斜率过载时就开始增大量化阶，而在输入信号的斜率减小时降低量化阶。

3.4　频　域　编　码

3.4.1　变换编码

1．变换编码(transform coding)简介

预测编码的方法能够压缩图像数据的空间和时间冗余性，其特点是直观、简捷和易于实现。在传输速度要求很高的应用中，大多选用此方法。变换编码也是一种针对统计冗余进行压缩的方法，它是将图像光强矩阵(时域信号)变换到系数空间(频域)内进行处理的方法。

2．变换编码的思路

把一组数据转换成另一种表示形式，这种表示形式有利于实现某一特定目标。变换是可以反向进行的，即存在反变换，以恢复原来的数据。在图像压缩中，一组数据是指一组像素(通常是二维数组)。变换将使这个二维数组数据量减少，以便于数据的传输和存储。解压缩时，利用反变换恢复原始像素。

3．变换编码的基本方法

对于一组给定的时序信号 $Y(t)$，分析这组信号的频率、能量甚至模式等固有的特征或者求解时，可利用如傅里叶变换或 Z 变换等工具，比直接对 $Y(t)$ 积分和微分方便得多。这些变换是将时域信号 $Y(t)$ 变换成频域信号，再进行分析和求解，图像压缩问题亦可以变换到频域内去解决。

4．变换编码的特点

(1) 在频域内的信息是按频谱的能量与频率分布排列的。在傅氏变换平面上，图像信号场的能量集中在以圆点为中心的圆环内，因而只要对频域平面量化器进行合理的比特分配，高能量区给以高比特，低能量区给以低比特，就可以得到高的压缩能力。

(2) 变换运算比其他方法的计算复杂性高。

3.4.2　子带编码

子带编码(subband coding)又称分频带编码。它将图像数据变换到频域后，按频率分带，然后用不同的量化器进行量化，达到最优的组合。

语言和图像信息都有较宽的频带，信息的能量集中于低频区域，细节和边缘信息则集中于高频区域。子带编码采取保留低频系数舍去高频系数的方法进行编码，操作时对低频区域取较多的比特数来编码，以牺牲边缘细节为代价来换取比特数的下降，恢复后的图像

比原图模糊。

子带编码把原始图像分割成不同频段的子频段带,对不同的频段子带设计独立的预测编码器,分别进行编码和解码。

子带编码的特点是有较高的压缩比和信噪比。

3.5 静态图像压缩标准 JPEG

国际标准化组织于 1986 年成立了 JPEG(Joint Photographic Expert Group)联合图片专家小组,主要致力于制定连续色调、多级灰度、静态图像的数字图像压缩编码标准。常用的基于离散余弦变换(DCT)的编码方法,是 JPEG 算法的核心内容。

1. JPEG 算法的主要内容

多灰度连续色调静态图像压缩编码(即 JPEG 标准)是适用于彩色和单色多灰度或连续色彩静止数字图像的压缩标准,包括无损压缩和基于离散余弦变换和 Huffman 编码的有损压缩两个部分。JPEG 定义了两种相互独立的基本压缩算法,一种是基于 DCT 的有失真压缩算法,另一种是基于空间线性预测技术(DPCM)的无失真压缩算法。

JPEG 算法主要存储颜色变化,尤其是亮度变化,因为人眼对亮度变化要比对颜色变化更为敏感。只要压缩后重建的图像与原来的图像在亮度和颜色变化上相似,在人眼看来就是同样的图像。其原理是不重建原始画面,而生成与原始画面类似的图像,丢掉那些未被注意到的颜色。

JPEG 算法与彩色空间无关,因此"RGB 到 YUV 变换"和"YUV 到 RGB 变换"不包含在 JPEG 算法中。JPEG 算法处理的彩色图像是单独的彩色分量图像,因此,它可以压缩来自不同彩色空间的数据,如 RGB、YC_bC_r 和 CMYK。

2. JPEG 压缩编码算法的主要步骤

(1) 正向离散余弦变换(FDCT)。

(2) 量化(quantization)。

(3) Z 字形扫描(zigzag scan)。

(4) 使用差分脉冲编码调制(DPCM)对直流系数 DC 进行编码。

(5) 使用行程长度编码(RLE,Run-Length Encoding)对交流系数(AC)进行编码。

(6) 熵编码(entropy coding)。

3.6 视频图像压缩编码标准

视频编码方式就是指通过特定的压缩技术,将某个视频格式的文件转换成另一种视频格式文件的方式。视频压缩国际标准主要有由 ITU-T 制定的 H.261、H.262、H.263、H.264 和由 MPEG 制定的 MPEG-1、MPEG-2、MPEG-4,其中 H.262/MPEG-2 和 H.264/MPEG-4 AVC 由 ITU-T 与 MPEG 联合制定。

MPEG 是活动图像专家组(Moving Picture Experts Group)的缩写,于 1988 年成立,是制

定数字视/音频压缩标准的专家组，目前已拥有 300 多名成员，包括 IBM、SUN、BBC、NEC、INTEL、AT&T 等世界知名公司。MPEG 组织最初得到的授权是制定用于"活动图像"编码的各种标准，随后扩充为"活动图像及其伴随的音频"组合编码。后来针对不同的应用需求，解除了"用于数字存储媒体"的限制，成为现在制定"活动图像和音频编码"标准的组织。MPEG 组织制定的各个标准都有不同的目标和应用，目前已提出了 MPEG-1、MPEG-2、MPEG-4、MPEG-7 和 MPEG-21 标准。

1．MJPEG

MJPEG(Motion JPEG)压缩技术，主要是基于静态视频压缩发展起来的技术，它的主要特点是基本不考虑视频流中不同帧之间的变化，只单独对某一帧进行压缩。

MJPEG 压缩技术可以获取清晰度很高的视频图像，可以动态调整帧率和分辨率。但由于没有考虑到帧间变化，造成大量冗余信息被重复存储，因此单帧视频的占用空间较大，目前流行的 MJPEG 技术最好的也只能做到 3 KB/帧，通常要 8～20 KB/帧。

2．MPEG-1

MPEG-1 标准主要针对 SIF 标准分辨率(NTSC 制为 352×240，PAL 制为 352×288)的图像进行压缩。压缩位率主要目标为 1.5 Mb/s。与 MJPEG 技术相比，MPEG-1 在实时压缩、每帧数据量、处理速度上有显著的提高。但 MPEG-1 也有较多不利的地方，如存储容量过大、清晰度不够高和网络传输困难等。

3．MPEG-2

MPEG-2 在 MPEG-1 基础上进行了扩充和提升，和 MPEG-1 向下兼容，主要针对存储媒体、数字电视、高清晰等应用领域，分辨率为低(352×288)、中(720×480)，次高(1440×1080)、高(1920×1080)。MPEG-2 视频相对 MPEG-1 提升了分辨率，满足了用户对高清晰的要求，但由于其压缩性能提高甚微，存储容量还是太大，也不适合网络传输。

4．MPEG-4

MPEG-4 视频压缩算法相对于 MPEG-1/2 在低比特率压缩方面有显著提高，在 CIF (352×288)或者更高清晰度(768×576)情况下的视频压缩，无论从清晰度还是从存储量上都比 MPEG-1 具有更大的优势，也更适合网络传输。另外 MPEG-4 可以方便地动态调整帧率、比特率，以降低存储量。MPEG-4 系统设计过于复杂，使得 MPEG-4 很难在视频会议、可视电话等领域实现。

5．MPEG-7

MPEG-7 主要针对多媒体内容描述接口(Multimedia Content Description Interface)，其目标是就是产生一种描述多媒体信息的标准，并将该描述与所描述的内容相联系，以实现快速有效的检索。只有首先解决了多媒体信息的规范化描述后，才能更好地实现信息定位。该标准不包括对描述特征的自动提取。

6．H.261

H.261 标准是为 ISDN 设计的，主要针对实时编码和解码设计，压缩和解压缩的信号延时不超过 150 ms，码率 $p \times 64$ kb/s($p=1 \sim 30$)。

H.261 标准主要采用运动补偿的帧间预测、DCT 变换、自适应量化、熵编码等压缩技术。只有 I 帧和 P 帧，没有 B 帧，运动估计精度只精确到像素级。支持两种图像扫描格式：QCIF 和 CIF。

7. H.263

H.263 标准是甚低码率的图像编码国际标准，它一方面以 H.261 为基础，以混合编码为核心，其基本原理框图和 H.261 十分相似，原始数据和码流组织也相似；另一方面，H.263 也吸收了 MPEG 等其他一些国际标准中有效、合理的部分，如半像素精度的运动估计、PB 帧预测等，使其性能优于 H.261。H.263 使用的位率可小于 64 kb/s，且传输比特率可不固定(变码率)。H.263 支持多种分辨率：SQCIF(128×96)、QCIF、CIF、4CIF、16CIF。

8. H.264

H.264 集中了以往标准的优点，并吸收了以往标准制定中积累的经验，采用简洁设计，使其比 MPEG-4 更容易推广。H.264 创造了多参考帧、多块类型、整数变换、帧内预测等新的压缩技术，使用了更精细的分像素运动矢量(1/4、1/8)和新一代的环路滤波器，使得压缩性能大大提高，系统更加完善。

H.264 的主要优点有：

(1) 高效压缩。与 H.263 和 MPEG-4 相比，H.264 减小了 50%的比特率。

(2) 延时约束方面有很好的柔韧性。

(3) 容错能力较强。

(4) 编/解码的复杂性具有可伸缩性。

(5) 解码过程中可解码全部细节。

(6) 应用广泛、高效。

扩展题

1. 为什么要进行多媒体数据的压缩？
2. 常见的多媒体压缩编码有哪几种？
3. JPEG 和 MPEG 分别是什么？
4. 描述 H.264 在安防监控中的应用。

多媒体计算机系统

☞ 多媒体系统是新一代高度集成的、功能强大的、智能化的计算机信息系统，它是提供多媒体信息、辅助人们对环境进行控制和决策的系统，是基于计算机、通信网络等现代化的工具和手段，服务于管理领域的信息处理系统。多媒体计算机指的是硬件设施，多媒体计算机是多媒体信息系统得以应用的平台。多媒体计算机系统是能够把视、听和计算机交互式控制结合起来，对音频信号、视频信号的获取、生成、存储、处理、回收和传输综合数字化所组成的一个完整的计算机系统。

4.1 多媒体系统

多媒体系统不同于其他系统，它包含了多种技术，并集成了实时交互的多个体系结构。一般的多媒体系统主要由多媒体硬件系统、多媒体操作系统、媒体处理系统工具和用户应用软件四个部分组成。

多媒体操作系统也称多媒体核心系统(Multimedia Kernel System)，具有实时任务调度、多媒体数据转换和同步控制、多媒体设备的驱动和控制，以及图形用户界面管理等功能。

多媒体硬件系统包括计算机硬件、声音/视频处理器、多种输入/输出设备及信号转换装置、通信传输设备及接口装置等。其中，最重要的是根据多媒体技术标准而研制生成的多媒体信息处理芯片、光盘驱动器等。

媒体处理系统工具也称为多媒体系统开发工具软件，是多媒体系统的重要组成部分。

用户应用软件是根据多媒体系统终端用户要求而定制的应用软件或面向某一领域的用户应用软件系统，它是面向大规模用户的系统产品。

4.1.1 多媒体系统的基本组成

多媒体系统所处理的对象主要是声音和图像信号。声音和图像信号的特点是速率高、数据量大、实时性高。因此，多媒体系统的基本组成应包括计算机，视听接口、音响以及图像设备，高速信号处理器(用于实时图像和声音处理)，大容量的内、外存储器，软件。通常，多媒体系统没有固定的配置模式，但一般包括以下部件：

(1) 计算机，可以是个人计算机、工作站或超级微机等；

(2) 接口卡，包括声频卡、视频卡、图像处理卡、多功能卡等；

(3) 声像输入设备，如录像机、录音机、话筒、摄像机、激光视盘等；

(4) 声像输出设备，如电视机、传声机、合成器、可读写光盘、耳机等；

(5) 软件，实时多任务支持软件、多媒体应用软件；

(6) 控制部件，如鼠标、键盘、光笔、触摸式屏幕监视器等。

以具有编辑和播放功能的多媒体开发系统为例，简化的多媒体系统如图 4-1 所示。

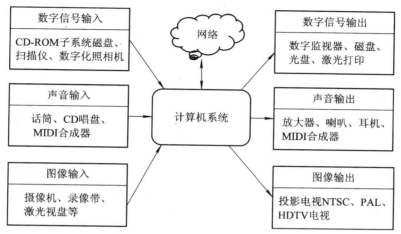

图 4-1　简化的多媒体系统

4.1.2　多媒体系统的硬件结构

我们可以将多媒体系统理解为现有计算机系统的扩充，如图 4-2 所示。但仅仅理解到这一层次还远不够，多媒体系统与常规的计算机系统相比，需增加如下三个子系统和两个要求。

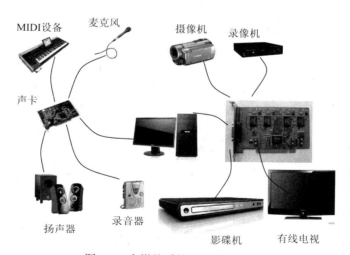

图 4-2　多媒体系统示意图

(1) 增加视频信号子系统，它包括静态和活动图像的采集、压缩编码、转换等功能。

(2) 增加音频信号处理子系统，它包含模数(A/D)转换器、数模(D/A)转换器、压缩编码、合成等功能。

(3) 增加 CD-ROM 和大容量的存储子系统。CD-ROM 驱动器是多媒体系统的一个标准部件，而不是一个附件，有关内容参见第 7 章。由于增加了音频和视频信息媒体，在开发应用软件过程中，大容量的可读/写外存是不可少的。仅一幅分辨率为 640×480 像素，每个像素为 16 位的彩色图像就需要占据 600 KB 的存储空间。

(4) 多媒体系统的核心部分依然是要提高系统的数据传输率，同时采取压缩技术共同解决数据传输问题。这就要在多媒体系统中增加压缩卡之类的新硬件。

(5) 多媒体系统要与网络相连，就必须增加网卡。

4.1.3 多媒体系统的软件结构

与现有的计算机系统相比，多媒体系统的软件结构发生了明显变化。其软件结构大致可分为三个层次，如图 4-3 所示。

图 4-3　多媒体系统的软件结构

1．系统软件(System Software)

视、音频信号都是实时信号，在其处理过程中要求系统软件具有实时处理功能；同时要求能够实现音频、视频和 PC 其他操作并行处理，这就要求系统软件在发挥作用时具有多任务处理功能，即多媒体系统的系统软件应该是一个实时多任务操作系统。此外，还包括多媒体软件执行环境，如 Windows 中的媒体控制接口(MCI，Media Control Interface)等。

2．开发工具(Development Tool)

开发工具包括创作软件工具(Creative Software Tool)和编辑软件工具(Authoring Software Tool)两部分。创作软件是针对各种媒体开发的工具，如视频图像的获取、编辑和制作；声音的采集/获取、编辑；二维、三维的动画创作等工具。编辑软件是将文、声、图、像等媒体进行综合、协调以及赋予交互功能的软件。目前，这种软件有基于描述语言的，有基于图符的等方法的编辑工具。

3．多媒体应用软件(Multimedia Application Software)

多媒体应用软件是在多媒体硬件平台和创作工具上开发的应用软件，如教学软件、演示软件、游戏、百科全书等。

4.2　多媒体个人计算机

4.2.1　多媒体个人计算机的基本组成

多媒体个人计算机(MPC，Multimedia Personal Computer)，是指具有多媒体功能的个人计算机。它是在 PC 基础上增加一些硬件板卡及相应软件，使其具有综合处理文字、声音、图像、视频等多种媒体信息的功能。

　　MPC 联盟规定，多媒体计算机应包括五个基本的部件：个人计算机、只读光盘驱动器 (CD-ROM)、声卡、Windows 操作系统和一组音响或耳机，其结构如图 4-4 所示。

图 4-4　多媒体计算机的五个基本部件

4.2.2　多媒体个人计算机的硬件配置

　　一般来说，多媒体个人计算机的基本硬件结构可以归纳为七部分：

　　(1) 至少有一个功能强大、速度快的中央处理器(CPU)；

　　(2) 可管理、控制各种接口与设备的配置；

　　(3) 具有一定容量(尽可能大)的存储空间；

　　(4) 高分辨率显示接口与设备；

　　(5) 可处理音响的接口与设备；

　　(6) 可处理图像的接口设备；

　　(7) 可存放大量数据的配置等。

　　上述七部分是最基本的 MPC 硬件配置，构成了 MPC 的主机。除此以外，MPC 能扩充的配置还可能包括以下几个方面：

　　(1) 光盘驱动器：包括可重写光盘驱动器(CD-R)、WORM 光盘驱动器和 CD-ROM 驱动器。其中 CD-ROM 驱动器为 MPC 带来了价格便宜的 650 MB 存储设备，存有图形、动画、图像、声音、文本、数字音频、程序等资源的 CD-ROM 早已广泛使用。现在光盘技术的发展，DVD 驱动器和 DVD 光盘的使用也已经很普及了，它的存储量更大，双面可达 17 GB。

　　(2) 音频卡：音频卡具有 A/D 和 D/A 音频信号的转换功能，可以合成音乐、混合多种声源，还可以外接 MIDI 电子音乐设备。数字音频处理的支持是多媒体计算机的重要方面，在音频卡上可连接音频输入/输出设备，如话筒、音频播放设备、MIDI 合成器、耳机、扬声器等。

　　(3) 图形加速卡：在 Windows 中利用图形加速卡，可满足图文并茂的多媒体表现需要，也可实现显示分辨率高，显示色彩丰富等特点，还可使 Windows 的显示速度加快。

　　(4) 视频卡：其功能是连接摄像机、VCR 影碟机、TV 等设备，以便获取、处理和表现各种动画和数字化视频媒体。视频卡可细分为视频捕捉卡、视频处理卡、视频播放卡以及 TV 编码器等专用卡。

　　(5) 扫描卡：用来连接各种图形扫描仪，是常用的静态照片、文字、工程图输入设备。

　　(6) 打印机接口：用来连接各种打印机，包括普通打印机、激光打印机、彩色打印机等，是最常用的多媒体输出设备之一。

　　(7) 交互控制接口：它是用来连接触摸屏、鼠标、光笔等人机交互设备的，这些设备将大大方便用户对 MPC 的使用。

(8) 网络接口：是实现多媒体通信的重要 MPC 扩充部件。计算机和通信技术相结合的时代已经来临，这就需要专门的多媒体外部设备将数据量庞大的多媒体信息传送出去或接收进来，通过网络接口相接的设备包括视频电话机、传真机、LAN 和 ISDN 等。

4.3　多媒体个人计算机系统

4.3.1　多媒体个人计算机系统的结构

多媒体个人计算机系统由硬件系统和软件系统组成，如表 4-1 所示。其中硬件系统主要包括计算机主要配置和各种外部设备以及与各种外部设备的控制接口卡(其中包括多媒体实时压缩和解压缩电路)。软件系统包括多媒体驱动软件、多媒体操作系统、多媒体数据处理软件、多媒体创作工具软件和多媒体应用软件。

表 4-1　多媒体个人计算机系统的结构

多媒体应用软件	第八层	
多媒体创作软件	第七层	
多媒体数据处理软件	第六层	软件系统
多媒体操作系统	第五层	
多媒体驱动软件	第四层	
多媒体输入/输出控制卡及接口	第三层	
多媒体计算机硬件	第二层	硬件系统
多媒体外围设备	第一层	

1．多媒体计算机硬件系统

多媒体计算机硬件系统是由计算机传统硬件设备光盘存储器、音频输入/输出和处理设备、视频输入/输出和处理设备等选择性组合而成，其基本框图如图 4-5 所示。

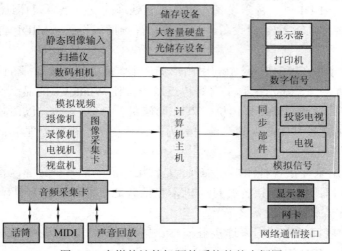

图 4-5　多媒体计算机硬件系统的基本框图

音频卡是处理和播放多媒体声音的关键部件，它通过插入主板扩展槽中与主机相连。卡上的输入/输出接口可以与相应的输入/输出设备相连。常见的音频输入设备包括麦克风、收录机和电子乐器等，常见的音频输出设备包括扬声器和音响设备等。声卡由声源获取声音，并进行模拟/数字转换或压缩，而后存入计算机中进行处理。声卡还可以把经过计算机处理的数字化声音通过解压缩、数字/模拟转换后，送到输出设备进行播放或录制。

视频卡是通过插入主板扩展槽中与主机相连。卡上的输入/输出接口可以与摄像机、影碟机、录像机和电视机等设备相连。视频卡采集来自输入设备的视频信号，并完成由模拟量到数字量的转换、压缩，以数字化形式存入计算机中，数字视频可在计算机中进行播放。

光盘存储器由光盘驱动器和光盘片组成。光盘片是一种具有特定容量的存储设备，可存储任何多媒体信息。光盘驱动器用来读取光盘上的多媒体信息。

2．多媒体计算机驱动软件

多媒体计算机驱动软件是多媒体计算机软件中直接和硬件打交道的软件，执行设备的初始化、设备操作以及设备的关闭等。驱动软件一般常驻内存，每种多媒体硬件需要一个相应的驱动软件。

3．多媒体计算机操作系统

多媒体计算机操作系统是计算机的核心，负责控制和管理计算机的所有软硬件资源，对各种资源进行合理地调度和分配，改善资源的共享和利用情况，最大限度地发挥计算机的效能，它还控制计算机的硬件和软件之间的协调运行，改善工作环境，向用户提供友好的人机界面。

简言之，多媒体计算机操作系统就是具有多媒体功能的操作系统。多媒体计算机操作系统必须具备对多媒体数据和多媒体设备的管理和控制功能，具有综合使用各种媒体的能力，能灵活地调度多种媒体数据并能进行相应的传输和处理，且使各种媒体硬件和谐地工作。

多媒体计算机操作系统大致可分为两类：

一类是为特定的交互式多媒体计算机系统使用的多媒体操作系统。如 Commodore 公司为其推出的多媒体计算机 Amiga 系统开发的多媒体操作系统 Amiga DOS、Philips 和 SONY 公司为其联合推出的 CD-I 系统设计的多媒体操作系统 CD-RTOS(Real Time Operation System)等。

另一类是通用的多媒体计算机操作系统。随着多媒体技术的发展，通用操作系统逐步增加了管理多媒体设备和数据的内容，为多媒体技术提供支持，成为多媒体计算机操作系统。目前流行的 Windows XP、Windows 7 等系统主要适用于多媒体个人计算机，Macintosh是广泛用于苹果机的多媒体操作系统。

4．多媒体计算机数据处理软件

多媒体计算机数据处理软件是专业人员在多媒体操作系统上开发的。在多媒体计算机应用软件制作过程中，对多媒体信息进行编辑和处理是十分重要的，多媒体素材制作的好坏，直接影响到整个多媒体应用系统的质量。

常见的音频编辑软件有 Sound Edit、Cool Edit 等，图形图像编辑软件有 Illustrator、CorelDraw、Photoshop 等，非线性视频编辑软件有 Premiere，动画编辑软件有 Animator

Studio、Flash 和 3D Studio MAX 等。

4.3.2　Windows 多媒体计算机操作系统的支持能力

自 Microsoft 正式推出 Windows 操作系统后，多媒体个人计算机在多媒体信息处理和表现方面都有了很大改观，体现在速度快、图像美、色彩丰富、音质好等方面。至此，现在 Windows 依然是 MPC 机上使用最普遍的多媒体操作系统和应用支撑环境。

Windows 多媒体计算机操作系统能为用户所提供的多媒体功能主要包括：

(1) 支持即插即用技术。即插即用(PnP，Plug and Play)技术就是要方便用户对多媒体硬件设备的安装和设置。在安装支持即插即用的多媒体设备时，Windows 系统会自动探测到设备的存在，并一步一步地指导安装过程，此外它还可根据计算机的硬件资源进行分析，选择最合适的配置并自动为其分配地址、中断和设备号等系统资源，避免设备之间的设置冲突。

(2) 设备驱动。Windows 采用了 32/64 位保护模式驱动程序，这样做可以动态地装载或去除设备驱动程序，不占用常规内存；可以通过减小系统运行的模式开关数来提高系统的运行性能；同时，因为支持即插即用而使系统配置变得容易。

(3) 娱乐性更强。Windows 的许多新功能，使光盘驱动器成为更为实用的 MPC 设备。这些新功能包括：

① 可实现自动播放。在光盘驱动器中装载光盘，Windows 会自动识别出光盘的内容。

② 支持后台播放。

③ 改进了的视频功能。Windows 操作系统内置的各种软件视频压缩编码、解码程序支持常见的视频文件格式。

扩展题

1. 多媒体软硬件系统包括哪些内容？
2. 如何选购 MPC？其主要参数指标是什么？

第 5 章

多媒体数据接口

☞ 接口是指两个电路或设备之间的分界面或连接点。接口技术是采用硬件和软件技术相结合的方法，研究微处理器和外部世界之间如何实现安全、可靠、高效的信息交换的技术。由于计算机是采用模块化结构，也就决定了其接口多的特点。计算机的常见接口有 PS/2 接口、COM 接口、LPT 并行接口、IDE 接口、SATA 串行总线接口、USB 接口、IRDA 红外线接口、IEEE 1394 接口、VGA 和 DVI 显示接口、RJ45 接口、AGP 和 PCIE 图形加速接口等，这些接口具有不同的特点和用途。

5.1　多媒体个人计算机输入/输出接口

多媒体个人计算机输入/输出接口包括输入接口和输出接口，是 CPU 与外部设备之间交换信息的连接电路，它们通过总线与 CPU 相连，简称 I/O 接口，涉及多媒体个人计算机内部数据和外部数据的传输。

5.1.1　多媒体个人计算机输入/输出接口的分类

多媒体个人计算机 I/O 接口分为总线接口和通信接口两类。当需要外部设备或用户电路与 CPU 之间进行数据、信息交换以及控制操作时，应使用微型计算机总线把外部设备和用户电路连接起来，这时就需要使用微型计算机总线接口；当微型计算机系统与其他系统直接进行数字通信时使用通信接口。

1．总线接口

所谓总线接口，是把微型计算机总线通过电路插座提供给用户的一种总线插座，供插入各种功能卡之用。插座的各个管脚与微型计算机总线的相应信号线相连，用户只要按照总线排列的顺序制作外部设备或用户电路的插线板，即可实现外部设备或用户电路与系统总线的连接，使外部设备或用户电路与微型计算机系统成为一体。常用的总线接口有 AT 总线接口、PCI 总线接口、IDE 总线接口等。AT 总线接口多用于连接 16 位微型计算机系统中的外部设备，如 16 位声卡、低速显示适配器、16 位数据采集卡以及网卡等。PCI 总线接口用于连接 32 位微型计算机系统中的外部设备，如 3D 显示卡、高速数据采集卡。IDE 总线接口主要用于连接各种磁盘和光盘驱动器，可以提高系统的数据交换速度和能力。

2．通信接口

通信接口是指微型计算机系统与其他系统直接进行数字通信的接口电路，通常分为串行通信接口和并行通信接口两种，即串口和并口。串口用于把像 MODEM 这种低速外部设备与微型计算机连接，传送信息的方式是一位一位地顺次进行。串口的标准是 EIA(Electronics Industry Association，即电子工业协会)RS-232C 标准。串口的连接器有 D 型 9 针插座和 D 型 25 针插座两种，位于计算机主机箱的后面板上。鼠标器就是连接在这种串口上。并行接口多用于连接打印机等高速外部设备，传送信息的方式是按字节进行，即 8 个二进制位同时进行。PC 机使用的并口为标准并口 Centronics。打印机一般采用并口与计算机通信，并口也位于计算机主机箱的后面板上。I/O 接口一般做成电路插卡的形式，所以通常把它们称为适配卡，如软盘驱动器适配卡、硬盘驱动器适配卡(IDE 接口)、并行打印机适配卡(并口)、串行通信适配卡(串口)，还包括显示接口、音频接口、网卡接口(RJ45 接口)、调制解调器使用的电话接口(RJ11 接口)等。在 386 以上的微型计算机系统中，通常将这些适配卡做在一块电路板上，称为复合适配卡或多功能适配卡，简称多功能卡。

3．基本输入/输出 BIOS 和 CMOS

BIOS 是一组存储在 EPROM 中的软件，固化在主板的 BIOS 芯片中，其主要作用是负责对基本 I/O 系统进行控制和管理。

CMOS 是一种存储 BIOS 所使用的系统存储器，是微机主板上的一块可读写的 ROM 芯片，用来保存当前系统的硬件配置和用户对某些参数的设定。当计算机断电时，由一块电池供电使存储器中的信息不被丢失。用户可以利用 CMOS 对微机的系统参数进行设置。BIOS 是主板上的核心，由 BIOS 负责从计算机开始加电到完成操作系统引导之前的各个部件和接口的检测、运行管理。在操作系统引导完成后，由 CPU 控制完成对存储设备和 I/O 设备的各种操作、系统各部件的能源管理等。

5.1.2 多媒体个人计算机输入/输出接口的功能

由于计算机的外围设备几乎都采用了机电传动设备，因此，CPU 在与 I/O 设备进行数据交换时存在以下问题：

(1) 速度不匹配。I/O 设备的工作速度比 CPU 慢，而且由于种类的不同，它们之间的速度差异也很大。例如，硬盘的传输速度就比打印机快很多。

(2) 时序不匹配。各个 I/O 设备都有自己的定时控制电路，以自己的速度传输数据，无法与 CPU 的时序取得统一。

(3) 信息格式不匹配。不同的 I/O 设备存储和处理信息的格式不同。例如，可以分为串行和并行两种，也可以分为二进制格式、ACSII 编码和 BCD 编码等。

(4) 信息类型不匹配。不同 I/O 设备采用的信号类型不同，有些是数字信号，而有些是模拟信号，因此所采用的处理方式也不同。

基于以上原因，CPU 与外设之间的数据交换必须通过接口来完成，通常接口有以下功能：

(1) 进行端口地址译码设备选择；

(2) 向 CPU 提供 I/O 设备的状态信息和进行命令译码；

(3) 进行定时和相应的时序控制；

(4) 对传送数据提供缓冲，以消除计算机与外设在定时或数据处理速度上的差异，提供有关电气的适配；

(5) 以中断方式实现 CPU 与外设之间信息的交换。

5.2　多媒体个人计算机内部数据传输接口

5.2.1　硬盘接口

硬盘接口是硬盘与主机系统间的连接部件,用于在硬盘缓存和主机内存之间传输数据。不同的硬盘接口决定着硬盘与计算机之间的连接速度,直接影响着程序运行的快慢和系统性能的好坏。

硬盘接口分为电子集成驱动器(IDE,Integrated Drive Electronics)、串口高级技术装置(SATA,Serial Advanced Technology Attachment)、小型计算机系统接口(SCSI,Small Computer System Interface)和光纤通道(FC,Fibre Channel)四种。IDE 接口技术非常成熟,历史久远,多用于家用产品中,也有部分应用于服务器;SATA 接口是一种新生的硬盘接口类型,正处于市场普及阶段,在家用市场中有着广泛的应用前景;SCSI 接口主要应用于普通服务器;光纤通道接口价格昂贵,只用于高端服务器。每种大类(如 IDE 和 SCSI)下,可分多种具体的接口类型,各类型具有不同的技术规范,具备不同的传输速度。

1. IDE

IDE 是指把硬盘控制器与盘体集成在一起的硬盘驱动器,采用16位并行方式传送数据,如图 5-1 所示。

图 5-1　IDE 接口

IDE 是目前 PC 和笔记本电脑硬盘和光驱普遍使用的接口。在这一技术产生后,由于其价格低廉、兼容性强、性价比高而得到了广泛的应用(ATA、Ultra ATA、DMA 等接口都属于 IDE 硬盘),但由于其数据传输速度慢、线缆长度过短和连接设备少等缺点,目前已被 SATA 接口取代。

2. SATA

目前常见的有 SATA-1 和 SATA-2 两种标准,使用 SATA 接口的硬盘又叫串口硬盘,是 PC 机硬盘现在的主流接口形式,如图 5-2 所示。

图 5-2　SATA 接口

SATA 以连续串行的方式传送数据，这样可减少 SATA 接口的针脚数目，使连接电缆数目变少，效率更高。SATA 总线使用嵌入式时钟信号，具备较强的纠错能力，能对传输指令进行检查，如果发现错误会自动矫正，很大程度上提高了数据传输的可靠性。

SATA 仅用四支针脚就能完成所有的工作，分别用于连接电缆、连接地线、发送数据和接收数据，同时这样的架构还可降低系统能耗和减小系统复杂性。其次，SATA 的起点更高、发展潜力更大，SATA 1.0 定义的数据传输率可达 150 MB/s，这比目前最新的并行 ATA (即 ATA/133)所能达到 133 MB/s 的最高数据传输率还高，而 SATA 2.0 的数据传输率将达到 300 MB/s，最终 SATA 将实现 600 MB/s 的最高数据传输率。

另外，SATA 具备热插拔功能，这可以更加方便地组建磁盘阵列；串口的数据线由于只采用了四针结构，因此与并口数据线相比，安装更加便捷，更有利于缩减机箱内的线缆，有利于散热。

3. SCSI

SCSI 是一种广泛应用于小型机上的高速数据传输技术，并不是专门为硬盘设计的接口。在系统中应用 SCSI 必须要有专门的 SCSI 控制器，也就是一块 SCSI 控制卡，才能支持 SCSI 设备。在 SCSI 控制器上有一个相当于 CPU 的芯片，它对 SCSI 设备进行控制，能处理大部分的工作，减少了 CPU 中央处理器的负担(占用率)。图 5-3 所示为 SCSI 接口的外形。

图 5-3　SCSI 接口

SCSI 接口具有应用范围广、多任务、带宽大、CPU 占用率低，以及可热插拔等优点，但较高的价格使得它很难如 IDE 硬盘般普及，因此 SCSI 硬盘主要应用于中、高端服务器和高档工作站中。

SAS(串行连接 SCSI)，是新一代的 SCSI 技术，和现在流行的 SATA 硬盘相同，都是采用串行技术以获得更高的传输速度，并通过缩短连结线改善内部空间等。SAS 规范兼容了 SATA，这使得 SAS 的背板可以兼容 SAS 和 SATA 两类硬盘，对用户来说，使用不同类型的硬盘时不需要重复投资。

4. FC

FC 为多硬盘系统环境而设计，能满足高端工作站、服务器、海量存储子网络、串行数据通信等系统对高数据传输率的要求，具有可热插拔、高速带宽、远程连接、连接设备数量大等特性。

FC 采用铜轴电缆和光导纤维作为连接设备，由于传统的铜轴电缆传输距离短以及易受电磁干扰影响等，目前大部分采用光纤，有单模和多模两种：单模一次传送一个单一信号，而多模则能够通过将信号在光缆玻璃内核壁上不断反射而传送多个信号。

5.2.2 光驱接口

光盘存储驱动器的接口如图 5-4 所示。它是驱动器与系统主机的物理链接，是从驱动器到计算机的数据传输途径。不同的接口决定着驱动器与系统间数据传输的速度。目前，连接光盘存储产品与系统接口的类型主要有 ATA/ATAPI 接口、USB 接口、IEEE1394 接口、SCSI 接口、并行端口等。ATA/ATAPI 是计算机内并行 ATA 接口的扩展，习惯上叫增强IDE(EIDE)接口驱动器，它是在 IDE 接口上的扩展。ATA 也称做 IDE 接口，ATAPI 是 CD/DVD和其他驱动器的工业标准的 ATA 接口。ATAPI 是一个软件接口，它将 SCSI/ASPI 命令调整到 ATA 接口上，这使得光驱制造商能比较容易地将其高端的 CD/DVD 驱动器产品调整到ATA 接口上。ATA/ATAPI 接口的驱动器是光存储产品最具性价比的产品，也是市场中应用最为广泛的光储接口，绝大多数的光驱都是通过 ATA/ATAPI 接口连接在主机上的。有关其他接口类型在后续的章节中将陆续介绍。

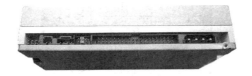

图 5-4　SCSI 接口

5.3　多媒体个人计算机外部数据传输接口

5.3.1 USB

通用串行总线(USB，Universal Serial Bus)是连接外部设备的一个串口总线标准。用于规范电脑与外部设备的连接和通信，支持设备的即插即用和热插拔功能。目前，USB 3.0传输速度已达 5 Gb/s(640 MB/s)，供电电流为 900 mA，可连接多达 127 个如鼠标、调制解调器和键盘等外设。USB 有两个规范，即 USB 1.1 和 USB 2.0。USB 1.1 是目前较为普遍的USB 规范，其高速方式的传输速率为 12 Mb/s，低速方式的传输速率为 1.5 Mb/s。USB 2.0规范是由 USB 1.1 规范演变而来的，其传输速率可达到 480 Mb/s，足以满足大多数外设的速率要求。USB 2.0 中的"增强主机控制器接口"定义了一个与 USB 1.1 相兼容的架构。它可以用 USB 2.0 的驱动程序驱动 USB 1.1 设备。也就是说，所有支持 USB 1.1 的设备都可以直接在 USB 2.0 的接口上使用而不必担心兼容性问题，而且像 USB 线、插头等附件也都可以直接使用。现在主机均带有 USB 接口，如图 5-5 所示。

图 5-5　USB 接口

USB 接口有以下三种类型：

(1) A 型：一般用于 PC；

(2) B 型：一般用于 USB 设备；

(3) 微型 USB：一般用于数码相机、数码摄像机、测量仪器以及移动硬盘等。

5.3.2　IEEE 1394

　　IEEE 1394 标准是由美国电气和电子工程师学会(IEEE)制定的，是一个串行接口，俗称火线接口，如图 5-6 所示。同 USB 一样，IEEE 1394 也支持外设热插拔，可为外设提供电源，也可连接多个不同的外部设备，支持同步数据传输。IEEE 1394 接口现在主要用于视频的采集，能像并联 SCSI 接口一样提供同样的服务，成本低廉，传输速度快。IEEE 1394 作为一个工业标准的高速串行总线，已广泛应用于数字摄像机、数字照相机、电视机顶盒、家庭游戏机、计算机及其外围设备。

图 5-6　IEEE 1394 接口

　　IEEE 1394 分为两种传输方式：背板(Backplane)模式和电缆(Cable)模式。Backplane 模式的最小速率也比 USB 1.1 的最高速率高，分别为 12.5 Mb/s、25 Mb/s、50 Mb/s，可用于多数的高带宽应用。Cable 模式是速度非常快的模式，分为 100 Mb/s、200 Mb/s 和 400 Mb/s 三种，在 200 Mb/s 下可以传输不经压缩的高质量数据电影。

　　IEEE 1394 接口有两种标准的接口形式：6 芯以及 4 芯小型接口。6 芯接口外形比 4 芯的大，里面除了两对数据线外，还包括一组电源用于对连接的外设进行供电。4 芯接口只有两对数据线而无电源。IEEE 1394 接口现在已经逐渐成为计算机的标准配置，尤其可以连接一些数码设备，像数码摄像机就由于体积的限制使用的是 4 芯小型接口。

　　IEEE 1394 接口具有以下特点：

(1) 廉价：IEEE 1394 接口硬件成本很低；

(2) 速度快：现在标准的 IEEE 1394 接口的最高传输速度可达 400 Mb/s；

(3) 开放式标准：开放式标准使得 IEEE 1394 接口标准可以应用于很多设备，利于推广；

(4) 真正的点对点传输协议：可以使得不同的数字设备之间通过 IEEE 1394 接口直接连接而无需计算机的干涉；

(5) 支持热插拔：可以在计算机运行的情况下接入或移除 1394 设备而不会造成计算机系统的崩溃。

5.3.3　Bluetooth

　　Bluetooth(蓝牙)是一种近距离的无线数据通信技术标准。其实质内容是要建立通用的无线电空中接口(Radio Air Interface)及其控制软件的公开标准，使通信和计算机进一步结合，使不同厂家生产的便携式设备在没有电线或电缆相互连接的情况下，能在近距离范围内具有互用、互操作的性能。蓝牙技术促进了小型网络设备(如移动 PC、掌上电脑、手机)之间，以及这些设备与 Internet 之间的通信，免除在无绳电话或移动电话、PDA、计算机、打印机等之间加装电线、电缆和连接器。此外，蓝牙技术还为已存在的数字网络和外设提供通用接口，以组建一个远离固定网络的个人特别连接设备群。

蓝牙技术支持点到点和点到多点的连接，可采用无线方式将若干蓝牙设备连成一个微微网(Piconet)，多个微微网又可互连成特殊分散网，形成灵活的多重微微网的拓扑结构，从而实现各类设备之间的快速通信。它能在一个微微网内寻址 8 个设备(实际上互联的设备数量是没有限制的，只不过在同一时刻只能激活 8 个，其中 1 个为主 7 个为从)。

目前，蓝牙技术得到了广泛的应用，如车载蓝牙免提系统、手机蓝牙无线上网、蓝牙鼠标、蓝牙键盘等。

5.4 视频数据接口

无论是模拟视频信号还是数字视频信号，其录制、显示和播放等很大程度上都离不开其他设备的配合使用，由于各个设备的电气特性不同，设备之间需要具备相同接口连接才能正常使用。

5.4.1 VGA

视频图形阵列(VGA，Video Graphics Array)接口，也叫 D-Sub 接口，是显卡输出模拟信号的接口，其作用是将转换好的模拟信号输出到 CRT 显示器或经两次数字化转换后输入到 LCD 显示器。显卡所处理的信息最终都要输出到显示器，VGA 的视频传输过程是最短的，所以 VGA 接口拥有许多优点，如无串扰、无电路合成分离损耗等。VGA 接口应用于 CRT 显示器很普遍，但用于液晶之类的显示设备时，由于转换过程的图像损失使显示效果略微下降。

5.4.2 DVI

数字视频接口(DVI，Digital Visual Interface)，主要用于与具有数字显示输出功能的计算机显卡相连接，显示计算机的 RGB 信号。DVI 数字端子比标准 VGA 端子信号要好，数字接口的全部内容采用数字格式传输，视频信号无需转换，信号无衰减或失真，保证了主机到监视器传输过程中数据的完整性(无干扰信号引入)，可以得到更清晰的图像，是未来 VGA 接口的替代者。

目前的 DVI 接口分为两种，一种是 DVI-D 接口，如图 5-7 所示，只能接收数字信号，接口上只有 3 排 8 列共 24 个针脚，其中右上角的一个针脚为空，不兼容模拟信号。另外一种则是 DVI-I 接口，如图 5-8 所示，可同时兼容模拟和数字信号。兼容模拟信号并不意味着模拟信号的 D-Sub 接口可以连接在 DVI-I 接口上，而是必须通过一个转换接头才能使用，一般采用这种接口的显卡都带有相关的转换接头。

图 5-7　DVI-D 接口

图 5-8　DVI-I 接口

DVI 接口具有以下两大优点：

(1) 传输速度快。DVI 传输的是数字信号，数字图像信息不需要经过任何转换就会直接被传送到显示设备上，因此减少了数字→模拟→数字繁琐的转换过程，大大节省了时间，因此它的速度更快，有效消除了拖影现象，而且使用 DVI 传输数据，信号没有衰减，色彩更纯净，更逼真。

(2) 画面清晰。计算机内部传输的是二进制数字信号，使用 VGA 接口连接液晶显示器，需要先把信号通过显卡中的 D/A(数字/模拟)转换器转变为 RGB 三原色信号和行、场同步信号，这些信号通过模拟信号线传输到液晶内部后还需要相应的 A/D(模拟/数字)转换器将模拟信号再一次转变成数字信号才能在液晶上显示出图像来。在上述的 D/A、A/D 转换和信号传输过程中不可避免地会出现信号的损失和干扰，导致图像出现失真甚至显示错误，而 DVI 接口无需进行这些转换，避免了信号的损失，大大提高了图像的清晰度和细节表现力。

5.4.3　RCA

RCA 是 Radio Corporation of American 的缩写，因为 RCA 标准视频输入接口是由这家公司发明的，故称 RCA 接口。它俗称莲花头，也称 AV 接口，通常都是成对的白色音频接口和黄色视频接口，如图 5-9 所示，使用时只需要将带莲花头的标准 AV 线缆与相应接口连接起来即可。此接口实现了音频和视频的分离传输，避免了因为音/视频混合干扰而导致的图像质量下降，但由于视频接口传输的仍然是一种亮度/色度(Y/C)混合的视频信号，仍然需要显示设备对其进行亮/色分离和色度解码才能成像，这种先混合再分离的过程必然会造成色彩信号的损失，色度信号和亮度信号也会有很多的机会相互干扰从而影响最终输出的图像质量。

RCA 接口是目前电视、DVD 等设备上应用最广泛的接口，主要用于视频输入。

图 5-9　RCA 接口及 RCA 连接线

5.4.4　S-Video

二分量视频(S-Video，Separate Video)接口，即 S 端子，如图 5-10 所示。它将 Video 信号分开传送，也就是在 AV 接口的基础上将色度信号 C 和亮度信号 Y 进行分离，再分别以不同的通道进行传输，输出到电视或者其他显示设备，主要目的是为了克服视频节目复合输出时的亮度与色度的互相干扰。S-Video 接口的显卡和视频设备(如模拟视频采集/编辑卡 电视机和准专业级监视器电视卡/电视盒及视频投影设备等)当前已经比较普遍。

图 5-10　标准 S 端子及连接线

5.4.5　BNC

刺刀螺母连接器(BNC，Bayonet Nut Connector)接口，是一种通常用于工作站和同轴电缆连接的连接器，是标准的专业视频设备输入/输出端口，如图 5-11 所示。BNC 电缆有 5 个连接头，分别传输 RGB 三原色信号及行同步、场同步五个独立信号。因此，BNC 接头可以隔绝视频输入信号，使信号相互间干扰减少，且信号频宽较普通 D-SUB 大，可达到最佳信号响应效果，主要用于连接工作站等对扫描频率要求很高的系统。

图 5-11　BNC 接口

5.4.6　RF

射频(RF，Radio Frequency)端子，属于模拟信号接口，所有的电视都支持这个接口，闭路信号就是通过这个接口传送至电视的，它是目前家庭有线电视采用的接口模式，如图 5-12 所示。RF 的成像原理是将视频信号(CVBS)和音频信号(Audio)混合编码后输出，然后在显示设备内部进行一系列分离/解码后再输出成像。由于步骤繁琐且音视频混合编码会互相干扰，所以它的输出质量最差，但是传输距离长。此类接口的显卡只需把有线电视信号线连接上，就能将有线电视的信号输入到显卡内。

图 5-12　RF 射频端子

5.4.7   视频色差输入接口

色差线专门传送视频信号,有红、绿、蓝三个接头,与视频色差输入接口对应,如图 5-13 所示。目前在一些专业级视频工作站/编辑卡、专业级视频设备或高档影碟机等中都可看到。其标记方法和接头外形各异,但都指同一种接口色差端口,也称分量视频接口。它通常采用 YPbPr 和 YCbCr 两种标识,前者表示逐行扫描色差输出,后者表示隔行扫描色差输出,最大限度地缩短了视频源到显示器成像之间的视频信号通道,避免了因繁琐的传输过程带来的图像失真,所以色差输出的接口方式是目前各种视频输出接口中最好的一种。

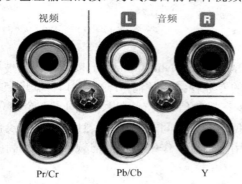

图 5-13   视频色差输入接口

色差分量接口可通过同轴电缆传输多种电信号,它们的功能可以按接口颜色加以区分,如表 5-1 所示。

表 5-1   色差输入接口信号的功能

颜色	功能	信号类型
黑或白	音频 左声道	模拟
红	音频 右声道,也可能是下面的 HDTV 色差接口	模拟
黄	视频 复合	模拟
绿	HDTV 分量 Y	模拟
蓝	HDTV 分量 C_b/P_b	模拟
红	HDTV 分量 C_r/P_r	模拟
橙/黄	音频 SPDIF	数字

5.4.8   VIVO

视频输入和输出(VIVO,Video In and Video Out)接口,如图 5-14 所示。它在增强型 S 端子接口的基础上又进行了扩展,针数多于扩展型 S 端子 7 针。VIVO 接口必须要用显卡附带的 VIVO 连接线,才能够实现 S 端子输入与 S 端子输出功能。有一部分显卡虽然采用了 VIVO 接口,但只是将其作为普通的 S 端子使用。

图 5-14   VIVO 接口及连接线

5.4.9　HDMI

高清多媒体接口(HDMI，High Definition Multimedia Interface)，如图 5-15 所示，已成为高清时代普及率最高、用途最广泛的数字接口。对于任何一台平板电视而言，HDMI 接口都成了标准化的配置。

按照电气结构和物理形状的不同，HDMI 接口可以分为 A、B、C 三种类型，如图 5-15 所示。每种类型的接口分别由用于设备端的插座和线材端的插头组成，使用 5 V 低电压驱动，阻抗都是 100 Ω。这三种插头都可以提供可靠的 TMDS 连接，其中 A 型是标准的 19 针 HDMI 接口，普及率最高；B 型接口尺寸稍大，但是有 29 个引脚，可以提供双 TMDS 传输通道，支持更高的数据传输率和 Dual-Link DVI 连接；而 C 型接口和 A 型接口性能一致，但是体积较小，更加适合紧凑型便携设备使用。

(a) A 型接口形式　　　　　　　　(b) B 型接口形式

图 5-15　HDMI 接口

A 型、B 型、C 型三种 HDMI 接口之间并没有做到完全的兼容。也就是说，A 型头不能通过转接设备连接到 B 型头，B 型头又不能转接成 C 型头。不过，由于 A 型头和 C 型头仅仅是物理尺寸上不一样，它们之间是可以通过转换设备实现兼容的，如图 5-16 所示。

C 型-A 型转换器　　　HDMI 与 DVI-D 间转接头　　　HDMI 与 DVI-D 间转接线

图 5-16　HDMI 接口转接头

5.5　音频数据接口

多媒体离不开声音，进入数字时代后，AES/EBU 以及 SPDIF 等数字接口的数字音频工作站比较流行，用来进行数字音频信号的输入和输出。计算机与音响设备的接口类型多种多样，但究根寻源，按照其所传输信号的性质可划分为音频信号接口与同步信号接口。

5.5.1　音频信号接口

1. 按传输信号的性质分类

1) 模拟接口

模拟接口在音频领域中占有很大比重。常见的模拟输入/输出接口有大/小三芯插头、RCA 唱机型(莲花型)插头、XLR 卡侬式插头等。

2) 数字接口

数字音频设备之间传输信号的方法有两大类，一是用电缆传输电信号，二是用光缆将"0"、"1"信号以光的灭、亮形式来传输。这些数字接口都能传送至少 16 比特分辨率的数字信号，并且能够在 44.1 kHz 和 48 kHz 的标准采样频率下工作。如果必要的话，还能工作在 32 kHz，并带有一定的容限范围，以便进行变速操作。大多数标准只是针对某个或双通道的，但其中也有多通道的接口，这就是所谓的多通道音频数字接口(MADI，Multichannel Audio Digital Interface)。数字接口的分类如表 5-2 所示。

表 5-2　数字接口的分类

	专　业	民　用
标准	AES3-1992 CP-340，Type-I IEC958 类型 1 CCIR647 EBU3250	S/PDIF CP-340, Type-I IEC958 类型 2
硬件	5V(峰-峰)平衡 110 Ω 双绞线对 YSU3P (XLR)连接器	5 V(峰-峰)单端 75 Ω 同轴 TX(RCA(唱机)连接器
软件	通道状态比特	通道状态比特

(1) AES/EBU(AES3—1992)。音频工程师协会/欧洲广播联盟(AES/EBU，Audio Engineering Society/European Broadcast Union)接口，如图 5-17 所示，通常使用卡侬(XRL)连接。其中 AES 是指 AES 建议书 AES3—1992 "双通道线性表示的数字音频数据串行传输格式"，EBU 是指 EBU 颁布的数字音频接口标准 EBU3250，两者内容在实质上是相同的，但物理上不能互换，后者输入和输出均采用变压器耦合，两者统称为 AES/EBU 数字音频接口。AES/EBU 数字音频接口用于专业机，平时很少见到。

图 5-17　AES/EBU 接口

(2) TOSLINK。东芝连接(TOSLINK，TOSHIBA LINK)光纤接口，是日本东芝公司较早开发并设定的技术标准，如图 5-18 所示。它以 TOSHIBA LINK 命名，在播放器材的背板上有 OPTICAL 作标识，这就是光纤输出端子。现在几乎所有的数字影音设备都具备这种格式的接头。

图 5-18　TOSLINK 光纤接口

在市面较为常见的光纤发送器和接收器中日本品牌居多，有 TOSHIBA、SONY 和 SHARP 等，它们相互间的电气性能一致，可以通过光纤线互相连接。如果你的 CD 或 DVD 提供 SPDIF 的同轴数字输出，而你的 MD 只有光纤输入口，那你就需要一个数码接头转换器(DFT，Digital Format Translator)，这是由 Core Sound 公司开发的，另外 Audio-Technica 公司也生产类似的产品)。通过这种转换器，可将同轴 SPDIF 输出转成光纤(TOSLINK)。

(3) COAXIAL。COAXIAL 同轴线接口，标准为索尼/飞利浦数字接口(SPDIF，Sony/Philips Digital Interconnect Format)，如图 5-19 所示。它是由 SONY 公司与 PHILIPS 公司联合制定的，在器材的背板上有 COAXIAL 作标识。与其对应的接头有 RCA 和 BNC 两种。同轴数字传输线标准接头通常采用仪器上常见的 BNC 头，其阻抗是 75 Ω，与 75 Ω 的同轴电缆配合，可保证阻抗恒定，信号传输正确。也就是说，在传输线材搭配上，应该以适用于传输高频率数字信号的 75 Ω 同轴线材作为搭配标准。尽可能使用我们一般常说的"数字线"。

图 5-19　COAXIAL 同轴线接口

(4) MADI(AES10—1991)MADI 是以双通道 AES/EBU 接口为基础而制定的，采用更高的数据率来传送更大的信息量，可通过一条 75 Ω 的同轴电缆或光纤来串行传送 56 个通道的音频数据，每个通道的一个采样都能够在一个音频采样周期内传送出去。不管采样率或通道数目如何，MADI 传送数据率固定为 125 Mb/s，但由于采用了 4/5b 编码方案，所以实际的传送率为 100 Mb/s。

MADI 数据通信格式与双通道不同，由透明异步发送器/接收器接口(TAXI，Transparent Asynchronous Transmitter/Receiver Interface)芯片来承担异步的连接，可自动识别插入的同步信号，并且发送器和接收器将被锁定到共同的同步时钟上(以 AES/EBU 参考信号的形式)。采用 BNC 75 W 接口端子，并且最长的同轴电缆长度不超过 50 m(用光缆互连，可以传送更远的距离)。调制方法为 NRZI(NRZI 用高、低电平的瞬态变化来代表二进制的"1"，而无瞬态变化则代表"0")。由于接口的异步性，要在连接的两端使用缓冲器，以便数据能够由时钟来重新调整，并以正确的数据率由缓冲器输出；在接收端，数据在同步信号的控制下锁定。

2. 按接线方法分类

1) 平衡类接口

大部分专业音响和广播设备都具有平衡的输入/输出电路接口。输入和输出端一般为卡侬式(XLR)插座，插座上有三个端子：+、−、地。其中+(−)的意义是指输出信号与输入端的信号同相(或反相)。平衡式接法的输入/输出设备抗噪声能力较强，因为串进电缆或设备内的噪声一般同时出现在正、负输入端，对地电压大小相等而相位相同，也就是我们通常所说的共模噪声。但是接在后面的平衡输入电路仅传输正、负两端信号的差，能够抑制共模噪声。

2）不平衡类接口

该接口常用于民用的音频设备，其输入/输出端对机架为热端，接头一般为 RCA 唱机型接头。不平衡接法的抗噪声能力较弱，此连接方式一般用于 1 m 左右的短线连接且噪声较小的环境，或低阻高输出信号的连接，如功放与扬声器之间。

5.5.2 同步信号接口

与模拟音频信号不同，数字音频信号有严格的时间结构，因为一个采样信号要同其他采样进一步构成有一定时间长度的帧和块。如果数字音频设备需要彼此间进行通信，或者数字信号要以某种方式进行组合，那么它们就需与共用的参考信号取得同步，以使设备的采样频率完全一致，并且不会产生彼此间采样频率的漂移。因此，为专业应用设计的数字音频工作站常常提供多种同步输入接口。

以上是对计算机与音响设备接口的一些简单论述。当然，接口还有很多种类，我们这里只是针对日常工作中常见的接口形式作一简单讨论。随着数字技术的日益普及，数字接口技术也将更加完善，更加规范。

扩展题

1. 为什么需要多媒体数据接口设备？
2. 多媒体个人计算机内部数据传输接口有哪些？它们各有什么功能和特点？
3. 如何区分视音频数据接口及其相应连接线，并动手连接运行。

第6章

多 媒 体 卡

☞ 多媒体计算机中，用于完成多媒体功能的并非计算机核心部件，而是需要依赖于许多附件设备，如显示卡、音频卡、视频卡等，这些设备在多媒体计算机中起着非常重要的作用。

6.1　显　示　卡

显示卡简称显卡，又称图形加速卡，是连接计算机主机与显示器的重要硬件，承担着后续图像处理、加工及转换为模拟信号的工作，控制着计算机的文本和图形输出。显卡性能越好，显示效果也就越逼真。

6.1.1　显卡的基本原理

显卡的主要作用是对图形函数进行加速处理。在 Windows 操作环境下，CPU 已经无法对众多的图形函数进行处理，而根本的解决方法就是采用图形加速卡。图形加速卡拥有自己的图形函数加速器和显存，专门用来执行图形加速任务。因此，图形加速卡可以减少 CPU 所必须处理的图形函数，从而提高计算机的整体性能，较容易实现多媒体功能。

显卡的基本工作过程如图 6-1 所示。计算机的 CPU 把处理图形的指令下达给显卡，显卡上的图形加速芯片对输入的图形函数进行计算和处理。显存用来存储加速芯片处理后的数据信息，送入数/模(D/A)转换器将数字信号转换为 VGA 模拟信号，再送入显示器显示图像。

图 6-1　显卡的基本工作过程

6.1.2　显卡的结构

显卡上主要的部件有显示芯片、RAMDAC、显卡内存、BIOS、VGA 插座、特性连接器等。有的显卡还带有 TV 端子或 S 端子。现在显卡由于运算速度大，发热量大，在主芯片上一般要附加一个散热风扇或散热片。图 6-2 是目前较常见的显卡。

图 6-2　显卡

1．图形加速芯片

图形加速芯片，又称为显示芯片，它决定了显卡的档次和性能。目前，主流的显卡芯片主要有以下几个系列：NVIDIA 公司出品的面向家庭的 Geforce 系列和面向专业图形工作站市场 Quadro 系列，以及 ATI 公司的 Radeon(镭)系列和同样面向专业市场的 FireGL 系列。除此之外，还有 SIS 公司的 Xabre 系列、Matrox 公司的 G 系列等。一般的显示芯片上都标有商标、生产日期、编号和厂商名称，如"S3"、"3Dfx"、"NVIDIA"等。图 6-3 所示的是 Geforce FX 系列的 NVIDIA 显示芯片，它集成了 1.25 亿个晶体管，核心工作频率高达 500 MHz，可达到较高的处理速度。

图 6-3　显示芯片 NVIDIA

显示芯片也是区分 2D 显卡和 3D 显卡的依据。2D 显示芯片在处理 3D 图像和特效时主要依赖 CPU 的处理能力，称为"软加速"。3D 显示芯片将三维图像和特效处理功能集中在显示芯片内，具有"硬件加速"功能，现在一般都采用 3D 显示芯片。显示芯片的数据传输带宽多为 64 位或 128 位。显示芯片的位数越高，在一个时钟周期中处理的信息就越多。现在由于显示芯片运算速度快，导致发热量大，因此在其上面用导热性能较好的硅胶粘一个散热风扇或是散热片，用以散热，如图 6-4 所示。

图 6-4　散热片

2．显卡的内存

显卡的内存也是用于高速存放显示芯片处理后的数据。显存的性能决定了分辨率与色深大小。例如，要在 1024×768 分辨率下达到 16 位色深，显存至少 1.5 MB。此外，显存还要配合显示芯片承担大量的三维函数的运算，其存取和运算速度的快慢对于显示芯片的核心效能发挥是至关重要的。现在一般采用的 SDRAM(同步 DRAM)和 SGRAM(同步图形 RAM)显存，速度很快，性能很高。如图 6-5 所示，该显卡集成了 2 个显示图形芯片，并搭配有相应的显存。

图 6-5　显存

3．RAMDAC 芯片

RAMDAC(Random Access Memory Digital to Analog Converter)芯片是一种数/模转换器，其作用是将显存中的数字信号转换为所需显示的模拟信号。RAMDAC 芯片的转换速率以 MHz 表示，决定着在足够的显存下，显卡最高支持的分辨率和刷新率。如果要在 1024×768 的分辨率下达到 85 Hz 的刷新率，RAMDAC 芯片的转换速率至少是 90 MHz。高档显卡的 RAMDAC 芯片多在 230 MHz 以上，3D 显卡大多采用了 300 MHz 以上的 RAMDAC 芯片。

4．PCI 和 AGP 接口

PCI(Peripheral Component Interconnect)接口是一种总线接口，以 1/2 或 1/3 的系统总线频率工作。如果要在处理图像数据的同时处理其他数据，那么流经 PCI 总线的全部数据就必须分别进行处理，这样势必存在数据滞留现象，在数据量大时，PCI 总线就显得很紧张。

AGP(Accelerated Graphics Port)接口是为了解决这个问题而设计的，如图 6-6 所示，它是一种专用的显示接口，具有独占总线的特点，只有图像数据才能通过 AGP 端口。AGP 使用了更高的总线频率，这样极大地提高了数据传输率。AGP 技术分 AGP1X 和 AGP2X，AGP2X 的最大理论数据传输速率是 AGP1X 的 2 倍，以后推出支持 AGP4X 的显卡(例如 Savage4)和 AGP8X，AGP8X 的最大理论数据传输速率可达到 2.13 GB。

图 6-6　AGP 接口

图片下部那排插口，又称为金手指，是显示卡与主板的连接接口。它是显卡和整个计算机系统的唯一联系通道，巨大的数据交换都是通过这个接口完成的，同时它也承担显卡的供电工作。

5．显卡的输出接口

如图 6-7 所示，左边的接口是连接到显示器的 VGA 接口；中间的小圆口是视频输出 S 端子，用来把信号传给彩色电视机；最右边的接口叫做 DVI 数字输出接口，配合 DVI 接口的显示器使用，可以获得不失真的数字图像。

图 6-7 显卡的输出接口

除了硬件接口之外，所有图形软件的程序接口，包括 3D 图形程序接口在内，统称为应用程序接口(API，Application Program Interface)。API 已成为显卡软、硬件之间一种重要的控制媒体，其中 Direct3D、OpenGL 和 Quick Draw 3D 三种 API 格式逐渐确立了其在图形领域的地位。这三种常用的 API 格式在使用中都体现了一定的扩展性、灵活性和便捷性。

6.1.3　显卡的类型

显卡插在主机板的扩展插槽上，其输出通过电缆与显示器相连。不过，目前也有把显示卡集成在主机板上的"二合一"产品，目的是为了进一步降低成本。与集成在主机板上的显卡相比，独立的显卡性能优越、工作稳定，尽管价格相对贵一些，但大部分人还是选用独立的显卡。通常，将显卡分为以下几种类型：

(1) 一般显卡。一般显卡完成显示的基本功能，显示性能的优劣主要由品牌、工艺质量、缓冲存储器容量等因素确定。

(2) 图形加速卡。目前以 AGP 显卡为主，带有图形加速器。该卡在显示复杂图像、三维图像时速度较快。

(3) 3D 图形卡。3D 图形卡是专为带有 3D 图形的高档游戏开发的显示卡，三维坐标变换速度快，图形动态显示反应灵敏、清晰。

(4) 显示/TV 集成卡。此卡在显卡上集成了 TV(电视)高频头和视频处理电路，使用该显卡既可显示正常多媒体信息，又可收看电视节目。

(5) 显示/视频输出集成卡。此卡在显卡上集成了视频输出电路，在把信号送至显示器显示正常信号的同时，还把信号转换成视频信号，送到视频输出端子，供电视或录像机接收、录制和播放。

6.1.4　显卡的主要参数

(1) 刷新频率：指 D/A 转换器向显示器传送信号时每秒刷新屏幕的次数。刷新频率应该大于 72 Hz。

(2) 分辨率：指在屏幕上所显现出来的像素数目。它由水平行的点数和垂直列的点数两部分来计算，如 800×600、1024×768 等。

(3) 色彩深度：指屏幕上每个像素所显示的色数。

6.1.5　显卡的安装与设置

1．硬件安装

AGP 显卡的硬件安装可按以下步骤进行：

(1) 断开主机和显示器电源，建议最好拔掉电源线插头。

(2) 打开机箱，寻找并确认主板上的 AGP 总线插槽，卸下机箱后部与 AGP 插槽对应的金属防尘片。

(3) 把 AGP 卡对准 AGP 扩展槽，使有输出接口的挡板面向机箱后侧，然后适当用力平稳地将卡向下压入槽中。显卡底部金手指上的凹部与扩展槽中相应凸部对齐，确保显卡电路板底部的金手指与插槽接触良好。

(4) 将显卡的金属挡板用螺丝固定在条形窗口顶部。

(5) 将显示器的 15 针插头插入显卡的 VGA 接口插座中，并拧紧连接口两侧的螺丝即可。

2．安装显卡驱动程序

正确安装 AGP 显卡驱动程序和 DirectX 是用好 AGP 显卡的必要条件，大多数 AGP 显卡均与其驱动程序配套提供 DirectX。此外，还必须安装主板芯片组的 AGP Driver (AGP 硬件驱动程序)，AGP Driver 中的 XXGART.VXD 虚拟设备驱动(管理)程序提供了主板芯片组对 AGP 接口的支持，所以可以把 AGP 显卡的软件安装分为三个步骤：

(1) 升级操作系统；

(2) 安装显卡驱动程序和 DirectX；

(3) 安装主板芯片组的 AGP Driver。

3．显示效果的设置

显示效果的设置主要是指分辨率、颜色数及屏幕刷新频率的设置。

1) 分辨率和颜色数的设置

在桌面上单击鼠标右键，然后选取属性，此时系统会弹出一个"显示属性"对话框。在对话框中选择"设置"选项卡，可以根据自己的爱好选择相应的颜色数和分辨率。

系统所能达到的分辨率和颜色数是受显卡限制的，若设置过高的分辨率，则颜色数可能达不到真彩色。

2) 刷新频率的设置

刷新频率越高，屏幕显示越稳定，不会产生闪烁，可避免视觉疲劳。但刷新频率也受到显卡的限制。在分辨率和颜色数设置后，应选择显卡能支持的最高刷新频率。

6.2　声　卡

声卡，也称音频卡，是多媒体计算机必备的部件之一，用来处理各种类型的数字化声音信息。

6.2.1 声卡的工作原理

麦克风和喇叭所用的都是模拟信号，而计算机所能处理的都是数字信号，两者不能混用，声卡的作用就是实现两者的转换，即实现 A/D 转换或者 D/A 转换。从结构上看，声卡可分为模/数转换电路和数/模转换电路两部。模/数转换电路负责将麦克风等设备采集到的模拟声音信号转换为数字信号；而数/模转换电路负责数字声音信号转换为喇叭等设备能使用的模拟信号，如图 6-8 所示。

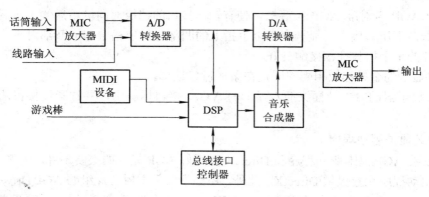

图 6-8　声卡的工作原理

话筒输入的音频信号经 MIC 放大器进行放大，或由线路输入的信号经 A/D 转换器进行采样并量化变成数字信号，输入到音频卡核心部件数字信号处理器(DSP)。DSP 通过编程控制和处理所有声音的输入/输出以及加入回声、语音识别等特殊效果和 MIDI 操作，并对数字音频信号执行 PCM、DPCM 或 ADPCM 压缩和解压缩，在 Windows 操作系统下形成后缀名为 .wav 的文件，经总线接口和控制器由计算机进行存盘。当播放存盘的 WAV 文件时，再通过总线接口和控制器送入 DSP 芯片进行解压缩，将解压缩后的数字音频信号送至 D/A 转换器。D/A 转换器将数字音频信号转换成模拟音频信号，送至扬声器放音。

MIDI 设备的 MIDI 消息经 DSP 输入到音乐合成器，音乐合成器根据 MIDI 消息合成音乐，也可将由 MIDI 设备产生的音乐以 MIDI 文件形式存盘。对真实乐器发出的乐音采样，并以数字形式存储在 ROM 中，由此而形成的波形表可合成与真实乐器奏出的音乐一样的乐调，因而其音乐质量很高，一般较高档声卡配备了这种波形表合成器。由 FM 合成器根据设置的频率合成产生的音乐逼真度稍差，但价格比较便宜，一般市场上低价格声卡均采用这种合成器。

6.2.2 声卡的基本结构

1. 声音处理芯片

声音处理芯片是衡量声卡性能和档次的重要标志。如图 6-9 所示，声音处理芯片上标有产品商标、型号、生产厂商等重要信息，是整个卡板上面积最大的集成块，芯片四面均有针焊点，能对声波进行采样和回放控制、处理 MIDI 指令、合成音乐等。

声音处理芯片

图 6-9　声音处理芯片

2．声卡的总线结构

声卡大都采用 PCI 总线结构，ISA 总线结构的声卡已经退出计算机配件市场。与 ISA 声卡相比，PCI 声卡有两大优势：一是 PCI 总线的传输速率高，声卡上可以不需要像 ISA 声卡那样用来存放波形表的 ROM 或 RAM，可以将波形表存入硬盘，使用时直接调至内存；二是 PCI 声卡可以支持更多的 3D 音效，这一点 ISA 声卡很难做到。

3．功率放大芯片

从声音处理芯片出来的信号是不能直接听见的，我们听到的声音实际上是经功率放大芯片处理过的。功率放大芯片将声音信号放大，但同时也放大了噪音。好的声卡都在功放前端加有滤波器，这样可以减少或消除高频噪音。

4．输入/输出端口

声卡的外接插口如图 6-10 所示，一般有输入、输出等插孔。

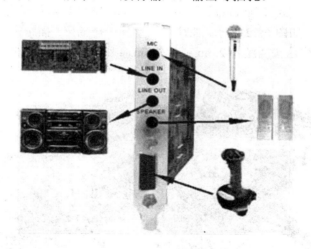

图 6-10　声卡的外接插口

(1) 扬声器输出(Speaker)：用于连接音响设备，标准的接口为绿色。

(2) 线性输入插孔(LINE IN)：用于将来自收音机、随身听或电视机等任何外部音频设备的声音信号输入计算机。将品质较好的声音信号输入到声音处理芯片中，处理后录制成文件，标准的接口为蓝色。

(3) 话筒输入插孔(MIC IN)：用于连接话筒，输入外界语音或制成文件或配合语音软件进行语音识别，标准的接口颜色为红色；可接适合计算机使用的话筒作为声音输入设备。

(4) 线性输出插孔(LINE OUT)：负责将声卡处理好的声信号输出到有源音箱、耳机或其他音频放大设备(如功放)，这是第一个输出孔，用于连接前端音箱。

(5) MIDI/游戏摇杆接口：用于连接游戏杆、手柄和方向盘等外接游戏控制器，也可连接外部 MIDI 乐器(如 MIDI 键盘)，配以专用软件可将计算机作为桌面音乐制作系统使用。游戏摇杆和 MIDI 共用一个接口。

5. CD 音频接口端

声卡的上部有专供连接光驱上 CD 音频输出线的接口，如图 6-11 所示，它是一个 2 针或 4 针的小插座，这样播放 CD 音轨的光盘音乐可直接由声卡的输出端输出。

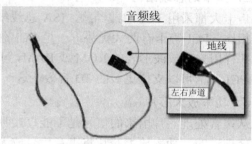

图 6-11　音频接口

(1) 模拟 CD 音频输入接口(CD_IN)：用于将来自光驱模拟音频信号接入声卡。

(2) 数字 CD 音频输入接口(CD_SPDIF)：用于接收来自光驱的数字音频信号，最大限度地减少声音失真。光驱 Digital Out 与声卡上的 CD-SPDIF 输入相连。

声卡的右上方，如图 6-12 所示，往往可以看到一排插座，插座中有 2 根或者 4 根针脚。出于方便，习惯上称这些插座为 2 pin 或者 4 pin 插座。pin 即引脚的意思。

图 6-12　音频插座

4 pin 插座多为立体声模拟输入用途的插座，使用 4 pin 的信号线连接。4 pin 的引脚定义很简单，分别为左声道、地、地、右声道。一般而言 CD in(模拟)、Aux in、Video in 等模拟输入都采用这种插座。

2 pin 插座主要就是为数字 CD 输入准备的，声卡上的 CD SPDIF 插座就是 2 pin 的。2 pin 的信号线和 4 pin 的几乎一样，只是少了 2 pin，并没有因为用于数字传输而有什么特别。不管是 2 pin 还是 4 pin 的插座，都是为 PC 内部的设备提供连接服务的。

6.2.3　声卡的功能

声卡的基本功能是实现声音模拟信号和数字信号之间的相互转换。声卡在多媒体系统中还可以对数字化的声音文件进行压缩、编辑加工，以达到某一特殊的效果。利用语音合成技术，支持多媒体有声教学软件，通过声卡朗读文本信息；利用语音识别功能，按照用户口令指挥计算机工作，实现人机对话等。

声卡有以下主要功能：

(1) 录制与播放波形音频文件；

(2) 编辑与合成波形音频文件；

(3) MIDI 音乐录制和合成；

(4) 文字—语音转换和语音识别。

6.2.4　声卡的分类

人们习惯将声卡以卡中的模/数(A/D)或数/模(D/A)转换器的位数来进行区分，比如 8 位卡、准 16 位和真 16 位卡等。基于 PCM(脉冲编码调制)工作原理，使用 8 位 A/D、D/A 转换器与使用 16 位的相比，技术指标相差很多，只有 16 位卡可以达到 CD 音质。从功能上来讲，可以将其分为单声道声卡、准立体声声卡和真立体声声卡。

(1) 单声道声卡。单声道声卡就是记录和重放的所有声源都只能是单声道的。如国产声望 B 型卡和新加坡产 Sound Blaster。

(2) 准立体声声卡。准立体声声卡简单地说就是录音是单声道，放音有时是立体声，有时是单声道。如声望 C 型卡录音时只能是单声道，但运行部分游戏程序和播放 CD 唱碟时是立体声。

(3) 真立体声声卡。真立体声声卡是具有数字立体声录/放、重放游戏和应用程序中立体声音响功能的声卡。真立体声声卡在运行教学、游戏程序时，重现程序中的音乐和声效的立体感好，给人以较强的临场感。

6.2.5　声卡的安装

1．硬件安装

声卡的硬件安装步骤如下：

(1) 关闭计算机电源，拔下供电电源和所有外接线插头；

(2) 打开机箱外壳，选择一个空闲的 16 位扩展槽并将声卡插入扩展槽；

(3) 连接来自 CD-ROM 驱动器的音频输出线到声卡的 CD IN 针形输入线上；

(4) 盖上机箱外壳，并将电源插头插回；

(5) 声卡与其他外设的连接，如图 6-13 所示。

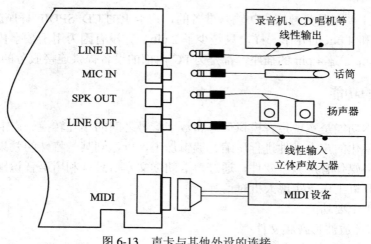

图 6-13　声卡与其他外设的连接

2．软件安装

对不同的声卡，软件的安装方法不完全相同，需要按照说明书安装。

1）安装驱动程序

声卡的驱动程序是控制声卡工作的必要程序，不同的声卡驱动程序是不同的。

2）安装应用程序

安装声卡的应用程序，例如混音器、录音师和 MIDI 编辑软件等。

3．安装测试

声卡安装完成后，即可对声卡进行测试，以检查声卡能否正常工作，可以使用 Windows 的"媒体播放机"进行测试。测试时，如果没有声音播出，则可能有两种情况：一是插孔接触不良，此时应检测扬声器插孔、音量开关等；二是配置产生冲突，进入控制面板的"系统"设置查看是否有冲突。

6.2.6　影响声卡效果的因素

声卡真正的质量取决于它的采样和回放能力。模拟声音信号是一系列连续的电压值，获取这些值的过程称为采样，这是由模/数转换芯片来完成的。影响音质的两个因素是采样精度和采样频率。

(1) 采样精度。采样精度决定了记录声音的动态范围，它以位(bit)为单位，比如 8 位、16 位。8 位可以把声波分成 256 级，16 位可以把同样的波分成 65 536 级的信号。可以想象，位数越多，声音的保真度越高。

(2) 采样频率。采样频率指每秒钟采集信号的次数，声卡一般采用 11 kHz、22 kHz 和 44 kHz 的采样频率，频率越高，失真越小。在录音时，文件大小与采样精度、采样频率和单、双声道都是成正比的，如双声道是单声道的两倍，16 位是 8 位的两倍，22 kHz 是 11 kHz 的两倍。

CD 碟采用 16 位的采样精度和 44.1 kHz 的采样频率，为双声道，它每秒所需要的数据量为 $16 \times 44\,100 \times 2 \div 8 = 176\,400$ 字节。

市场上的 PCI 声卡，标称的 32 位/64 位并不是指它们的声音采样的位数是 32/64 位，而是指它们的最大发音数是 32/64 个，也就是在利用波形表合成器播放 MIDI 时，最大可同时发音数是 32 或者 64 个，这只在播放 MIDI 时有效，而声卡采样精度仍然是 16 位的，专业的高档的数字录音器采样精度也只能达到 20 位。

6.3　视　频　卡

多媒体计算机中处理活动图像的适配器称为视频卡。视频卡是一种统称，视频卡有视频叠加卡、视频采集卡、电视编码卡、电视调谐卡、压缩/解压卡(MPEG 卡)等。

6.3.1　视频叠加卡

视频叠加卡的功能，是把视频信号与计算机显卡中的 VGA 信号相叠加，将叠加后的信号显示在显示器上，如图 6-14 所示。视频叠加卡用于对连续图像进行处理，产生特技效果。

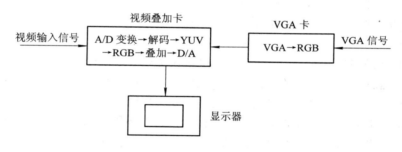

图 6-14　视频叠加卡的功能

视频信号与 VGA 信号的叠加有两种方式：

(1) 窗口方式(Windows)。视频叠加卡是一款与四屏图形拼接卡配合使用的 PCI 卡。当它与四屏图形拼接卡连接使用时，可在其多屏桌面上提供 9 个独立视频窗口；当系统需要超过 9 个视频叠加窗口时，装入第二片视频叠加卡可提供 18 个视频叠加窗口(Mosaic-SQ16卡，显示 16 个视频窗口，两块可以显示 32 路视频信号)。此时，每片视频叠加卡被设置可跨多个屏幕显示。例如，如果是一个 4×3 的视频/数据拼接墙，采用 3 片四屏图形拼接卡组成，并安装两片视频叠加卡，每片视频叠加卡被设定覆盖一半的拼接墙。因此，第一片视频叠加卡将会在左边的 6 个屏中显示操作，第二片视频叠加卡则会在右边的 6 个屏中显示操作。被每片视频叠加卡覆盖的屏幕区域能显示 9 个视频窗口，并且在显示区域内每个窗口均可为任意尺寸、任意位置、任意重叠方式，以及任意分层。当只使用一片视频叠加卡时，该卡被设置为覆盖整个屏幕墙。

(2) 色键方式(Color Key)。色键方式是利用软件命令来定义某种颜色为色键(透明色)，被定义为色键的颜色将不会影响另一图像的显示。

6.3.2 视频采集卡

视频采集卡又称视频捕获卡，如图 6-15 所示。它的作用是将电视、录像机、VCD 机以及摄录一体机等不同信号源所输出的音视频信号转换成数字信号，经混合、压缩处理，最终生成计算机能够编辑处理的数据文件。

1. 视频采集卡的基本特性

视频采集卡插在主机板的扩展插槽内，通过配套的驱动软件和视频处理应用软件进行工作，可以对激光视盘机、录像机、摄像机等设备的输出视频信号进行数字化转换、编辑和处理，以及保存数字化文件。

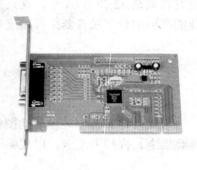

图 6-15 视频采集卡

视频采集卡一般具有以下四个基本特性：

(1) 视频输入特性——支持 PAL 制式、NTSC 制式和 SECAM 制式的视频信号模式，利用驱动软件的功能，可选择视频输入的端口。

(2) 图形与视频混合特性——以像素点为基本单位，精确定义编辑窗口的尺寸和位置，并将 256 色模式的图形与活动的视频图像进行叠加混合。

(3) 图像采集特性——将活动的视频信号采集下来，生成静止的图像画面，然后保存在存储介质中。

(4) 画面处理特性——对画面中显示的图像或视频信号进行多种形式的处理，例如，按照比例进行缩放。对视频图像进行定格，然后保存画面或调入符合要求的图像。对画面内容进行修改和编辑，改变图像的色调、色饱和度、亮度以及对比度等。

视频采集卡不但能把视频图像以不同的视频窗口大小显示在计算机的显示器上，而且还能提供特殊效果，如冻结、淡出、旋转、镜像等。一些视频采集卡还有硬压缩功能，采集速度快。

2. 视频采集卡的工作原理

多通道的视频输入用来接收视频输入信号，视频源信号首先经模/数转换器将模拟信号转换成数字信号，然后由视频采集控制器对其进行剪裁、改变比例后压缩存入帧存储器。帧存储器的内容经数/模转换器把数字信号转换成模拟信号输出到电视机或录像机中。视频采集卡的工作过程如图 6-16 所示。

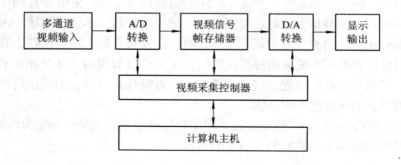

图 6-16 视频采集卡的工作过程

视频采集卡中的视频采集控制器对帧存储器的视频信号进行压缩,并通过编程实现各种算法,完成对视频图像的各种处理功能,即

(1) 实时图像缩放功能;

(2) 定格、载入和存储视频图像;

(3) 剪裁及重置图像大小,特殊效果(如翻转、慢动作、放大图像源)的切换;

(4) 控制色彩、饱和度、亮度和对比度。

3. 视频采集卡的分类

1) 视频采集卡的两种基本类型

(1) 静态图像获取卡,又叫帧采集卡。当把摄像机接在卡上时,从计算机显示屏上可以看到镜头里的图像,如果需要,则可用鼠标点一下屏幕上的"捕获"按钮,便可获取一幅图像,并可把图像存储在硬盘上。

(2) 动态图像捕捉卡,也称视频实时捕捉卡。如果在卡上接一个电视信号或录像机,当在计算机屏幕上看到影像时按下"捕获"按钮,捕捉卡就可实时地将输入的动态视频存储到计算机的硬盘上。

2) 按照其用途来分类

(1) 广播级视频采集卡。其采集分辨率一般为 768×576、PAL 制,或 720×576、PAL 制 25 帧每秒,或 640×480/720×480 NTSC 制 30 帧每秒,最小压缩比一般在 4:1 以内。这一类产品的优点是采集的图像分辨率高,视频信噪比高;缺点是视频文件庞大,每分钟数据量至少为 200 MB。广播级模拟信号采集卡都带分量输入/输出接口,用来连接 BetaCam 摄/录像机,此类设备是视频采集卡中最高档的,用于电视台制作节目。

(2) 专业级视频采集卡。其级别比广播级视频采集卡的性能稍微低一些,两者的分辨率是相同的,但前者的压缩比稍微大一些,其最小压缩比一般在 6:1 以内,输入/输出接口为 AV 复合端子与 S 端子,此类产品适用于广告公司、多媒体公司制作节目及多媒体软件。

(3) 民用级视频采集卡。其动态分辨率一般最大为 384×288,PAL 制 25 帧每秒。

以上三种采集卡的区别主要是采集的图像指标不同。

3) 按照视频采集卡档次的高低来分类

(1) 低档采集卡。其功能相对单一,具有初级视频采集的功能或充当电视盒(卡)转收电视信号使用,通常用于家庭娱乐。

(2) 中档采集卡。中档采集卡具有视频硬件压缩功能,能够进行实时采集,并及时压缩,然后以数字文件格式存储到计算机的存储设备中。

(3) 高档采集卡。其功能丰富,采集的图像分辨率高,视频信噪比高,通常应用于专业及广播领域。

4. 视频采集卡的安装

1) 硬件安装

(1) 关闭计算机及所有外围设备的电源,并拔去电源插头。

(2) 触摸计算机金属外壳并使自己接地,从而放掉身上的静电。

(3) 打开主机箱。

(4) 将视频采集卡插入主板上的 16 位插槽内,再用螺钉把视频采集卡紧固在机箱上。

(5) 将机箱重新安装好。

(6) 连接视频采集卡与视频信号源，如图 6-17 所示。

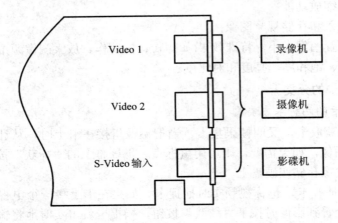

图 6-17　视频采集卡与视频信号源的连接

2) 软件安装

在硬件安装完成之后开机，Windows 操作系统会自动显示找到一个新设备，支持即插即用的视频采集卡可使用安装向导安装驱动程序。驱动程序安装完毕后再安装视频捕捉应用软件。

5. 视频采集卡的选购

(1) 捕捉卡是否有覆盖功能。一般来说，视频信号很难通过主机传送到 VGA 显示器上。多数采集卡不通过主机，而直接将视频信号送到 VGA 显示器，就好像把电视画面覆盖到计算机屏幕上，这种功能称做覆盖(Overlay)。主机与显示卡之间传送的是未压缩数据，数据量极为庞大，即使在奔腾 PCI 总线的计算机上，也不可能将视频信号不丢帧地传送到显示卡上。因此，覆盖功能是实现全屏平滑播放视频信号的一种常用方法。

(2) 观看效果。许多具有覆盖功能的捕捉卡，可将视频信号平滑地在 VGA 显示器上播放。但要将视频信号经过采样、量化和编码等处理才存储在计算机硬盘中。因此，图像信息一般会出现颜色失真、丢帧较多的情况，播放质量无法同电视相比。所以，选购这类卡时最好将存录的信号回放，以鉴别哪种卡的质量更好。

(3) 是否与 VGA 显示卡兼容。要实现视频图像直接传送，应将视频卡的输出与输入接口接入相应的设备，然后连接检测是否能够正常使用。若视频卡与 VGA 卡冲突，则会造成图像变色，甚至无法工作。因此，购买时一定要检测是否与所用的 VGA 卡兼容。

(4) 压缩算法是否适合你的计算机。一般捕捉卡配备多种压缩算法，可以根据需要选择最佳方案。用户需要考虑计算机主频的高低、系统总线的类型、硬盘大小、所需的视频质量等。

采用硬件压缩图像可以提高录像的质量，但与卡本身采用的压缩算法有关。所以，有时更换另外一种型号的捕捉卡时，录像就放不出来了。

6. 捕捉卡的主要性能指标

可以从三个方面来考察捕捉卡的性能：一是图像尺寸，是全屏、四分之一屏还是八分之一屏；二是颜色数，看支持的最大颜色数；三是"录像"时丢帧数，希望丢帧越少越好。

6.3.3 MPEG 卡

MPEG 卡又称压缩/解压卡，用于对连续图像的数据进行压缩和解压。

1. MPEG 压缩卡

MPEG 压缩卡完成对视频和音频信号的采集、编码、压缩等功能，最终对包括声音在内的动态图像实现约 100：1 的压缩。

2. MPEG 解压卡

MPEG 解压卡是专为 MPEG 视频信号数据的解压而设计的视频解压卡，解压卡的工作是 MPEG 压缩卡工作的逆过程，MPEG 解压卡与多媒体计算机端口的连接，如图 6-18 所示。

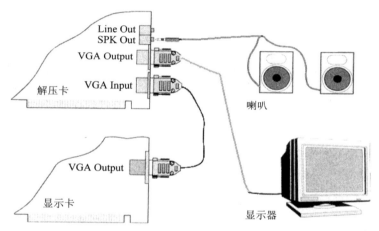

图 6-18　MPEG 解压卡与多媒体计算机端口的连接

6.3.4 电视调谐卡和电视编码卡

1. 电视调谐卡

电视调谐卡可将输入视频信号转换成 VGA 信号，相当于电视机的高频头，有选台的作用。电视调谐卡的工作原理如图 6-19 所示。

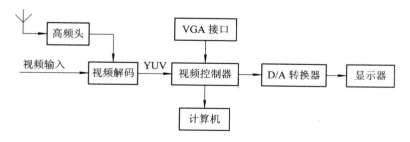

图 6-19　电视调谐卡的工作原理

2. 电视编码卡

电视编码卡将计算机的 VGA 显示信号转换成标准的 NTSC、PAL 或 SECAM 制式的电视信号，以便用普通电视机能观看视频图像。

扩展题

1. 列举几种声卡、显卡和视频卡的品牌，并按类比较性能。
2. 选购一种多媒体卡，与相应端口连接，并安装软件运行。

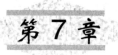

第 7 章

常用多媒体设备

☞ 多媒体设备现已成为信息社会的普通工具，广泛应用于工业生产管理、学校教育、公共信息咨询、商业广告、军事指挥与训练，甚至家庭生活与娱乐等领域，是信息处理的基本支柱。常见的多媒体设备有显示器、投影仪、扫描仪、打印机、视频展台、数码相机、摄像机、触摸屏等。

7.1　显　示　器

7.1.1　显示器的种类

按照显示器的显示管分为采用电子枪产生图像的阴极射线管(CRT，Cathode Ray Tube)显示器和液晶显示器(LCD，Liquid Crystal Display)。

1．CRT 显示器

CRT 分球面和纯平两种。所谓球面，是指显像管的断面就是一个球面，这种显像管在水平和垂直方向都是弯曲的。而纯平显像管无论在水平还是垂直方向都是完全的平面，其失真比球面管的稍小。真正意义上的球面管显示器已经绝迹了，取而代之的是平面直角显像管。平面直角显像管并不是真正意义上的平面，只是显像管的曲率比球面管的稍小，接近平面，且四个角都是直角。目前市场上除了纯平显示器和液晶显示器外，都是球面管显示器，由于价格大多比较便宜，因此在低档机型中被大量采用。图 7-1(a)是平面直角显像管(分辨率高达 1280×1024)。图 7-1(b)是纯平显像管(分辨率高达 1600×1280)。

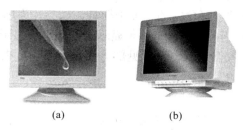

(a)　　　　　　　　　(b)

图 7-1　CRT 显示器

2．液晶显示器

液晶显示器又叫做 LCD 显示器,俗称平板显示器,可分为无源阵列彩显 DSTN-LCD(俗称伪彩显)和薄膜晶体管有源阵列彩显 TFT-LCD(俗称真彩显)。

1) DSTN 显示屏

DSTN(Dual-layer Super Twist Nematic)显示屏不能算是真正的彩色显示器,因为屏幕上每个像素的亮度和对比度不能独立地控制,它只能显示颜色的深度,与传统的 CRT 显示器的颜色相比相距甚远,因而也被叫做伪彩显。

2) TFT 显示屏

TFT(Thin Film Transistor)显示屏的每个液晶像素点都是由集成在像素点后面的薄膜晶体管来控制,使每个像素都能保持一定电压,从而可以做到高速度、高亮度、高对比度的显示。TFT 显示屏是目前最好的 LCD 彩色显示设备之一,是现在笔记本电脑和台式机上的主流显示设备。

7.1.2 显示器的技术指标

1. CRT 显示器的性能和技术参数

1) 点距

屏幕上相邻两个同色点(比如两个红色点)的距离称为点距。常见的点距规格有 0.31 mm、0.28 mm、0.26 mm、0.25 mm、0.24 mm 等。显示器点距越小,在高分辨率下越容易取得清晰的显示效果。点距(或条纹间距)是显示器的一个非常重要的硬件指标。所谓点距,是指一种给定颜色的一个发光点与离它最近的相邻同色发光点之间的距离,这种距离不能用软件来更改,这一点与分辨率是不同的。在任何相同分辨率下,点距越小,图像就越清晰。

2) 分辨率(最高分辨率)

分辨率是指像素点与像素点之间的距离,像素数越多,其分辨率就越高,因此,分辨率通常是以像素数来计量的,如 640×480(640 为水平像素数,480 为垂直像素数),其像素数为 307 200。

每种显示器均有多种供选择的分辨率模式,能达到较高分辨率的显示器的性能较好。目前,显示器可设置的分辨率常见的有 640×480、800×600、1024×768 等。

3) 屏幕尺寸

屏幕尺寸指显像管表面的物理尺寸,即对角线的长度。显示面积指显像管的可见部分的面积。显像管的大小通常以对角线的长度来衡量,以英寸为单位(1 英寸=2.54 cm),常见的有 14 英寸、15 英寸、17 英寸和 20 英寸。显示面积都小于显示管的大小。显示面积用长与高的乘积来表示,通常人们也用屏幕可见部分的对角线长度来表示。显然,显示面积越大越好,但这意味着价格的上升。

4) 扫描方式

扫描方式实际上是指屏幕刷新的方式,分为隔行扫描和逐行扫描两种。电子束采用光栅扫描方式,从屏幕左上角一点开始,向右逐点进行扫描,形成一条水平线;到达最右端后,又回到下一条水平线的左端,重复上面的过程;当电子束完成右下角一点的扫描后,形成一帧。此后,电子束又回到左上方起点,开始下一帧的扫描。这种方法也就是常说的逐行扫描显示。而隔行扫描指电子束在扫描时每隔一行扫一线,完成一屏后再返回来扫描剩下的线。隔行扫描的显示器比逐行扫描闪烁得更厉害，也会让使用者的眼睛更疲劳。逐行扫描克服了上述缺点，长时间使用眼睛也不会感到疲劳，因此，逐行扫描显示器的使用率相对较高。

5) 扫描频率

完成一帧所花时间的倒数叫扫描频率，也叫刷新频率，如 60 Hz、75 Hz 等。扫描频率分水平扫描频率和垂直刷新频率两种，水平扫描频率是指显示器屏幕每秒钟扫描的行数，单位为 kHz，它决定最大逐行扫描的清晰度。垂直刷新频率是指每秒钟整个屏幕重写的频率，单位为 Hz。刷新频率就是屏幕刷新的速度，刷新频率越低，图像闪烁和抖动就越厉害，眼睛疲劳就越快，一般采用 75 Hz 以上的刷新频率时可基本消除闪烁，因此，75 Hz 的刷新频率应是显示器稳定工作的最低要求。

6) 频率带宽

带宽是衡量显示器综合性能的最重要的指标之一，以 MHz 为单位，值越大越好，带宽是显示器性能差异的一个比较重要的因素。带宽是指每秒钟电子枪扫描过的图像点的个数，以 MHz(兆赫兹)为单位，表明了显示器电路可以处理的频率范围。

频率带宽的一般公式为：频率带宽 = 水平像素 × 垂直像素 × 刷新频率 × 额外开销系数(一般为 1.5)。带宽的值越大，显示器性能越好。

7) 电磁辐射和功耗

在所有电脑部件中，从电磁波辐射剂量来看，显示器稳居第一，它对使用者身体健康的影响也最大。同时，彩色显示器的能耗也是相当大的。因此，降低显示器的辐射和能耗，是现代显示器技术的一项重要内容。

目前，这方面通常遵循两个标准，一个是限制显示器能源消耗的美国 EPA "能源之星" 标准和国际视频电子标准协会 VESA 的显示器电源管理标准(DPMS，Display Power Management Standard)；另一个就是限制彩色显示器电磁辐射剂量的 MPR II 规范(由瑞士政府提出并立法)和欧洲采用的更为严格的 TCO'92 标准。目前各大显示器厂商所推出的产品，尤其是大屏幕产品均能满足上述两个规范和标准的要求，而且还有所提高。对于延长显示器寿命，节省能源起了很大作用。

2．LCD 显示器的技术参数

LCD 显示器的性能主要表现在是真彩还是伪彩、显示颜色的数量、分辨率、像素的点距、刷新频率、观察屏幕视角等方面。

1) 最佳分辨率

一般将显示器设置在最佳分辨率状态下，只有显示画面与该 LCD 显示板的分辨率完全一样时才能达到最佳效果。

2) 响应时间

响应时间指的是 LCD 显示器对于输入信号的反应时间，也就是说，在接收到驱动信号后从最亮到最暗的转换是需要一段时间的。LCD 显示器由于过长的响应时间导致其在还原动态画面时有比较明显的托尾现象。目前市面上销售的 LCD 显示器的响应时间一般在 4～20 ms 之间。

3) 亮度、对比度和最大显示色彩数

LCD 显示器亮度以平方米烛光(cd/m²)或者 nit 为单位，亮度一般在 150～400 nit 之间。目前市面上的 LCD 显示器的对比度普遍在 150∶1 到 800∶1 之间，高端 LCD 显示器的对比度还要高，显示的画面色彩、层次更加丰富。

4) 可视角度

LCD 显示器的可视角度是指能观看到可接收失真值的视线与屏幕法线的角度。目前市面上的 17 英寸 LCD 显示器的水平可视角度一般在 140° 以上，并且是左右对称，而垂直可视角度则比水平可视角度要小得多，高端 LCD 显示器可视角度已经可以做到水平和垂直都在 170° 以上。

3．CRT 显示器与 LCD 显示器的优缺点对比

CRT 显示器与 LCD 显示器的优缺点对比如表 7-1 所示。

表 7-1　CRT 显示器与 LCD 显示器的优缺点对比

	CRT	LCD
优 点	① 亮度和对比度高 ② 响应时间快(普通的 CRT 都在 1 ms 左右) ③ 可视角度大(理论上是左右 180 度)	① 环保 ② 节能(普通 LCD 的功耗在 40 W,待机 1 W) ③ 同尺寸比纯平可视面积大 ④ 节省空间，寿命长(50000 小时) ⑤ 零辐射
缺 点	① 功耗相对大(17 英寸 CRT 在 60 W～70 W) ② 可视面积(相对 CRT 要小，一般 17 英寸 CRT 的有效可视面积在 16.2～16.5 平方英寸之间) ③ 占用空间相对大 ④ 寿命(主要指亮度对比度)比 LCD 短 ⑤ 有一定的电磁辐射	① 可视角度有限(左右 160°) ② 亮度低(250～350 lm 民用级) ③ 响应时间长(全程 8 ms～25 ms 民用级，个别也有 4 ms 灰介)

7.1.3　显示器的连接、调整与设置

1．显示器的连接

(1) 连接显示器的电源：从附袋里取出电源连接线，将显示器电源连接线的另外一端连接到电源插座上。

(2) 连接显示器的信号线：把显示器后部的信号线与机箱后面的显卡输出端相连接，显卡的输出端是一个 15 孔的三排插座，只要将显示器信号线的插头插到上面即可。插的时候要注意方向，厂商在设计插头的时候为了防止插反，通常都将插头的外框设计为梯形，因此一般情况下是不容易插反的。如果使用的显卡是主板集成的，那么一般情况下显示器的输出插孔位置是在串口一的下方。

2．显示器的调整

室内光线的差异或显示器在工作场所内摆放位置的不同，以及显示器在出厂时预设值的不同，都要求使用者根据不同的应用场合而调整显示器的影像、色彩或亮度设定，以达

到较为理想的显示环境。

显示器的控件大致分为三种：基本控制、几何形状控制以及色彩控制。

1) 基本控制

基本控制可以让使用者调整显示器的亮度、对比度、水平宽度、水平置中，以及垂直高度、垂直置中等选项。

2) 几何形状控制

几何形状控制包括地磁倾斜、桶形调整、梯形调整等。调整这些设定可以使不同分辨率和频率下的显示影像达到最佳的状态。另外，消磁的设定也可以用来消除地磁或者周边环境所造成的影响。

3) 色彩控制

色彩控制可以让使用者根据室内光线的情况，以及显示器摆放的位置而调整彩色画面至最佳状态。同时还可以帮助使用者，让显示器呈现的颜色和打印机打印出来的颜色基本一致。

3. 显示器调整常见的选项

1) Brightness(亮度)

这是每一款显示器都有的调整项目。调整显示器的亮度，就是对于显示器所显示影像的明亮作调整。一个显示器的亮度，对于使用者的眼睛接受显示器所显示的影像具有相当的影响。一款显示器所能显示的亮度有一定的范围，并不是能够无限制地展现。所以在调整亮度的时候，就必须考虑到显示器自身所能显示的亮度范围，作最好的调整。

若将显示亮度调高，则能显现影像暗部的色彩。相对地，若将影像显示器的亮度降低，则画面中将多为亮部层次的效果。

2) Contrast(对比度)

所谓对比度，也就是最亮的白和最暗的黑之间不同亮度层级的测量。一般而言，正确的对比度可显示生动、丰富的色彩。

如果将屏幕的对比度调高，则会使影像的层次变得较为分明、清晰可见，但是也会使影像的一部份超出显示器所能显示的范围。相反地，若将显示器的对比度调低，则影像的层次会变得较不明显，但是所能够展现出来的色彩层次则较为丰富。显示器对比度的调整对于影像的显示有着相当大的影响，读者能够由以上的影像中体会到调整对比度之后实际的差异。

3) Color(色温)

色温也是一项对于影像显示有相当影响的变因,色温(单位为 K)简单说就是将一标准黑体(例如铁)加热，当温度升高至某一程度时，颜色开始由深红—浅红—橙黄—白—蓝白—蓝，逐渐改变的状况。利用这种光色变化的特性，来定位该光源的颜色。

一般而言,我们所使用的 Windows 系统内定的 SRGB(Standard RGB)色温设定在 6500 K；而以印刷为目的的影像美工处理，所使用的色温则定在 5000 K。

另外，由于我们人眼对于颜色的判定，受到当时背景光源相当严重的影响，所以除了显示器色温的调整有着相当的重要性之外，背景灯光对于显示器的影像显示也有一定的影响。例如，如果背景灯光的白色与显示器所定义的白色色温并不相同，那么在显示器上所显现的颜色都会与实际输入的信号颜色不同。

4) Picture(图形)

图形也是十分基本的调整选项。这个选项中一般都包括了调整显示器影像的水平、垂直位置，以及显示器所显示影像水平、垂直的显示区域大小。一般在使用者第一次使用显示器时，都会有屏幕显示的位置不正确，或者垂直方向画面过大，水平方向画面过小等类似的情形发生。而设置这个选项的目的就是通过调整，能够使显示器的屏幕位置正确地显示。也就是说，使用者能够通过调整这方面的选项，得到最适合自己的画面大小与显示位置。

5) Geometry(几何)

几何调整选项主要是供使用者用来调整一个显示器在显示时所产生的几何失真的情形。

这个选项一般提供有如针垫失真、矩形失真、梯形失真及桶型失真等选项。例如，梯形失真是指屏幕中的影像某一边比另一边大的状况；桶型失真是指显示的影像的侧边以及上下方会有不规则扭曲且不均的现象；针垫失真则是影像的两边会有往同一侧弯曲的现象。此调整选项的作用主要是当显示器的影像有上述扭曲或变形的状况发生时，供使用者调整影像出现的几何失真，以便显示器能够正常地显示影像，避免扭曲变形的状况发生。

6) Moire(水波纹)

一般也称之为网错效应。它主要是由于阴极射线管的点距与画面的信号产生网错现象而造成在屏幕中有模糊类似波浪般之波纹的图案。

水波纹的状况可能会随图案形状、显示器大小、对比度、亮度以及其他输入信号的特性而有所不同。一般而言，水波纹调整的这个选项并不是许多显示器都具备的，一般在较为高阶的显示器中较为常见。当然，这个选项主要就是提供使用者若是遇到有类似水波纹的状况时作调整之用的。

另外，有些显示器还提供有 Converge(色收敛度)的调整选项，色收敛度是指显示器能否将屏幕影像中的红、绿、蓝三个部份的原色正确对准的能力。一般而言，若显示器的色收敛度发生问题，则使用者通常会在屏幕的边缘看到模糊的颜色条纹，或者在原来应该是白色的文字或图形的附近出现其他颜色。

7) Degauss(消磁)

每一台 CRT 显示器都会因为受到自身磁场、地球磁场或者周围环境的影响，而产生显示颜色不均匀的现象，一般而言，这就是所谓的着磁。

若显示器着磁现象较为严重，便会产生色偏以及水波纹路等问题。所以在显示器开机时，都会有自动消磁的功能，如此的设计便是希望能够解决这个问题。一般而言，若要让显示器的消磁功能取得较大的功效，建议先将显示器的分辨率调高，并且在开机半小时后或者距离上次使用消磁功能 30 分钟后，再按消磁键或重新激活显示器。

8) Property(状况)

此选项是将显示器目前的状况告知使用者。比如当前显示器是在 $1600 \times 1200 / 65 \text{ Hz}$ 的情形下工作。

4．显示器的设置

1）显示器刷新率的设置

刷新率即场频，指每秒钟重复绘制画面的次数，以 Hz 为单位。刷新率越高，画面显示越稳定，闪烁感就越小。一般人的眼睛对于 75 Hz 以上的刷新率基本感觉不到闪烁，85 Hz 以上则完全没有闪烁感，所以国际视频协会将 85 Hz 逐行扫描制定为无闪烁标准。普通彩色电视机的刷新率只有 50 Hz，目前电脑输出到显示器最低的刷新率是 60 Hz，建议大家使用 85 Hz 的刷新率。

2）显示器分辨率的设置

分辨率是定义画面解析度的标准，由每帧画面的像素数量决定。以水平显示的图像个数乘以水平扫描线数表示，如 1024×768，表示一幅图像由 1024×768 个点组成。分辨率越高，显示的图像就越清晰，但这并不是说把分辨率设置得越高越好，因为显示器的分辨率最终是由显像管的尺寸和点距决定的。建议使用以下分辨率/刷新率：对于 14 英寸和 15 英寸显示器，使用 800×600/85 Hz；对于 17 英寸显示器，使用 1024×768/85 Hz；对于 19 英寸及 19 英寸以上显示器，使用 1280×1024/85 Hz。现在市场上的名牌显示器基本都能达到上述指标。

3）显示色彩的设置

显示器可以显示无限种颜色，目前普通电脑的显卡可以显示 32 位真彩、24 位真彩、16 位增强色、256 色。除 256 色外，大家可以根据自己的需要在显卡的允许范围之内随意选择。很多用户有一种错误概念，认为 256 色是最高级的选项，而实际上正好相反。256 色是最低级的选项，它已不能满足彩色图像的显示需要。16 位不是 16 种颜色，而是 2 的 16 次方(256×256)种颜色，但 256 色就是 256(2 的 8 次方)种颜色，所以 16 位色要比 256 色丰富得多。

4）视频保护和休眠状态的设置

显示器是电脑设备中淘汰最慢的产品，显示器的寿命主要取决于显像管的寿命。世界各大著名的显示器厂商所使用的显像管寿命相差无几，基本都在 12 000 小时以内。用户的使用方法对显像管寿命有很大影响，所以建议设置显示器视频保护和休眠状态。视频保护时间为几分钟左右，休眠时间为 10 分钟左右。视频保护状态可以在暂时不使用电脑时避免显像管被电子束灼伤，休眠状态可以在长时间不使用电脑时自动关闭显示器。休眠状态的显示器只有 CPU 在工作，能耗只有通常状态下的 5%左右，既能延长显示器的使用时间又能节约电能。

7.2　投　影　机

彩色投影机简称投影机，是一种数字化设备，主要用于计算机信息的显示。使用投影机时，通常配有大尺寸的幕布，计算机送出的显示信息通过投影机投影到幕布上。作为计算机设备的延伸，投影机在数字化、小型化、高亮度显示等方面具有鲜明的特点，目前正广泛应用于教学、广告展示、会议、旅游等很多领域。

7.2.1 投影机的分类

按照结构原理划分，投影机主要有四大类：CRT(阴极射线管)投影机、LCD(液晶)投影机、DLP(数字光处理)投影机和 LCOS(硅液晶)投影机。

1. CRT 投影机

CRT 是英文 Cathode Ray Tube 的缩写，意为阴极射线管。CRT 投影机发展较早，技术成熟，其投影的关键部件是阴极射线管。该投影机的特点是：图像色彩丰富、柔和，工作稳定，具有较强的调整几何失真的能力。但是，由于受阴极射线管技术条件的制约，在图像分辨率不受损失的前提下，很难提高亮度值，因此 CRT 投影机的投影亮度一直不高，只适合在光线较暗的环境中使用。

CRT 投影机的体积较大，结构复杂，不适宜经常移动，通常固定安装在房间的顶部。近年来，随着新型高亮度投影机的出现，大多数使用者已经转而使用新产品了。

2. LCD 投影机

LCD 是英文 Liquid Crystal Device 的缩写，意为液晶显示器。液晶是一种介于液体和固体之间的物质，该物质本身不发光，但具有特殊的光学性质。液晶在电场作用下，其分子排列会发生改变，这就是"光电效应"。一旦产生光电效应，透过液晶的光线就会受其影响而发生变化。LCD 投影机就是利用这一原理而工作的。

LCD 投影机分为液晶光阀投影机和液晶板投影机两类。

1) 液晶光阀投影机

液晶光阀投影机将传统的阴极射线管和先进的液晶光阀作为成像元件，为了提高亮度和分辨率，采用高亮度的外光源照射成像元件，进行被动式投影。该投影机是目前亮度最高、分辨率最大的大型豪华设备，其亮度值高达 6000ANSI 流明、分辨率达 2500 点/英寸×2000 点/英寸，适用于环境明亮、人数众多的场合，如大型娱乐场所、大型会议厅以及指挥调度中心等，但其体积大，不适于携带，价格也比较昂贵。

2) 液晶板投影机

液晶板投影机使用液晶板作为成像元件，具有独立的外光源，采用被动投影方式。液晶板投影机是目前使用最为广泛的设备，液晶板投影机的外观如图 7-2 所示。

此类投影机的特点是体积小、重量轻、便于携带、配有遥控器、操作方便、价格适中等，广泛用于课堂教学、会议、国际互联网影像重现、商业广告、影视等领域。

液晶板投影机类型还包括可放在书包中的小巧、轻便的便携式(如图 7-3 所示)和带有折叠臂的立体成像式(如图 7-4 所示)。

图 7-2　液晶板投影机的外观　　　图 7-3　便携式液晶板投影机　　　图 7-4　带有折叠臂的立体成像式

3．DLP 投影机

DLP 投影机以 DMD(Digital Micromirror Device)数字微镜面作为成像元件，在图像灰度、色彩等方面达到了很高的水准。DLP 投影机具有体积小、画面稳定、颜色过渡均匀、无图像噪声、可精确地再现图像细节、可随意变焦、调节便利等特点。另外，由于 DLP 投影机采用 DMD 作为成像元件，总光效率达 60%，其亮度在 1000ANSI 流明以上，适合在开放环境中使用。

4．LCOS 投影机

LCOS(Liquid Crystal on Silicon)投影机是采用全新的 LCOS 技术的投影机，该技术采用 CMOS 集成电路芯片作为液晶板的基片，不仅大幅度地提高了液晶板的透光率，从而增加了投影亮度，而且实现了更高的分辨率和更丰富的色彩。最重要的是，采用 CMOS 集成电路芯片作为液晶板的基片可降低成本，使投影机的应用更为广泛，更具竞争力。

7.2.2　投影机的基本工作原理

1．LCD 液晶板投影机的基本工作原理

LCD 液晶板投影机具有独立的外光源，高亮度光线照射到三基色液晶板上，每块液晶板受到与数字图像对应的电场作用，其分子排列发生相应改变，透过液晶板的光线就会发生相应变化，经过混色、聚焦镜头的聚焦，彩色图像被投射出去。

2．DLP 投影机的基本工作原理

DLP 投影机采用数字微镜面作为成像元件，光源的光线照射到数字微镜面表面，然后反射到聚焦镜头。在数字微镜面上连续、快速地显示的数字图像像素经过反射和聚焦组成了图像。增加亮度的关键是，数字化的微镜面表面光洁度很高，能够把光源的大部分光线反射出去，可得到很高的投影亮度。

7.2.3　投影机的主要技术指标

投影机的主要技术指标包括亮度、对比度、分辨率、行频/场频等。

1．亮度

亮度是投影机的重要技术指标，其计量单位是 ANSI 流明。目前，便携式投影机的亮度一般在 1000～2000ANSI 流明之间，高档投影机的亮度在 2000～4000 ANSI 流明之间。

2．对比度

对比度是投影画面最亮区和最暗区的亮度之比，对比度高的投影机灰度层次丰富、画面色彩鲜艳。对比度低的投影机色彩灰暗，轮廓不清晰，视觉效果不佳。

3．均匀度

均匀度是边缘亮度与中心亮度的比值。均匀度高的投影机，画面亮度趋于一致，明暗区域不明显。影响均匀度的主要因素是光学镜头。目前，好一些的投影机均匀度在 95%以上。

4．分辨率

投影分辨率由投影机中成像元件的精度决定，与计算机的标准显示规格相对应，其单

位是像素。投影机常见的分辨有 800×600 点/英寸、1024×768 点/英寸、1280×1024 点/英寸三种。

5．行频

水平扫描的频率叫做行频，单位是 Hz(赫兹)。行频是区别投影机档次的重要技术指标，一般投影机的行频低于 20 kHz，中档投影机的行频在 50～100 kHz 之间，高档投影机的行频一般在 100 kHz 以上。

6．场频

垂直扫描的频率叫做场频，又叫刷新频率，单位是 Hz(赫兹)。一般而言，中、低档投影机的刷新频率低，高档投影机的刷新频率高。

7．光源寿命

投影机的光源是一种采用特殊材料制作的灯，这种灯的寿命为 1000～4000 h 不等。下面给出三种灯泡的寿命：

(1) 金属卤素灯价格便宜，但半衰期短(2000 h)；

(2) UHE 灯泡是价格适中、寿命较长的冷光源；

(3) UHP 高能灯寿命大于 4000 h 以上。

7.2.4　投影机的输入/输出接口

投影机的输入接口主要包括 VGA 输入、DVI 输入、标准视频输入(RCA)、S 视频输入、视频色差输入、BNC 端口输入、音频输入接口等。投影机的输出接口主要是 VGA 输出接口。

7.2.5　投影机的选购、使用与维护

1．投影机的选购

选购投影机的步骤如下：

(1) 对照机型与性能指标。

(2) 检查包装及其附件。

(3) 检查机器外观有无损伤。

(4) 检查聚焦性能。由计算机产生一个测试方格或线条，将聚焦调至最佳位置，将图像对比度由低向高变化，观察方格的水平和垂直线条聚焦效果。

(5) 是否偏色或着尘(购买 LCD 投影机尤其要注意)。打出一个全白图像，观察颜色均匀度如何。一般来说，液晶投影机的颜色均匀度很难达到较高标准，但质量好的投影机颜色均匀度相对好一些。

2．投影机的使用和维护

1) 防尘问题

防尘问题是投影机维护的首要问题。由于投影机液晶板一般都由专门的风扇以几十立方分米每分钟的空气流量对其进行送风冷却，高速气流经过滤尘网时可能夹带微小尘粒，液晶板成像时极易产生静电而吸附微小尘粒，这将对投影画面产生不良影响。

投影机的机壳上一般都有开槽或开口用于通风，空气的入口设有空气过滤器，它在投影机工作时过滤灰尘和污染物。如果不及时清理它，则极易因堵塞投影机通风口而造成故障。

因此，及时地、定期地对投影机进行专业、有效的除尘，是维护投影机最好的方法。

2) 严防强烈的冲撞、挤压和震动

在投影机使用过程中，正确使用是最重要的。强烈的冲撞、挤压和震动会造成投影核心部件的位移，影响放映时的效果。其变焦镜头在冲击下会使轨道损坏，造成镜头卡死，甚至镜头破裂而无法使用。

3) 防热、防潮

防热、防潮是维护投影机的必修课。在投影机的使用过程中，其内部较高的气温容易对机器造成损害。因此，除了应该及时清洗过滤网外，一定要注意保证机体有良好的散热环境，切忌物体挡住投影机通风口。另外，吊顶安装的投影机，要保证房间上部空间的通风散热。在某些多雨的季节，尤其是在南方地区，很容易导致投影机体内部件发潮、长霉，从而影响投影效果，缩短机器的使用寿命。

4) 维护灯泡

投影机灯泡的价格一直居高不下，因此，维护灯泡可以有效延长灯泡寿命，从而降低使用成本。在点亮状态时，灯泡内温度有上千摄氏度，灯丝处于半熔状态，因此，在开机状态下严禁震动、搬移投影机，以防止灯泡炸裂、灯丝断裂。需要特别注意的是，因机器散热状态断电造成的损坏是投影机最常见的返修原因之一，所以，停止使用后不能马上断开电源，要让机器散热完成后自动停机。另外，减少开/关机次数也有益于灯泡寿命的延长。

5) 电路使用

严禁带电插拔电缆，信号源与投影机电源最好同时接地。当投影机与信号源(如 PC 机)连接的是不同电源时，两零线之间可能存在较高的电位差。若用户带电插拔信号线或其他电路，则会在插头和插座之间发生打火现象，损坏信号输入电路，造成严重后果。

3．投影机使用注意事项

(1) 投影机所使用的电源必须是带有可靠接地的三相电源；在插拔电源插头时，要使投影机电源处于关闭状态。

(2) 关机时，一定要先使投影机处于等待状态，等风扇停转后再关掉电源开关，这一点对保护投影机特别重要。

(3) 应减少开关次数，因为开机的冲击电流会影响灯泡的寿命。另外，关机后应等待 5 分钟以上才能再次开机操作。

(4) 在使用数小时后机内温度很高，所以在使用过程中不要随意搬动。

(5) 图像可任意翻转，但是使用时必须对投影机进行认真调整。首先要选好屏幕的位置，再根据画面大小确定投影机与屏幕的距离，通过调整投影机的高度、水平角度、垂直倾斜度、幕布的高低及幕布与投影机的角度等，来获得不失真的图像。

(6) 要注意让投影机有良好的通风散热条件。第一，要保证投影机的通风口畅通，通风口分进风口和出风口，进风口在它的底部，出风口在它的后面，所以不要使其底部和支撑面贴得太近，也不要在通风孔处放置任何东西，以免通风不畅，影响散热。第二，要经常清理空气过滤网。过滤网的网丝很细，很容易损坏，所以拆卸时动作要轻，清洁时切忌用螺丝刀等硬物，最好用吸尘器吸干净网上灰尘杂物，然后重新装好。第三，在天气炎热并且室内通风不好时，可用风扇帮助散热，这样可以保护投影机，延长其使用寿命，并且避免了投影机因过热而自动保护停机，影响正常教学。

(7) 使用过程中，TEMP 指示灯变红，表示投影机过热；LAMP 指示灯变红可能是灯泡过热。发生以上两种情况时，都应停机，待风扇停转后，关掉电源，使其冷却，并检查通风散热情况。如果通风散热良好，等投影机充分冷却后(约 20 分钟)，再开机使用。如果重新开机后，LAMP 指示灯很快又亮，可能是灯泡老化，应进一步检查灯泡。

(8) 投影机上的亮度调节已经调到最大，投影图像仍很暗，或者使用中 LAMP 指示灯变亮，可能是灯泡使用时间过长，需要更换新灯泡。可用遥控器上的 TIMER 键来检查灯泡已使用的时间，其检查方法是，在投影机开机情况下，连续按住 TIMER 键两秒钟，在投影机下方会显示出灯泡已经使用的小时数。正常情况下，灯泡可使用 2000 小时，此后，投影图像将无法满足亮度要求，应考虑更换灯泡。更换灯泡时，首先要按投影机要求的型号选择灯泡。其次，因机内有高压，要在拔掉电源情况下进行更换，以免受电击。最后，因投影机在使用时会产生大量的热量，更换灯泡要在关掉电源 1 小时后进行，以免被灼伤。

(9) 使用过程中，投影机会出现自我保护状态。这时投影机电源无论是开还是关，投影机都将处于关机状态，所有键都不起作用。这时投影机并没有坏，而是因自身过热，为避免损坏而产生的一种自我保护状态，过一段时间后(约 30 分钟)再开机工作，一切将恢复正常。

(10) 投影机镜头直对太阳，以免损坏其内部光学系统。

7.3 扫 描 仪

扫描仪是一种图形输入设备，由光源、光学镜头、光敏元件、机械移动部件和电子逻辑部件组成，主要用于输入黑白或彩色图片资料、图形方式的文字资料等平面素材。配合适当的应用软件后，扫描仪还可以进行中英文文字的智能识别。

7.3.1 扫描仪的结构及原理

1. 扫描仪的结构

扫描仪由电荷耦合器件(CCD，Charge Coupled Device)、光源及聚焦透镜组成。CCD 排成一行或一个阵列，阵列中的每个器件都能把光信号变为电信号。光敏器件所产生的电量与所接收的光量成正比。

2. 信息数字化原理

以平面式扫描仪为例，把需要扫描的原件面朝下放在扫描仪的玻璃台上，扫描仪发出的光照射原件，反射光线经一组平面镜和透镜导向后，照射到 CCD 的光敏器件上。来自

CCD 的电量送到模/数转换器中，将电压转换成代表每个像素色调或颜色的数字值。步进电机驱动扫描头沿平台作微增量运动，每移动一步，即获得一行像素值。

扫描彩色图像时，先分别用红、绿、蓝滤色镜捕捉各自的灰度图像，然后把它们组合成 RGB 图像。

7.3.2　扫描仪的连接方式

扫描仪与多媒体个人计算机一般具有以下三种接口形式：

(1) EPP 形式。这是一种早期的接口形式，采用此种接口形式的扫描仪直接连接到计算机主机的并行数据接口上，连接方式比较简单，但数据传输速率不高。

(2) SCSI 形式。采用 SCSI 接口形式的扫描仪通常连接到计算机主机的 SCSI 接口卡上，扫描信号会通过信号电缆传送到主机中，SCSI 接口形式的数据传输速率较高，常为专业扫描仪所采用。

(3) USB 形式。目前市面上的新型扫描仪几乎都采用 USB 接口形式。USB 接口具有信号传输速率快、连接简便、支持热插拔、具有良好的兼容性、支持多设备连接等一系列特点。

7.3.3　扫描仪的分类

1．按扫描方式分类
扫描仪按扫描方式分为四种：手动式、平板式、胶片式和滚筒式。

2．按扫描幅面分类
幅面表示可扫描原稿的最大尺寸，最常见的为 A4 和 A3 幅面的台式扫描仪。此外，还有 A0 大幅面扫描仪。

3．按接口标准分类
扫描仪按接口标准分为三种：SCSI 接口、EPP 增强型并行接口、USB 通用串行总线接口。

4．按扫描对象是否透明分类
按扫描对象是否透明可分为反射式扫描仪和透射式扫描仪。反射式扫描仪用于扫描不透明的原稿，它利用光源照在原稿上的反射光来获取图形信息；透射式扫描仪用于扫描透明胶片，如胶卷、X 光片等。

5．按扫描结果是否是彩色分类
扫描仪扫描结果是否是彩色可分灰度和彩色两种。用灰度扫描仪扫描只能获得灰度图形。彩色扫描仪可还原彩色图像。彩色扫描仪的扫描方式有三次扫描和单次扫描两种，其中三次扫描方式又分三色和单色灯管两种。

6．按照基本构造分类
扫描仪按基本构造可分为六大类：手持式、立式、平板式、台式、滚筒式和多功能扫描仪，如图 7-5 所示。

(a) 手持扫描仪　　(b) 立式扫描仪　　(c) 平板式扫描仪

(d) 台式扫描仪　　(e) 滚筒式扫描仪　　(f) 多功能扫描仪

图 7-5　扫描仪的外观

1) 手持式扫描仪

手持式扫描仪体积小巧、携带方便。在扫描图片或文稿时，手拿扫描仪在图片或文稿上匀速移动，纸上图案被转换成数字信号，经过电缆输送到多媒体计算机中。手持式扫描仪的扫描分辨率为 400 点/英寸，一次扫描宽度为 105 mm。

2) 立式扫描仪

立式扫描仪是专门用于扫描照相底片的设备，有 35 mm、4 英寸 × 5 英寸等规格，用于摄影、照片洗印等领域。该扫描仪可以将负片直接扫描成正片。扫描时，扫描样品匀速移动，光敏元件和照明光源固定不动。立式扫描仪常用于专业数字洗印工艺的前期处理设备。

3) 平板式扫描仪

平板式扫描仪是最常见的扫描仪。它把一块透明玻璃作为工作面，把图片或文稿放在工作面上，扫描仪内部的扫描部件在驱动软件的控制下进行扫描。平板式扫描仪使用 CCD作为光电转换元件，CCD 上面排列数千个光敏单元，光敏单元的个数决定了扫描仪的分辨率。CCD 也用于数码照相机、数码摄像机和数字摄像头上。目前，平板式扫描仪的性能有很大提高，价格也大幅下降，已经成为家用扫描仪的首选。

4) 台式扫描仪

台式扫描仪由高档平板式扫描仪和支架组成，扫描仪仍然采用 CCD 作为光电转换元件，但 CCD 光敏单元的数量多，因而扫描精度高、速度快。台式扫描仪带有自动更换扫描稿、双面扫描等功能，通常用于扫描量大、质量要求较高的场合。

5) 滚筒式扫描仪

滚筒式扫描仪是体积很大的专业扫描仪。此种扫描仪具有扫描清晰度高、彩色还原逼真、大幅面、超高分辨率等优良性能，并且能够生成印刷用的 CMYK 四色文件。滚筒式扫描仪使用光电倍增管实现光电转换，光电倍增管的分辨率和灵敏度极高，能够获得质量很高的扫描图像。扫描时，把图片贴在滚筒上，随着滚筒的旋转，图片被转换成数字信号，再进行相应的数字处理。

6) 多功能扫描仪

多功能扫描仪把多种功能集于一身，是扫描仪、传真机和打印机的集成设备。因此人们把这种设备叫做多用机。多用机常用于企业与公司的办公环境，与多台专门设备相比，可节省办公桌的使用面积，再进行相应的数字处理。

7.3.4　扫描仪的技术指标

扫描仪的主要技术指标包括扫描分辨率、扫描色彩精度、扫描速度等。

1．扫描分辨率

每英寸的像素点单位是点/英寸，点/英寸的数值越大，扫描的清晰度就越高。扫描分辨率分为光学分辨率和逻辑分辨率两种。光学分辨率是衡量扫描仪性能优劣的重要指标；逻辑分辨率又叫插值分辨率，逻辑分辨率的数值一般大于光学分辨率的数值。

2．扫描色彩精度

扫描仪在扫描时，把原稿上的每个像素用 R(红)、G(绿)、B(蓝)三基色表示，而每个基色又分若干个灰度级别，这就是所谓的色彩精度。色彩精度越高，灰度级别就越多，图像越清晰，细节越细腻。

3．扫描速度

扫描速度是衡量扫描仪性能优劣的一个重要指标。在保证扫描精度的前提下，扫描速度越高越好。扫描速度主要与扫描分辨率、扫描颜色模式和扫描幅面有关，扫描分辨率越低，幅面越小，单色，扫描速度越快。计算机系统配置、扫描仪接口形式、扫描分辨率的设置、扫描参数的设定等都会影响扫描速度。

4．内置图像处理能力

不同的扫描仪有不同的内置图像处理能力，高档扫描仪的内置图像处理能力很强，很少或无需人为干预。

5．接口形式

扫描仪常见的接口形式有 SCSI 和 USB。扫描仪数据传输速度与接口形式有关，采用快速的接口形式，扫描仪的整体性能也会得到相应提高。

7.3.5　扫描仪的最新技术

1．镜头技术

扫描仪的关键技术是镜头技术和 CCD 技术，这两项技术决定了扫描分辨率的高低。所谓镜头技术，是指现代专业扫描仪中光学镜头的相关技术，内容包括可变焦距镜头技术和多镜头技术。

1) 可变焦距镜头技术

采用精密电动机伺服系统对镜头的焦距进行自动调节，简称自动变焦。自动变焦的作用主要是加深各个扫描位置的锐度、饱和度和均匀度，提高扫描质量。而以往的扫描仪则采用固定焦距镜头，很难保证各个扫描位置的准确对焦。

2) 多镜头技术

采用两个或两个以上的固定焦距镜头，保证两点或多点精确对焦。这是提高扫描精度的低成本镜头技术。使用者一旦选择了某一扫描分辨率，扫描仪便会自动组合多镜头的不同焦距段，以实现扫描精度的均匀与提高。采用多个自动变焦镜头或镜片进行组合，由更为精密的电动机伺服系统驱动，其目的是实现更好的均匀度和锐度，使扫描原稿的边缘聚焦准确，并使扫描质量得到进一步提高。

2．RGB 同步扫描技术

彩色扫描的过程是：先把彩色原稿分成三色，即 R(红)、G(绿)、B(蓝)三基色；然后分别进行光电转换，形成颜色数据；最后进行颜色合成，形成彩色数字化图像。RGB 同步扫描技术所解决的就是光电转换中的技术问题。其原理是，使用一组能准确分辨颜色的特殊透镜，将接收到的光线分送至对应的 CCD 光敏单元，使光敏单元感受相对独立的色光，从而提高了感光灵敏度和精确度，也提高了扫描精度。

3．高速图像处理器

某些新型扫描仪增加了高速图像处理器，扫描过程中的数据在图像处理器中进行处理，不但减轻了 CPU 和内存的负担，而且加快了数据传输的速度，从而使扫描速度得到了提高。

4．色彩增强技术

色彩增强技术是一种软件技术。为了增加扫描图像的色彩表现力，采用插值算法增加表现色彩的数据位数，从而达到增强色彩的目的。例如，某扫描仪的色彩数据位数是 16 bit (65 536 种颜色)，通过插值算法，使颜色总数上升为 42 bit(43 980 亿种颜色)或更高。由于开发软件插值算法比硬件改造的投资小、见效快，故很多新扫描仪采用了色彩增强技术，以比较低的投入满足色彩要求。

5．智能去网技术

智能去网技术是一种硬件技术。其原理是，将扫描后的图像网点转换成电脉冲，其脉冲宽度与网点的大小对应，两个脉冲中心的距离就是网点间距。同时，扫描仪根据网点间距生成网格，其密度与图像网点的密度相等。然后，对网格内部的数据进行平均化处理，就可舍弃网点，得到纯净的图像。该技术的关键是，通过电脉冲的方式使生成的网格与图像网点保持严格的对应关系。

6．VAROS 光学分辨率倍增技术

VAROS 光学分辨率倍增技术是一种硬件技术，可将扫描仪的光学分辨率提高一倍。其基本原理是：在透镜和 CCD 之间安装一块可微量旋转角度的平板玻璃，在第 1 次扫描时，平板玻璃处于原始位置，光线穿过透镜，经平板玻璃折射，被 CCD 接收，这与普通扫描仪的工作过程没有什么区别。关键在于第 2 次扫描。第 2 次扫描时，平板玻璃旋转了一个小角度，使扫描图像的位置错开半个像素，当扫描完成后，错开半个像素的光线折射到 CCD 上，形成二次图像。然后，通过软件把两次得到的图像合并到一起，形成了分辨率高出一倍的图像。这就是说，运用 VAROS 光学分辨率倍增技术，可使 600 点/英寸的扫描仪一举变成 1200 点/英寸的扫描仪，而价格仅略高于 600 点/英寸的扫描仪。

7.3.6　扫描仪的选择

选购扫描仪时，要考虑的因素首先是扫描仪的精度。扫描仪的精度决定了扫描仪的档次和价格。目前，600 × 1200 点/英寸的扫描仪已经成为行业的标准，而专业级扫描则要用 1200 × 2400 点/英寸以上的分辨率。其次是扫描仪的色彩位数。色彩位数越多，扫描仪能够区分的颜色种类也就越多，所能表达的色彩就越丰富，能更真实地表现原稿。对普通用户来说，24 bit 已经足够。最后是考虑扫描仪的接口类型。

7.3.7 扫描仪的使用

以 FOUNDER F8180U 为例说明扫描仪的使用。

1．扫描仪的硬件连接与软件安装步骤

(1) 使用扫描仪随机附送的 USB 缆线的一端连接至扫描仪背面板，将另一端连接至计算机的 USB 接口。

(2) 连接电源。

(3) 安装驱动程序，在安装时注意选择 USB 为扫描接口方式。

(4) 安装附送的 OCR(文字识别)软件。

2．扫描仪的使用步骤

(1) 打开扫描仪电源。

(2) 启动方正扫描程序。扫描操作界面包括"设置"和"预览"两个窗口，如图 7-6 所示。

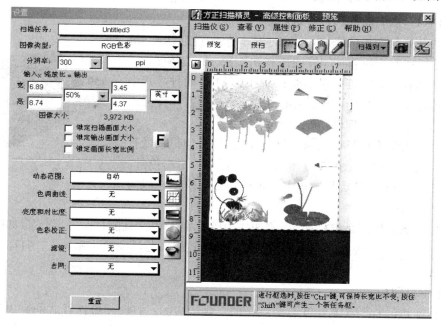

图 7-6　扫描操作界面

(3) 将需要扫描的图片在扫描仪面板上摆正。

(4) 设定合适的扫描参数。在扫描设置界面中提供扫描图像类型设定、扫描分辨率设定、缩放比例设定、亮度和对比度调节、色彩校正、滤镜和去网等参数设定。

(5) 单击"预览"按钮，扫描仪预扫。

(6) 确定扫描区域，移动、缩放扫描仪窗口的矩形取景框至合适的大小和位置。

(7) 单击"扫描"，扫描图像。

(8) 保存扫描得到的图像。

7.4 打 印 机

作为输出设备，打印机可打印文本、图像信息。随着打印技术的发展，传统的打印概念在不断更新，新型打印机越来越多地采用新技术，打印精度、彩色还原度和打印速度不断地提高。作为多媒体设备使用的打印机主要是指彩色激光打印机及彩色喷墨打印机。

7.4.1 打印机的分类

打印机可以根据不同的标准进行分类。按打印品是否具有色彩，打印机可分为单色打印机和彩色打印机两种；按打印原理可分为针式打印机、喷墨打印机和激光打印机；按打印机的工作方式，可分为击打式和非击打式两个系列。最常见、使用最普遍的针式打印机就属于击打式系列，喷墨打印机、激光打印机则属于非击打式系列。从打印输出的效果而言，激光打印机比喷墨打印机好，而喷墨打印机又好于针式打印机。

1．针式打印机(点阵式打印机)

现在的针式打印机(如图 7-7 所示)普遍是 24 针打印机。所谓针数，是指打印头内的打印针的排列和数量。针数越多，打印的质量就越好。针式打印机主要有 9 针和 24 针两种，其中9 针已经被淘汰。针式打印机是利用机械原理，用打印针撞击色带，进而把字符或图像转印在纸上。

图 7-7　针式打印机

针式打印机是通过打印头来进行工作的。当打印机接受打印命令后，利用打印信息控制打印头内部的打印针撞击色带，将色带上的墨迹打印到纸上。针式打印机的打印速度一般为50～200 个汉字/s。

针式打印机的优点是结构简单，维护费用低，耗材省，且能打印多层介质(如财务部门常用的多联单据等)；缺点是体积较大，打印速度较慢，分辨率低，噪声大，打印针容易折断等。

2．喷墨打印机

喷墨打印机的打印头是由几百个细微的喷头构成的，打印精度比针式的高出许多。当打印头移动时，喷头按特定的方式喷出墨水，喷到打印纸上，形成打印图样。

3．激光打印机

激光打印机与复印机的工作原理基本相似，都是利用电子成像技术进行打印的。当调制激光束在硒鼓上沿轴向进行扫描时，按照点阵组字的原理使鼓面感光，构成负电荷阴影；当鼓面经过带正电的墨粉时，感光部分就吸附上了墨粉，并将墨粉转印到纸上；纸上的墨粉加热熔化即形成永久性的字符和图形。激光打印机色彩艳丽，分辨率高，速度快，噪声小，打印效果好。

一般地说，如要进行宽幅面、多层打印等工作，大多采用 24 针、宽行针式打印机；如要进行图文混排，并且对字型输出的要求较高，则应采用分辨率大于 300 点/英寸或 360 点/英寸的喷墨打印机或 300 点/英寸或 600 点/英寸的激光打印机。

7.4.2　喷墨打印机

1．喷墨打印机的分类

目前，喷墨打印机主要有压电式和气泡式两种。压电喷墨技术以 EPSON 为代表。气泡式喷墨技术以 CANON、HP、LEXMARK 为代表，如图 7-8 所示。

图 7-8　喷墨打印机

1）压电式喷墨打印机

压电式喷墨打印机的喷头内装有墨水，在喷头上下两侧各装有一块压电晶体，在压电晶体上施加脉冲电压，使其变形后产生压力，从而挤压喷头喷出墨滴，每个喷头上的压电晶体通过电路连到打印机数据形成电路。喷嘴的喷墨管道连到一个墨水盒，为了避免墨水干涸及灰尘堵塞喷嘴，在喷头部装有一块挡板，不打印时盖住喷嘴，在喷嘴的头部还有一块保持恒温的喷嘴导致孔板，用以保持喷嘴头部的温度不变，从而使打印出来的点阵大小不受环境温度的影响。

2）气泡式喷墨打印机

气泡式喷墨打印机在其喷头的管壁上装有热元件，加在热元件上的电脉冲信号由打印机数据形成电路提供。当幅值足够高、脉冲足够小的脉冲电压作用于热元件时，热元件急速升温，使靠近热元件的墨水汽化，形成微小气泡，微小气泡变大形成薄的蒸气膜，该蒸气膜将墨水和热元件隔离，墨水并不加热(故不需要墨水的冷却装置)。

2．喷墨打印机的结构

喷墨打印机的外观主要由外壳、托纸架、送纸器、导纸器、顶盖、操作面板和出纸托架、电源线输入插座和打印电缆插座等组成；内部结构主要包括机械系统、电路系统和电源系统三部分。其机械系统主要由打印头、字车机构、走纸机构和喷头清洁机构等组成；电路系统主要由接口芯片、单片机及驱动放大电路等组成；电源系统一般由开关电源组成。

1）打印头

打印头安装在字车机构的字车架上，由墨水盒和喷头组成。喷头的作用是将墨水盒内存放的墨水喷在打印纸上，从而实现打印。

喷墨打印机采用的打印技术可分为压电喷墨技术和热喷墨技术。采用压电喷墨技术的打印头喷嘴附近安装有许多小型压电陶瓷片，当打印信号电压加到压电陶瓷片上时，压电陶瓷片则产生伸缩，将墨水从喷嘴中喷出。采用压电喷墨技术制作的喷墨打印头成本较高，但能获得较高的打印精度和较好的打印效果。由于压电喷头的制作成本较高，此类打印机通常采用墨盒与喷头分离式结构，更换墨水时不必更换喷头。

而采用热喷墨技术的打印喷头附近安装有电加热器，打印时电加热器加热喷头管道中的液体使之汽化，形成一个个气泡，气泡迅速膨胀将喷嘴处的墨水向外喷到打印介质表面，形成图像，所以这种喷墨打印机有时又被称为气泡打印机。采用热喷墨技术的喷头制作成本较低，喷头中的电极极易产生电解而不断腐蚀，寿命较短，通常采用墨盒、喷头集成的一体化结构，更换墨盒时必须同时更换喷头。

2）字车机构

字车机构的作用是装载打印头并带动打印头沿打印机横向移动，从而实现横向打印。

字车机构由字车架、字车支撑导轨、传动履带、步进电动机及减速齿轮组成。金属导轨、传动履带沿打印机横向安置，字车架固定在圆形金属支撑导轨上，并能在传动履带的带动下沿金属支撑导轨横向运动。字车架上设有打印头安装支架、打印头锁定装置、镀金接触电极、信号电缆插座、纸张厚度调节杆、墨盒检测传感器等。打印头安装在字车架中部，喷墨孔向下。打印头安装后，打印头锁定装置将打印头锁定在字车架上，保证墨盒电极与字车架上电极架紧密接触。信号电缆插座安装在字车架的后侧。打印控制信号由电路系统通过打印电缆、信号电缆插座、接触电极送往喷嘴端部的电加热器。纸张厚度调节杆安置在字车架的上部，其作用是调整打印头的上、下位置，以适应不同厚度的打印介质。墨盒检测传感器的作用是检测墨盒架上是否安装有墨盒及现有墨水容量。实施打印时，字车机构带动打印头沿金属导轨运行一个来回，将在打印介质上打印出一行字符。

3）走纸机构

走纸机构的作用是沿纵向移动打印介质，当打印介质沿纵向移动从墨盒喷嘴下通过时，即完成纵向打印。

按照纸张进出的顺序，走纸机构由纸张检测传感器、导纸板、导纸滚轮、走纸电动机、减速齿轮组、塑料压纸片、导向轴等装置组成。纸张检测传感器检测到金属导纸板上安放有纸张时，导纸板下的动力装置将金属导纸板向上略略托直，使金属导纸板上的纸张向上紧贴导纸滚轮，步进电动机加电带动导纸滚轮传动(经齿轮组减速后)，将纸张送入打印机内进行打印，塑料压纸片的作用是使纸张顺利从喷嘴下通过。实施打印时因机构带动墨盒(含喷头)沿金属导轨平行移动一次，纸张就会在导纸滚轮的带动下向前移动一行，反复进行将一张纸打印完毕。不断前进的纸张通过导向轴和棘轮之间的缝隙，从打印机前面的出纸口送出。

4）喷头清洁机构

喷头清洁机构包括喷头清洗装置和喷头盖帽装置。喷头清洗装置安装在墨盒喷头的下方，主要由传动电动机、齿轮组、清洗头组成。实现喷头清洗操作时，传动电动机运转，通过齿轮组带动清洗头对墨盒喷头实施清洗工作。清洗头由塑胶材料或高分子材料制成，用转动或刮除的方法清除喷头上的灰尘和残墨。喷头盖帽装置是一片软塑料垫，打印机停止打印时，软塑胶垫将封闭喷头上的所有喷孔，以防止墨水干涸而堵塞喷头。

5）电子电路系统

喷墨打印机的电子电路系统主要由微处理主控电路、喷头信号驱动电路、字车机构驱动电路、走纸机构驱动电路、喷头维护装置驱动电路、接口电路和传感器电路等部分组成。微处理主控电路是喷墨打印机的核心电路，它起着控制中心和信号传输处理中心的作用，该电路主要由微处理器、存储器和操作面板控制电路等组成。在存储器中存储有打印监控程序、字库、打印控制指令和打印数据。微处理主控电路从输入接口接收来自计算机并行口的控制命令和打印数据，通过传感器对打印机当前的状态进行检测，并通过输出接口输出信号送到喷头控制电路、字车机构驱动电路、走纸机构驱动电路、喷头维护装置驱动电路、字车机构操作、走纸机构操作。主控电路实施的操作包括打印数据输入/输出控制操作、复位操作及电源控制操作等。主控电路输出的控制信号较小，无法驱动喷头加热器的各种传动机构的步进电动机，驱动电路实际上是脉冲功率放大器，其功能是给喷头加热器和步进电动机提供足够的功率。

6）电源系统

喷墨打印机的电源电路少数采用整流稳压电路，大多数喷墨打印机采用开关电源为整机电路提供电压。它主要是将 220 V 交流市电转换为直流电压，供整机使用。主控电路、接口电路和传感器电路一般均使用 5 V 电压，而喷墨头驱动电路及步进电动机一般需要28 V 和 24 V 电压。也有的打印机采用串联稳压电路。

3．喷墨打印机的使用

下面以 EPSON 喷墨打印机为例介绍喷墨打印机的使用方法。

(1) 开机。有开关键的按开关键，无开关键的直接插上电源。

(2) 安装墨盒。

(3) 装纸。将适当数量和质量合格的纸放在送纸器中。通常状态下打印机接到打印命令后会自动进纸。按下进纸键也可让纸张进入预备打印位置。

(4) 自检。不同品牌、不同机型的自检方法不完全一样，打印出的自检样张内容也不一定相同。

(5) 清洗打印头。EPSON 打印机打印头清洗，多数是按清洗键 3 秒钟。一般的做法是先按暂停键，使暂停灯亮；然后同时按下切换键和黑墨键清洗黑头；最后同时按下切换键和彩墨键清洗彩头。

4．喷墨打印机的维护

喷墨打印机因其打印效果好、噪音低而日益成为家用打印机的首选对象。下面介绍在日常使用喷墨打印机过程中应注意的维护事项，以及如何解决打印机墨水消耗过快的问题。

1）日常维护事项

(1) 确保打印机在一个稳固的水平面上工作，不要在打印机顶端放置任何物品。打印机在打印时必须关闭其前盖，以防止灰尘或其他坚硬的物品进入机内阻碍打印机小车的运动，引起不必要的故障。如果同时打开两个墨盒(一个黑色墨盒，一个彩色墨盒)应把其中一个墨盒放入随机所赠的墨盒匣里。禁止带电插拔打印电线，这样会损坏打印机的打印口以及 PC 的并行口，严重的甚至会击穿 PC 的主板。如果打印机输出不太清晰，有条纹或其他缺陷，可用打印机的自动清洗功能清洗打印头，但需要消耗少量墨水。若连续清洗几次之后打印效果仍不满意，这时可能墨水已经用完，需要更换墨盒。

(2) 确保使用环境的清洁。使用环境灰尘太多，容易导致字车导轴润滑不好，使打印头的运动在打印过程中受阻，引起打印位置不准确或撞击机械框架造成死机。有时，这种死机因打印头未回到初始位置，在重新开机时，打印机首先让打印头回到初始位置，接着将进行清洗打印头操作，所以造成墨水不必要的浪费。解决这个问题的方法是经常擦拭导轴上的灰尘，并对导轴进行润滑(选用流动性较好的润滑油，如缝纫机油)。

(3) 墨盒未使用完时，最好不要取下，以免造成墨水浪费或打印机对墨水的计量失误。

(4) 关机前，使打印头回到初始位置(打印机在暂停状态下时，打印头会自动回到初始位置)。有些打印机在关机前自动将打印头移到初始位置，有些打印机必须在关机确认处在暂停状态(即暂停灯或 PAUSE 灯亮)才可关机。这样做一是避免下次开机时打印机重新清洗打印头操作而浪费墨水；二是因为打印头在初始位置可受到保护罩的密封，使喷头不易堵塞。

(5) 部分打印机在初始位置处于机械锁定。此时，如果用手移动打印头，将不能使之离开初始位置。注意不要强行用力移动打印头，否则将造成打印机机械部分的损坏。

(6) 换墨盒时一定要按照操作手册中的步骤进行，特别注意要在电源打开的状态下进行上述操作。因为重新更换墨盒后，打印机将对墨水输送系统进行充墨，而这一过程在关机状态下将无法进行，打印机无法检测到重新安装上的墨盒。另外，有些打印机对墨水容量的计量是使用打印机内部的电子计数器来计数的(特别是在对彩色墨水使用量的统计上)，当该计数器达到一定值时，打印机判断墨水用尽。而在墨盒更换过程中，打印机将对其内部的电子计数器进行复位，从而确认安装了新的墨盒。

(7) 插拔打印机电源线及打印机电缆时，一定要在关闭打印机电源的情况下进行。

(8) 墨盒在长期不使用时，应置于室温下避免日光直射。

2) 喷墨打印机其他维护事项

(1) 喷墨墨水具有导电性，若漏洒在电路板上，则应使用无水酒精擦净、晾干后再通电，否则将损坏电路元件。

(2) 不得带电拆卸喷头，不要将喷头置于易产生静电的地方，拿取喷头时应把持其金属部位，以免因静电造成喷头内部电路的损坏。

(3) 不可用嘴直接向喷头内或其他墨水管路内吹气，以防唾液污染管路内部而影响墨水畅通。

(4) 喷墨打印机应在空气较洁净的环境中使用，尤其应防鼠害，避免老鼠咬破墨水管路。

(5) 有些打印机的墨水有使用温度的限制，在规定的温度范围内可以发挥墨水的最佳性能。例如，佳能 BJ 打印机墨水的使用温度为 –10～+35℃，当环境温度低于–10℃时，打印机墨水可能会冻结；当环境温度在 35℃ 以上时，也可能影响墨水的化学稳定性。

3) 喷墨打印机墨盒墨水消耗过快的原因及相应的维护方法

正确的使用和维护可以避免喷墨打印机墨盒墨水消耗过快。墨盒墨水消耗过快可能是因下列不正确操作造成的：

(1) 没有通过按下电源(POWER)键的方式关闭打印机。

(2) 经常以从插座中拔去电源线的方式关闭打印机。

(3) 打印机正在打印时强行关闭打印机。在打印头休息或在初始位置盖帽状态时关闭打印机。

5. 喷墨打印机市场介绍

从目前的彩色喷墨打印机市场上来看，佳能(CANON)、惠普(HP)、爱普生(EPSON)、利盟(LEXMARK)四大公司几乎垄断了整个打印机市场。

1) 佳能

佳能制造出了世界上第一台喷墨打印机。佳能公司的墨滴调整技术是佳能在喷墨技术上的一次革新，它可以在同一打印头、一条打印线里喷出普通大小和一半大小两种墨滴。这种新的打印头设计了两个加热器，一个加热器喷射小的墨滴或两个加热器一起喷射一个普通大小的墨滴。两种大小的墨滴结合在一起就可以产生更细致的、更高品质的输出。佳能的喷墨打印机系统，特别是打印头结构和驱动软件使得这种精细的墨水喷射方式成为可能。尽管这项技术并没有在整体上增强分辨率，但利用这项技术可以减少色彩的颗粒状现象，从而提高照片图像的输出质量。

2) 惠普

惠普公司提出的惠普照片色阶增强专利技术对传统的 DPI 技术是个不小的冲击，在此基础上惠普开发出了富丽图技术(PhotoRetII)和第二代智能色彩增强技术(ColorSmartII)。第二代色阶增强技术是使喷头射出肉眼不可能看到的 10 pL 的极微小墨滴，正因为有如此小的墨点，所以才能在每个像素中产生出更多种的变化，体现出成百上千层色阶的变化，使得在普通纸上都能获得满意的打印效果。第二代智能色彩增强技术则是使用者不用费心去调节各项打印参数，就能轻而易举地在各种打印介质上打印出最佳效果，这在打印一份同时含有图像、图表、彩色文本和黑白文本的文件时更能体现出它的便利性。

3) 爱普生

爱普生开发出了更先进的微压电技术，后来又在微压电技术的基础上推出了超微压电喷墨打印技术和 PPIS(完美成像系统)技术。微压电打印头技术利用晶体加电时以稳定的频率振动的特性，通过改变电压的大小，调节晶体振动的频率来精确控制墨滴的大小和喷射的速度，通过这一技术喷出的墨水大小只有通常的 1/3，使墨滴微粒形状则更为规则、定位更加准确，同时分辨率也得到了提高。这一结果实现了高品质打印与高速度打印并存，其优点是降低了墨水的消耗量，使打印成本也随之下降。

4) 利盟

利盟公司是从蓝色巨人 IBM 分离出来的一家子公司，所以无论是在技术上还是产品上都相对比较成熟。利盟公司的专利是准分子激光切割打印头技术，通过它可以把喷墨孔与墨汁到喷嘴的加压仓合二为一，从而使喷嘴的直径只有 1 μm，所以在这种喷嘴下打印出来的图案，效果是十分理想的。利盟公司还开发出了防水功能的墨水，用这种墨水再配合高分辨率的喷墨打印机，打印出的效果完全可以和激光打印设备媲美。

7.4.3　激光打印机

激光打印机(如图 7-9 所示)是一种高档打印设备，用于精密度很高的彩色样稿输出。与普通黑白激光打印机相比，彩色激光打印机采用 4 个硒鼓进行彩色打印，打印处理相当复杂，尖端技术含量高，属于高科技的精密设备。

图 7-9　激光打印机

激光打印机按其打印输出的速度不同可分为低速激光打印机、中速激光打印机和高速激光打印机。

1. 激光打印机的工作原理

激光打印机的工作过程是由充电、曝光、显像、转像、定影、清除及除像等七大步骤循环进行的。整个激光打印流程由充电动作开始，先在感光鼓上充满负电荷或正电荷，打印控制器中光栅位图图像数据转换为激光扫描器的激光束信息，通过反射棱镜对感光鼓曝光，感光鼓表面就形成了以正电荷表示的与打印图像完全相同的图像信息，然后吸附碳粉盒中的碳粉颗粒，形成了感光鼓表面的碳粉图像。而打印纸在与感光鼓接触前被一充电单元充满负电荷，当打印纸走过感光鼓时，由于正负电荷相互吸引，感光鼓的碳粉图像就转印到打印纸上。经过热转印单元加热使碳粉颗粒完全与纸张纤维吸附，形成了打印图像。然后将感光鼓上残留的碳粉清除，最后的动作为除像，也就是除去静电，使感光鼓表面的电位回复到初始状态，以便展开下一个循环动作。

2. 激光打印机的基本结构

激光打印机的基本结构主要由激光器、激光调制器、高频驱动电路、扫描器、同步器、声光偏转调制器等部件组成，其作用是将打印机接口电路送来的二进制图文点阵信息调制在激光束上，激光束扫描到感光体上，感光体与照相机构组成电子照相转印系统，将照射到感光鼓上的图点信号映像转印到打印纸上。

1) 激光扫描系统

激光扫描系统主要由激光器、反射镜、多面转镜、广角聚焦镜、同步器、声光偏转调制器等组成。

(1) 激光器。激光器是激光扫描系统的光源，具有方向性好、单色性强、相干性高及能量集中、便于调制和偏转等特点。常用的激光器有氦-氖气体激光器和半导体激光器。氦-氖气体激光器的波长为 632.8 μm，具有输出功率较高、体积大、可靠性高和噪声小的特点，在早期的激光打印机中使用较多。半导体激光器型号较多，常见的是镓砷-镓铝砷(GaAs-GaAlAs)激光器，其波长小于 800 μm，可与感光硒鼓的波长灵敏度特性相匹配。该类激光器体积小巧、成本低廉，可直接进行内部调制，在新型台式激光打印机中使用较多。

(2) 声光偏转调制器。激光调制器的工作原理是利用声光效应产生衍射光栅，当激光束照射到超声媒质(如晶体、玻璃)中时，激光束即产生衍射，衍射光强度及方向会随超声波的频率及强度而变化，即所谓的声光效应。声光调制器将改变激光束的传播路径，还会使激光束的强度随调制信号发生改变。物镜后型光路系统在扫描较大图形时失真严重，因此大多数激光打印机采用物镜前型光路系统，由多个透镜组合在一起构成广角聚焦镜光路系统。

激光扫描系统的工作过程是由激光器发射出的激光束，经反射镜射入激光偏转调制器，与此同时，由计算机送来的二进制图文点阵信息，从接口电路送到字形发生器，形成所需字形的二进制脉冲信息。由同步器产生的信号控制高频振荡器，再经频率合成器及功率放大器加到激光调制器上，对由反射镜射入的激光束进行调制。调制后的激光束射入多面转镜，再经广角聚焦镜将激光束聚焦后照射到光导鼓表面上，使角速度扫描变成线速度扫描，完成整个扫描过程。

2) 电子成像系统

电子成像系统主要由光导体、显影器、转印电极和定影辊等组成。充电电极先对光导体鼓表面进行充电，使其获得一定的电位。当载有图文影像信息的激光束照射光导体表面时，光导体表面局部曝光，在光导体鼓的表面形成静电潜像，经过磁刷显影器显影，潜像转变成可见的墨粉像。当光导体转到转印区时，在转印电极的静电场作用下，墨粉转印到打印纸上，再经定影辊加热，在打印纸上形成文字和图像。

另外，该系统还有清洁辊、消电灯等为下一轮电子成像作准备的组件，其作用是在打印图文信息前，清洁辊将未转印走的墨粉清除，消电灯将感光鼓上的残余电荷清除，再经清洁纸系统作彻底的清洁，成像系统即进入下一轮工作周期。

3) 电子照相转印系统

电子成像转印系统主要由充电系统、曝光系统、显影系统、转印系统、定影系统等组成。

(1) 充电系统。充电系统主要是完成对硒鼓的充电工作，以使感光鼓能按图文信息吸附碳粉。充电系统主要由充电电极组成。充电电极是一根与感光鼓轴平行的钨丝，其上带有 5 kV～7 kV 的直流高压。当硒鼓表面与钨丝非常接近时，周围的空气被电离产生电晕放电，使感光鼓带上了电荷。电压的正负由钨丝两端的电压决定，当光导体材料为硒碲合金时，则硒鼓充正电，感光鼓旋转一周后，整个鼓表面均被充上正电荷，其光导层与底基的界面则感应出负电。

(2) 曝光系统。曝光是激光光束的有光部分照射到硒鼓表面的某个区域的过程。曝光系统主要由激光束和感光鼓组成。经过曝光后，曝光区域的电阻率大大降低，其表面的正电荷与界面的负电荷中和消失。未经曝光的区域正电荷仍保持不变，从而形成一层静电潜像。

(3) 显影系统。显影系统主要由显影器和搅拌器组成，其作用是将静电潜像变成可见图像。显影器中装有铁粉和碳粉，通过搅拌器的作用，使铁粉与碳粉摩擦带电。经摩擦后的铁粉带正电，碳粉带负电，铁粉被碳粉包围，而吸附了碳粉的铁粉又被永久磁铁吸附，形成一层铁粉和碳粉混合物，形如磁刷。当光导鼓表面从磁刷下经过时，碳粉因带负电而被吸到硒鼓表面上，在光导鼓上形成可见的碳粉图像。

(4) 转印系统。转印系统的作用是将光导鼓上的碳粉图像转印到普通纸上。转印系统主要由感光鼓和静电棒组成。当带正电的碳粉随着感光鼓转到打印纸附近时，在纸的后面安装有静电棒，静电棒的电压高达 500 V～1000 V，静电吸引力使打印纸紧贴在光导板上，同时带负电荷的碳粉被吸附到纸的表面。转印系统采用静电吸附方式，转印方式与纸的绝缘程度有关，当纸张因天气而受潮时，碳粉将通过纸张表面漏电，碳粉不能完全紧密地吸附在打印纸上，会出现打印不良故障。

(5) 定影系统。定影系统主要由定影热辊和定影辊驱动机构组成。定影是将吸附在纸上的碳粉永久地固定在打印纸上的过程。吸附在纸上的碳粉，是由热熔性的树脂及碳粉混合精炼而成，其中热熔性的树脂主要起定影作用。墨粉的熔化温度约 100 ℃，热辊的温度与纸张通过的速度有关，一般在 150 ℃～180 ℃之间。当吸附有碳粉的纸张经过两个定影热辊之间的夹缝时，碳粉中的树脂熔化而与碳粉一起被紧紧地压附在纸上，形成永久的图像。

4) 进出纸系统

激光打印机大多采用多功能送纸器送纸和手动送纸两种方式。其进出纸系统与喷墨打印机类似，此处不再详述。

5）电源系统

激光打印机的电源系统主要由交流抗干扰、整流、滤波及直流稳压电路等部分构成。按照电路结构特性的不同，通常有三种类型：一是电源变压器降压式串联调整型稳压电路；二是电源变压降压式三端稳压器或厚膜块型稳压电路；三是无电源变压器的开关型稳压电路，大多数新型激光打印机都采用开关型稳压电路。

交流抗干扰电路通常由 1～2 只电感和 4～6 只电容组成滤波网络，它和交流电源管都安装在一个电路板上，电源变压器用于将消除干扰后的交流 220 V 电压变换为后级直流稳压电。激光打印机电源系统较其他两类打印机复杂。例如，惠普 HP3440 型激光打印机的电源部分提供 +5 V、−5 V 和 24 V 直流电压。+5 V 为所有逻辑集成电路芯片供电，同时还用于检测打印机开关电路。如果 +5 V 电压正常，打印机便能够启动，接受输入，控制板上各种指示灯也可点亮。+24 V 电压用于冷却风扇、扫描电机、擦除灯以及离合器开关。各路电压不是一开机即同时加上的，而是按链式加上电源，其连接顺序是交流 220 V、+5 V、+24 V，然后是高压。在链的不同点都装有保险丝或熔断器，有的链点上还装有安全开关，这些开关都能使电源在非正常情况下断开，以保证安全。

3．激光打印机的主要技术指标

1）打印速度

打印速度是打印整幅样稿的速度，即以打印机每分钟可以打印的页数作为计量单位。打印速度是衡量彩色激光打印机的重要指标。

2）打印精度

打印精度又名"打印分辨率"，即以每英寸打印多少个点(即点/英寸)作为计量单位，如 600 点/英寸。目前，一般彩色激光打印机的打印精度是 600 点/英寸，高级机型采用 1200 点/英寸的打印精度。

3）最大打印幅面

打印幅面以 A4 幅面和 A3 幅面为主。A3 幅面是 A4 幅面的两倍，打印 A3 幅面的打印机体积也大一些。

4）内存容量

内存容量是指彩色激光打印机自带内存，其容量值在 4 MB～256 MB 之间。内存容量越大，存储的打印信息越多，且能够大幅减轻计算机的负担，提高打印速度。

5）接口形式

大多数彩色激光打印机采用并行数据通信接口，也有采用串行通信接口的，采用 USB 接口的彩色激光打印机机型较少。

针对不同的应用场合打印机的性能指标有所不同。办公型计算机结构坚固、耐用，带有大容量纸盒、打印速度快、精度高、噪声低，打印幅面大，有些机型支持网络共享打印，适合办公环境大批量打印的需要。这类打印机打印精度在 600～2880 点/英寸之间。专业型打印机主要用于彩色质量要求高的场合，例如打印商业广告、平面设计作品、彩色照片等。专业型彩色喷墨打印机采用六色彩色墨水(黑色、青色、洋红色、黄色、淡青色、淡洋红色)，其色彩丰富、灰阶过渡细腻；打印头采用超精细墨滴技术，在高分辨率打印时，直观感觉无墨滴痕迹；打印精度在 1440～2880 点/英寸之间。照片专用型打印机为输出小尺寸照片而设计。该类型打印机一般与数码照相机配套使用，可直接输出数码照相机的数字化图像，而无需经过计算机，但图像需要进行编辑处理时则要使用计算机。照片专用型打印机配有六色墨水和照片专用纸，打印精度一般在 1440 点/英寸以上。

4. 激光打印机的维护管理

1) 正确选择复印纸

激光打印机是用来输出纸样的，因此首先要选择纸张。最好选用静电复印纸，纸张以 60 g/m^2～105 g/m^2 为宜，一般常使用 70 g/m^2 的复印纸，太薄或太厚的纸张都容易造成卡纸，使用太厚的纸张还可能会造成机械磨损。最好不要自己裁纸，这样裁的纸往往有毛边，纸毛在机器内聚积，会对机件造成损害，同时也可能会划伤感光鼓。纸张在使用前，不要直接放入纸盒，应将纸张打散，仔细检查纸上是否有纸屑、灰尘或其他硬物，以免带入机内，刮伤感光鼓等机件。

2) 正确使用碳粉盒

激光打印机中最常用的耗材为碳粉盒，不同型号的激光打印机所使用的碳粉盒是不同的。因此正确地使用碳粉盒，可以保障打印机能长时间地正常工作，减少机器停机维修时间，同时也可以大大降低碳粉盒的消耗量，降低生产成本，提高经济效益。

(1) 要选对同打印机相匹配的碳粉盒，不要选用其他型号打印机的耗材，以免损坏机器。

(2) 碳粉盒的感光鼓十分敏感，绝对禁止在阳光下强光照射，也禁止在室内高亮度下暴露达 5 分钟以上，否则会损伤感光鼓。

(3) 如果需要用打印机出成品(如硫酸纸、涤沧薄膜等)，最好选用原装碳粉盒，灌过粉的碳粉盒最好用来出大样。长期重复灌粉或是将感光鼓更换成长寿命感光鼓重复使用的碳粉盒容易出现漏粉等故障，还会对机器零件造成损害，输出质量也会不断下降。因此，有条件的单位可以专门抽出一台打印机只使用原装碳粉盒，其他打印机使用重复利用的碳粉盒，这样既能出高质量的成品，也能最大限度地节约成本。

3) 重复使用碳粉盒

在使用原装碳粉盒时，假设输出 A4 幅面纸，图像比率为 5%，浓度调整到中央位置，则 EP-K 粉盒的平均寿命为 5000 张，EP-B Ⅱ 粉盒的平均寿命为 4000～5000 张。如果碳粉盒只使用一次就报废实在可惜，可以采取重复灌粉的方法来延长其寿命，这样可以多输出几倍的纸张，而且输出纸样用来看大样没有什么问题。当原装碳粉盒中的感光鼓正常损耗不能再用时，可以重新换上一只长寿命感光鼓，装入墨粉，这时打印机又能正常出大样了。长寿命感光鼓的造价比较低，原装碳粉盒可以重复更换长寿命感光鼓进行长期使用，这样大大节约了成本，不用很长时间就能省出一台新打印机的价钱。

4) 适时对打印机进行清洁

碳粉盒中的墨粉用完后，打印机的缺粉指示灯亮，应给碳粉盒重新加粉。加粉后粉盒四周应用软布或毛刷清洁干净。同时应将打印机电源线拔掉，并将激光打印机前置部分打开，用吸尘器吸去残留在机内的墨粉、纸屑(一定不要用嘴去吹，否则会对机件造成损害)，并用软布擦干净，然后再放入碳粉盒。这样长期坚持下去，可以延长打印机的使用寿命，并使其处于良好的工作状态，减少频繁更换常用零部件的费用。激光打印机外部可用干净的湿布或专用清洁剂擦净，并用柔软的干布擦干。打印机不需要加注任何润滑剂，较长时间使用打印机后，可以将打印机拆开进行除尘去脏。

5) 卡纸故障的排除

卡纸是打印机的一种常见故障，不正确的排除方法可能会对机器造成更大的损害。发生卡纸故障后，应先关闭电源，再打开前门，查明卡纸部位。若纸卡在定影组件前面，则可直接向打印机内侧方向抽出(取出纸张时，请注意其碳粉颗粒未经加温、加压，因此会溅出碳粉，请留意)。若纸卡在定影组件附近时，请向内侧方向轻拉出，不要用力向外拉出，避免碳粉污损前置部内部。若纸张完全在定影组件中，则可向外拉出。若纸已在出纸部位时，可轻易地将纸张拉出。若纸卡在定影器内，挤成一团，无法由出纸口拉出，则可将托盘打开，中央处有一排纸标示符号，可打开此处将卡纸取出。

6) 出纸打皱纸张成波浪状的维护

Canon LBP-KT/BX/BXⅡ打印机经常会出现出纸打皱的现象，出来的纸张成波浪状，严重时可能纸张刚出头就卡住。这种故障主要是由于出纸辊上的橡胶圈老化，与纸张接触时打滑，导致出纸口的出纸速度小于定影器的出纸速度，纸张在出纸口堆积而起皱。橡胶圈老化严重时，甚至不能将纸排出，造成卡纸。因此，这种故障只需更换新的出纸辊即可排除。如果暂时没有新的出纸辊可供更换，可用锉刀将橡胶圈表面锉一遍，即可正常使用一段时间。

7) Canon LBP-KT 纸盒送纸不进纸的维护

这种故障主要是由于纸盒搓纸轮太脏或磨损，搓纸时打滑，造成不进纸。如果搓纸轮太脏，只需清洗干净，即可正常使用。如果搓纸轮磨损严重，就必须更换。如果经常或只使用 A4 纸，搓纸轮只是内侧的橡胶圈磨损了，外侧的橡胶圈并未磨损。如果我们暂时没有新的搓纸轮可供更换，就可将搓纸轮清洗干净后，将内外侧橡胶圈互换，即可正常使用一段时间。

8) 纸样深度较浅且纸样一边深一边浅的维护

激光打印机在使用一段时间后，输出纸样深度越来越浅，并且纸样左右深度不同，呈由深到浅或由浅到深渐变。经过更换新硒鼓，发现情况没有实质性好转，由此可以初步断定是激光器长时间工作后受灰尘污染所致。这时可拔下打印机电源线，打开顶盖，取下接口板和主板，露出激光器组件。拆下激光器组件，打开激光器的密封塑料盖，用专用镜头纸或无水酒精棉球对各光学透镜、棱镜、反光镜等轻轻擦拭(注意不要用力触动各光学镜片的固定位置)，待酒精自然挥发完后，重新装机运行即可。

7.5 视频展示台

7.5.1 视频展示台的概念

1. 视频展示台的定义

视频展示台(Visual Presenter)是国内外通行的一个正式名称，也叫做实物演示仪，实物投影机、实物投影仪等，在国外市场还被称做文本摄像机(Document Camera)。

视频展示台是通过 CCD 摄像机以光电转换技术为基础，将实物、文稿、图片、过程等信息转换为图像信号输出在投影机、监视器等显示设备上展示出来的一种演示设备，常用于教学、会议、视频会议、图像编辑、产品展示等领域。

从外观上看，一台普通的视频展示台包括摄像头、光源和台面三个部分，展示台背面还有一系列接口(视音频输入/输出、计算机接口)。一些面向高端市场的展示台还包括红外线遥控器、计算机图像捕捉适配器、液晶监视器等附件。

例如，视频展示台在各学科教学中的应用。对于文科类科目，可以把繁多的教学资料，教学用各类图书版面，直接置于展示台台面，通过灯光的应用及放大功能的调整，就可以清晰显示出来；对于化学、物理学科，可以在展示台上直接进行一些实验，让学生清楚观察；对于生物、医学科目，可以通过展示台镜头的配用(显微镜头等)观察实物放大的图像。若再和多媒体投影机、大屏幕背投电视、普通电视机、液晶监视器、录像机、VCD、DVD机、话筒等输出、输入设备配套使用，视频展示台在信息技术教学中将会有更广泛的用途。

2．视频展示台的工作原理

由摄像头将展示台上放置的物体转换为视频信号，输入到放映设备；光源则用来照亮物体，以保证图像清晰、明亮；台板自然起放置物品的作用；接口则用来输出各种视音频信号和控制信号。高档的数字展示台通过计算机图像捕捉适配器与计算机连接，通过相关程序软件，可将视频展示台输出的视频信号输入计算机进行各种处理。视频展示台上的小液晶监视器便于用户直接观察被投物体的图像，在展示过程中不用另外准备监视器，也不用看着屏幕上被投物体的影像。

7.5.2　视频展示台的组成

从外观上看，一台视频展示台基本的构成包括摄像头和演示平台两部分。摄像头通过臂杆与演示平台连接；演示平台还需要一些拓展设备，共同构成一台完整和完善的产品，如控制面板(遥控器)、辅助照明(上部和底部)、视/音频输入/输出、计算机接口等。

视频展示台的外形图及主件如图 7-10 所示。

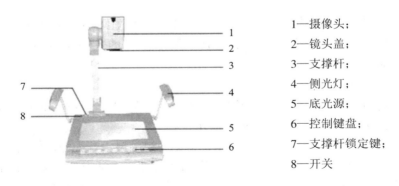

1—摄像头；
2—镜头盖；
3—支撑杆；
4—侧光灯；
5—底光源；
6—控制键盘；
7—支撑杆锁定键；
8—开关

图 7-10　视频展示台的外形图及主件

视频展示台控制面板各按键名称及功能如图 7-11 所示。

图 7-11　视频展示台控制面板

视频展示台的后视图如图 7-12 所示。

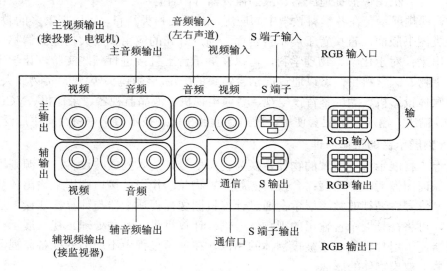

图 7-12　视频展示台的后视图

7.5.3　视频展示台的分类

1. 根据输出信号分类

根据输出信号划分，视频展示台通常分为模拟展示台和数字展示台两种。

(1) 模拟展示台视频输出信号有复合视频、S-VIDEO 两种，一般清晰度在 400～470 水平电视线，隔行扫描方式。

(2) 数字展示台视频输出信号除了复合视频和 S-VIDEO 外，最主要的是具备 VGA 输出接口。VGA 接口是计算机主机传送给显示器图像的一种标准 RGB 分量视频接口，并且是逐行扫描方式，图像分辨率较高。

2. 根据结构分类

根据结构划分，视频展示台可以分为双侧灯式视频展示台、单侧灯台式视频展示台、底板分离式视频展示台、便携式视频展示台等。

(1) 双侧灯台式视频展示台。这是最常见的视频展示台类型，如图 7-13 所示。双侧灯用于调节视频展示台所需的光强度，调节背景补偿光灵活方便，便于被显示物品的最佳演示。设计良好的双侧灯可以灵活转动，覆盖展示台上的全部位置，并实现对微小物体的充分照明。

(2) 单侧灯台式视频展示台。这也是较常见的视频展示台类型，如图 7-14 所示。单侧灯用于调节视频展示台所需的光强度，便于被显示物品的最佳演示，不同展示台单侧灯的位置各不相同，但不影响效果。液晶监视器作为视频展示台的选配件，方便演示者监视展示台上物品的位置。单侧灯照明不存在双侧灯照明的光干涉现象，光线均匀，便于被演示物体的最佳演示，不同展示台单灯的位置不同，但不影响效果。

图 7-13　双侧灯台式视频展示台　　　　　图 7-14　单侧灯台式视频展示台

(3) 底板分离式视频展示台。这类视频展示台是为了节省存放空间而设计的。由于底板分离，视频展示台的便携性增强了，小范围内的移动十分方便，如图 7-15 所示。

(4) 便携式视频展示台。这类视频展示台针对需要便携的特殊用户设计。一般由于需求量较少，生产成本高，所以价格相对较高。便携式视频展示台设计紧凑，外观小巧，携带方便，适合移动商务演示，如图 7-16 所示。

图 7-15　底板分离式视频展示台　　　　　图 7-16　便携式视频展示台

7.5.4　视频展示台的使用与维护

视频展示台一般与多媒体投影机、大屏幕背投电视、普通电视机、液晶监视器、录像机、VCD、DVD 机、话筒等输出、输入设备配套使用。计算机通过视频捕捉卡连接展示台，通过相关程序软件，可将视频展示台输出的视频信号输入计算机进行各种处理。部分展示台已经具备支持与计算机连接使用的功能，如果有客户要求这个功能的话，则可以定制。视频展示台的画面定格也叫帧存储功能，是指视频展示台使用过程中，移去被投物，画面仍可保持而不消失，使展示内容从一个画面到另一个画面平滑过渡。有的展示台有存储功能，即展示台设备中内置存储器，一般可存储 20 幅以内的图片(通常为 JPEG 格式)。

1．视频展示台的使用

视频展示台在教学中的应用主要指展示实物、演示实验、书写和展示印刷资料图片、展示各种透明胶片(正、负片均可，如幻灯片和投影片)等。展示实物和图片时，需要打开摄像头两侧的光源；展示胶片时，则关闭摄像头两侧的光源，打开实物载板下面的光源；如果是负片的话，则可通过调控系统直接反转成正片后送到其他输出设备(实物展示台具备调整图片颜色的补色功能)。由于有高精度的自动对焦系统和电动变焦功能,使用时可以利用摄像头的变焦功能将被投影物体的全貌和细节表现得清楚、逼真。

1) 连接与展开

(1) 开机前根据需要将展示台与外围设备连接好,连接方式如图 7-17 所示。

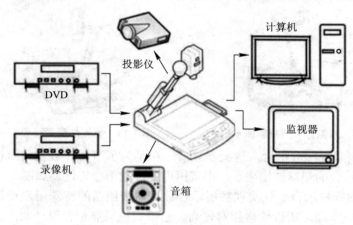

图 7-17 视频展示台与外围设备的连接

(2) 打开展示台(参考主机外形图),具体步骤如下:

① 向下按支撑杆锁定键,拉起支撑杆至预定位置;

② 抬起两侧灯,调节两侧灯的角度至合适位置;

③ 转动摄像头,调节其角度至合适位置,取下镜头盖。

2) 键盘控制

(1) 开启展示台及外围设备,按 select 键选择信号源。当 body 指示灯亮时,输出信号为摄像头;当 external 指示灯亮时,输出信号为外部信号源。开机时默认为摄像头。

(2) 将被演示物放置在展台上,调整摄像头使其对准被摄物体。

(3) 根据镜头与演示物的远近,使用或去掉近摄镜。当演示物在展台上时,须保留近摄镜;当演示物超出此距离时,应去掉近摄镜。

(4) 按 wide(放大)或 tele(缩小)键,选择要显示物体的大小。

(5) 按 af/mf 键可选择自动或手动聚焦。在手动聚焦状态下,按 far(聚焦远)或 near(聚焦近)键,调整显示的清晰度。在自动聚焦状态下,far 和 near 键不起作用。

(6) 当显示纯文本内容时,可按 text(文本)键,以转换至文本的最佳显示方式。当显示图形时,可按 image(图形)键,以转换至图形的最佳显示方式。

(7) 用 brt(+)(亮度增)或 brt(-)(亮度减)键调整显示图像的亮度。当使用环境较暗时,可使用侧光灯照明。

(8) 如果观看照相底片,可以按 neg/pos(负片/正片)键,实现正常图像负片的转换。再次按下此键即可以恢复正片状态。观看负片时打开底灯。

(9) 特技为循环键,依次顺序为 16∶9 宽银幕画面/油画效果/镜像功能/彩色黑白图像变换/图像冻结/正负像反转/马赛克效果/常规。

(10) 当需要画面冻结时,按 freeze(图像冻结)键。此时画面不动,展示物可移动。该键为循环键，按一次为冻结，再按一次为解除冻结。

(11) reset(复位)为复位键，按下后设备恢复为出厂设置。

2．视频展示台的常用按键及操作

(1) 视频展示台的电源开关(POWEER(I/O))。当将其打到 I 状态时，旁边的红色电源指示灯变亮，表明视频展示台正处在加电工作状态。如果打到 O 状态表示展示台被关掉，同时电源指示灯熄灭。

(2) 灯光处理转换开关(ARM LIGHT ON/OFF/BACK LIGHT ON)。当该处的开关打到 ARM LIGHT ON 状态时，载物台上方的灯开始变亮，用以增加载物台上部的灯光。当该开关打到 BACK LIGHT ON 状态时，载物台底部的灯变亮，给展示台上的物体增加底部透视的效果，所以该状态主要用来展示透明的投影胶片等实物。当按钮打到 OFF 状态时，表示上部与底部的灯光都被关掉。该状态主要是针对展示台周围的灯光已经足够强，没有必要再添加灯光效果时使用的。

(3) 图像处理的三个按钮(WHITE BALANCE、FRAME MEMORY、NEGA)。其中 WHITE BALANCE 直译为"白色平衡"，这是展示台正常的使用状态，也是视频展示台的默认状态。FRAME MEMORY(直译为"帧存储")是视频展示台的一种静像功能，该功能仅对于投影片或实物投影时有效，它可以对展示台上的实物拍照并记忆下来，即使这时将实物拿走，其图像仍然可以被放映出来。NEGA 是将展示台上实物的影像进行反色处理(也可以称之为反像功能)。例如，本应该是白色的实物经过展示台放映出来后将呈现黑色，其他的颜色也将呈现相应的反色。

(4) 切换信号按钮(VIDEO IMAGER/A/V1/A/V2)。如果使用展示台进行实物的投影，则要按下 VIDEO IMAGER(直译为视频图像)，这是视频展示台最常用的使用状态。A/V1 与 A/V2 是对从音频/视频输入端子(A/V1 和 A/V2)输入的信号进行切换后由展示台输出。当通过视频展示台播放录像或影碟等音像节目时要将切换信号按钮切换到 A/V1 或 A/V2 处。

(5) 有关的输入/输出端口它们是：

① A/V 输入端口。视频展示台有两路音频/视频输入端口，包括 S-VIDEO、VIDEO、AUDIO(L/R 左/右声道)，用来接插音像源的视频/音频输出信号。

② A/V 输出端口 1。此端口与上面提到的 A/V 输入端口在同一侧，包括 SYNC 及 R、G、B 格式的视频信号输出。

③ A/V 输出端口 2。此端口是通常的音频/视频输出端口，包括 S-VIDEO、VIDEO、AUDIO(L/R 左/右声道)的输出，这些 A/V 输出端口是用来向投影机或电视机以及音箱等设备输送信号的通道。

④ MIC(麦克风)话筒输入端口和音量调节旋钮。它们与 A/V 输出端口 2 在同一侧。

(6) 万向转动镜头。这是展示台最重要最关键的部分，用来采集、拍摄实物的影像。该镜头之所以被称为万向转动镜头，是因为它可以任意地转动，使它能对准任何地方或部位。该功能主要是为一些操作演示实验设计的，保证无论演示者在什么地方都可以跟踪捕获到演示过程。在镜头的正面有控制远近(ZOOM)的两个调节按钮 IN(放大或拉近)与 OUT(缩小或推远)。在镜头的顶部有一个镜头转向旋钮，该旋钮主要是为配合镜头的万向转动而设计的，它可以将镜头捕获的图像在平面内任意旋转。

3. 视频展示台的基本使用方法

1) 放映普通的(透明)投影胶片

首先将视频展示台的电源(POWER(I/O))打开，将灯光处理转换开关置于 BACK LIGHT ON 状态，这时底部灯光变亮。将切换信号按钮(VIDEO IMAGER/A/V1/A/V2)中的 VIDEO IMAGER 按钮按下，确保展示台输出信号是投影信息。然后把投影片放在载物台上，调整镜头使之对准投影片，用手指轻触镜头上的 IN 或 OUT 按钮，适当调整投影片的放大倍数，使其在屏幕上处于最清楚的状态。如果打在屏幕上的图像没有放正，可以旋转投影片来进行适当调整。另外还可以转动镜头上的图像转向旋钮来调整图像的方向，这与旋转投影片是等效的。如果打算使用反色放映来达到某种特殊的放映效果，则可以用手指轻按 NEGA 按钮，这时一幅反色的图像就出现在屏幕上，当再次按下 NEGA 按钮后图像又恢复到了原先的状态。操作者可以通过液晶显示屏观察放映的效果。

2) 实物投影

通常在展示台上可以展示的实物为图片或文字资料及一些简单模型或教具等，其基本的放映方法与上面的透明胶片的放映方法大致相同，只不过灯光处理转换开关最好置于 ARM LIGHT ON 状态，并将展示台上方的(ARM LIGHT)灯管进行适当的旋转，调整到最佳角度，以增加实物的光线，增强放映图像的清晰度。

3) 实验演示

首先根据该演示操作的活动空间，调整镜头臂的倾斜角度，适当转动镜头以及调整镜头顶部的图像转向旋钮，使展示台处于最佳的放映状态。展示台的其他按钮设置与上面相同，这里不再赘述。值得一提的是，在实验演示的操作过程中，对于某些重要的现象或结果，我们可以用手指轻按用于图像处理的 FRAME MEMORY(利用它的静像功能)按钮来进行拍照，使该现象或结果可以长时间停留在屏幕上，只要再次按下该按钮，静像功能即被取消，视频展示台又可以继续正常使用了。

4) 播放音像信息

在某些时候我们需要用展示台来放映录像或影碟等音像节目。我们事先要把来自录像机的输出信号输入到视频展示台的某一 A/V 输入端口，需要信号切换时，我们就根据音像信号的输入位置将相应的切换信号按钮 A/V1 或 A/V2 按下。这样，展示台输出的信号便被切换为相应的音像信号。放映的结果可以在液晶显示屏上放映，给操作者提供参考。

4. 视频展示台的日常维护

(1) 展示台对环境的要求。我们知道大量的粉尘和潮湿的环境对一些精密的电子线路危害是相当大的。所以展示台不要长期暴露在粉尘较多的地方，在展示台使用完毕后，最好用干净的桌布将其盖严实。注意一定要使展示台周围环境保持干燥、清洁，另外周围的环境温度不宜过高或过低，最好保持在 10 ℃～30 ℃之间为好。

(2) 镜头的维护。由于长期使用后镜头的玻璃透镜部分会沾染不少的灰尘，影响投影的放映效果，所以我们应该定期地清洁镜头。当镜头沾染灰尘后，有些老师常会不自觉地使用手或抹布去擦拭，这样很容易将镜头的玻璃透镜擦坏，后果是相当危险的。我们应该用气囊将透镜上的灰尘吹去或者使用干净的镜头纸、脱脂棉等来轻轻地擦拭。另外，在使用完毕后，应该及时将镜头盖盖紧。

(3) 载物台的维护。在使用过程中应该尽量避免直接用笔在载物台上书写，这主要是防止用笔不当造成载物台台面的划坏。当需要直接在载物台上书写时，最好在载物台上铺一张干净的白纸，然后在白纸上书写。当载物台的台面沾满粉尘和不洁物时，请不要用普通的抹布来擦拭，如果有可能，则尽量用擦镜纸或脱脂棉等轻柔物质来轻轻擦拭。对于一些比较顽固的污迹，我们可以用绘图橡皮来擦，或者将手洗干净直接用手来擦拭。根据编者两年多的使用实践，这个方法也是非常有效的。

(4) 严禁频繁开启或关闭展示台的电源。任何电子设备都怕频繁的启动和关闭，视频展示台也不例外。有些老师在使用时为了不让屏幕上出现信息，经常把展示台的电源关掉，时隔不久继续使用时，又将展示台的电源打开(如同使用普通教学投影机)，这样频繁地开关电源对视频展示台是相当不利的，这将会在很大程度上缩短展示台的使用寿命。我们应该知道，开关电源时往往是电子设备受冲击最大的时候。例如，如果我们频繁地打开、关闭一盏灯，很快该灯便会被烧毁。所以在使用时，切记不要频繁开关电源。如果还要继续使用展示台，但又不希望展示台上的信息一直停留在屏幕上，这时可以选择没有信息输入的输入端口，并将其对应的切换按钮按下(例如切换信号 A/V1 或 A/V2 按钮)，这时屏幕上就不会再出现展示台上的信息，如果继续使用展示台，则再切换回来即可。

7.6　数　码　相　机

数码相机又称数字式相机(DC，Digital Camera)，是一种利用电子传感器把光学影像转换成电子数据的照相机。数码相机使用电荷耦合器件作为成像部件，把进入镜头照射于电荷耦合器件上的光影信号转换为电信号，再经模/数转换器处理成数字信息，并把数字图像数据存储在相机内的磁介质中。

7.6.1　数码相机的结构

数码相机是由镜头、CCD、A/D(模/数转换器)、MPU(微处理器)、内置存储器、LCD(液晶显示器)、PC 卡(可移动存储器)和接口(计算机接口、电视机接口)等部分组成，通常都安装在数码相机的内部，当然也有一些数码相机的液晶显示器与相机机身分离。

1．镜头

几乎所有的数码相机镜头的焦距都比较短。当你观察数码相机镜头上的标识时也许会发现类似 "$f = 6$ mm" 的字样，表示它的焦距仅为 6 mm。其实，这个焦距和传统相机还是有所区别的。$f = 6$ mm 相当于普通相机的 50 mm 镜头(因相机不同而不同)。这是怎么回事呢？原来我们印象中的标准镜头、广角镜头、长焦镜头以及鱼眼镜头都是针对 35 mm 普通相机而言的。它们分别用于一般摄影、风景摄影、人物摄影和特殊摄影。各种镜头焦距的不同使得拍摄的视角不同，而视角不同产生的拍摄效果也不相同。但是焦距决定视角的一个条件是成像的尺寸，35 mm 普通相机成像尺寸是 24 mm × 36 mm(胶卷)，而数码相机中 CCD 的成像尺寸小于这个值两倍甚至十倍，在成像尺寸变小焦距也变小的情况下，就有可能得到相同的视角。所以说上面提及的 6 mm 镜头相当于普通相机的 50 mm 焦距镜头。因此在选购数码相机时，我们不必关心数码相机的实际焦距是多少，而只要参考换算成 35 mm

相机镜头的焦距就可以了。

2．CCD 矩形网格阵列

数码相机的关键部件是 CCD。CCD 是 Charge Coupled Device 的缩写，称为光电荷耦合器件，它是利用微电子技术制成的表面光电器件，可以实现光电转换功能。CCD 阵列排成一个矩形网格分布在芯片上，形成一个对光线极其敏感的单元阵列，使照相机可以一次摄入一整幅图像。

CCD 是数字相机的成像部件，可以将照射于其上的光信号转变为电压信号。CCD 芯片上的每一个光敏元件对应将来生成的图像的一个像素，CCD 芯片上光敏元件的密度决定了最终成像的分辨率。CCD 的分辨率是评价数码相机档次的重要依据。

CCD 在摄像机、数码相机和扫描仪中被广泛使用。摄像机中使用的是点阵 CCD，扫描仪中使用的是线阵 CCD，而数码相机中既有使用点阵 CCD 的又有使用线阵 CCD 的。一般数码相机都使用点阵 CCD，专门拍摄静态物体的扫描式数码相机使用线阵 CCD，它牺牲了时间换取可与传统胶卷相媲美的极高分辨率(可高达 8400×6000)。

CCD 器件上有许多光敏单元，可以将光线转换成电荷，从而形成对应于景物的电子图像。每一个光敏单元对应图像中的一个像素，像素越多，图像越清晰。如果想提高图像的清晰度，就必须增加 CCD 的光敏单元的数量。

数码相机的指标中常常同时给出多个分辨率，如 640×480 和 1024×768。其中，最高分辨率的乘积为 786 432(1024×768)，它是 CCD 光敏单元 85 万像素的近似数。因此当我们看到"85 万像素 CCD"的字样时，就可以估算该数码相机的最大分辨率。CCD 本身不能分辨色彩，它仅仅是光电转换器。实现彩色摄影的方法有多种，包括给 CCD 器件表面加 CFA(Color Filter Array，彩色滤镜阵列)，或者使用分光系统将光线分为红、绿、蓝三色，分别用 3 片 CCD 接收。

3．模/数转换器(A/D 转换器)

A/D 转换器又称做 ADC(Analog Digital Converter)，即模拟/数字转换器，是将模拟电信号转换为数字电信号的器件。数码相机内的 A/D 转换器将 CCD 上产生的模拟信号转换成数字信号，变换成图像的像素值。

A/D 转换器的主要指标是转换速度和量化精度。转换速度是指将模拟信号转换为数字信号所用的时间，由于高分辨率图像的像素数量庞大，因此对转换速度要求很高，当然高速芯片的价格也相应较高。量化精度是指可以将模拟信号分成多少个等级。如果说 CCD 是将实际景物在 X 和 Y 方向上量化为若干像素，那么 A/D 转换器则是将每一个像素的亮度或色彩值量化为若干个等级。这个等级在数码相机中叫做色彩深度。数码相机的技术指标中无一例外地给出了色彩深度值，那么色彩深度对拍摄的效果有多大的影响呢？其实色彩深度就是色彩位数，它以二进制的位(bit)为单位，用位的多少表示色彩数的多少，常见的有 24 位、30 位和 36 位。具体来说，一般中、低档数码相机中每种基色采用 8 位或 10 位表示，高档相机采用 12 位。三种基色红、绿、蓝总的色彩深度为基色位数乘以 3，即 24 位(即 8×3)、30 位(即 10×3)或 36 位(即 12×3)。数码相机色彩深度反映了数码相机能正确表示色彩的多少。以 24 位为例，三基色(红、绿、蓝)各占 8 位二进制数，也就是说红色可以分为 2^8，即 256 个不同的等级，绿色和蓝色也是一样，那么它们的组合为 256×256×256=16 777 216，即 1600 万种颜色，而 30 位可以表示 10 亿种，36 位可以表示 680 亿种颜色。色彩深度值越高，就越能真实地还原色彩。

4．微处理器

数码相机要实现测光、运算、曝光、闪光控制、拍摄逻辑控制以及图像的压缩处理等操作必须有一套完整的控制体系。数码相机通过 MPU(Microprocessor Unit)实现对各个操作的统一协调和控制。和传统相机一样，数码相机的曝光控制可以分为手动和自动，手动曝光就是由摄影者调节光圈大小、快门速度。自动曝光方式又可以分为程序式自动曝光、光圈优先式曝光和快门优先式曝光。MPU 通过对 CCD 感光强弱程度的分析，调节光圈和快门，又通过机械或电子控制调节曝光。

5．存储设备(存储介质)

数码相机内部有存储部件，其作用是保存数字图像数据。通常存储介质由普通的动态随机存取存储器、闪速存储器或小型硬盘组成。存储部件上可存储多幅图像，它们无需电池供电也可以长时间保存数字图像。

存储器中的图像数据可以反复记录和删除。存储器可以分为内置存储器和可移动存储器。内置存储器为半导体存储器，安装在相机内部，用于临时存储图像，当向计算机传送图像时须通过串行接口等接口。内置存储器的缺点是装满之后要及时向计算机转移图像文件，否则就无法再往里面存入图像数据了。

早期的数码相机多采用内置存储器，而新近开发的数码相机更多地使用可移动存储器。这些可移动存储器可以是 3.5 英寸软盘、PC(PCMCIA)卡、CompactFlash 卡、SmartMedia 卡等。这些存储器使用方便，拍摄完毕后可以取出更换，这样可以降低数码相机的制造成本，增加应用的灵活性，并提高连续拍摄模式下相机的性能。

存储器保存图像的多少取决于存储器的容量(以 MB 为单位)，以及图像质量和图像文件的大小(以 KB 为单位)。图像的质量越高，图像文件就越大，需要的存储空间就越多。显然，存储器的容量越大，能保存的图像就越多。一般情况下，数码相机能保存 10～200 幅图像。

(1) Smart Media 卡。目前大部分的数码相机使用 SM 卡，速度和其他存储方式差不多，其实内核都是 Flash Memory。常见的数码相机支持奥林帕斯、富士、东芝等诸多品牌。另外，由于 MP3 播放器也需要存储卡，出于成本问题也选择了 SM 卡，导致 SM 的需求量增加，所以其价格因量产的缘故，跌得很快，是目前最佳性价比的存储方案。

(2) Compact Flash 卡。此卡有 CF1 和 CF2 两种格式，这是和 SM 卡齐名的存储卡，和 SM 卡的区别是自带控制模块，厚度也厚多了。同时，除了 Flash Memory 外还支持其他存储模式。CF 卡的主要的存储大小有 4 MB、8 MB、15 MB、30 MB、40 MB、64 MB、96 MB、128 MB、224 MB、400 MB 等，其中大于 128 MB 的必须使用 CF2 的格式。目前的柯达、卡西欧、尼康、佳能等数码相机都使用 CF 卡。

(3) IBM 的 MicroDrive。此卡是 IBM 专门为数码相机准备的优秀存储方案，采用 CF2 接口，兼容 CF2 存储卡，只要能插入 CF2 存储卡的数码相机都能使用它，同时有 PC 卡的接口，在支持 PC 卡接口的专业数码相机中也能使用它。MicroDrive 的容量为 340 MB；另外因为是硬盘，所以它的速度也很快，而 Flash Memory 的速度是无法和硬盘相提并论的，因此除了容量大外，速度也比 CF 卡快多了，而价格和 128 MB 的 CF 卡差不多。

(4) Click：是生产移动存储设备的著名公司艾美加(Iomega)推出的独特的磁盘。这种体积并不比 CF 卡大多少的小小磁盘可以存储 40 MB 的数据，但成本却远远低于使用闪存技术的产品。而且，Click 可以被计算机存取。

(5) MemoryStick。此卡由索尼公司推出的存储设备，体积大概相当于半块口香糖的大小。在索尼的全线产品中得到了广泛的支持，容量也达到了 64 MB。为了进一步扩展其应用范围，索尼推出的使用软盘的数码相机还能通过转换器在其上保存数据。

6. LCD

LCD(Liquid Crystal Display)为液晶显示器，数码相机使用的 LCD 与笔记本电脑的液晶显示屏工作原理相同，只是尺寸较小。从种类上讲，LCD 大致可以分为两类，即 DSTN-LCD(双扫描扭曲阵列液晶显示器)和 TFT-LCD(薄膜晶体管液晶显示器)。与 DSTN 相比，TFT 的特点是亮度高，从各个角度观看都可以得到清晰的画面，因此数码相机中大都采用 TFT-LCD。LCD 的作用有三个：一为取景，二为显示，三为显示功能菜单。

7. 输出接口

数码相机的输出接口主要有计算机通信接口、连接电视机的视频接口和连接打印机的接口。常用的计算机通信接口有串行接口、并行接口、USB 接口和 SCSI 接口。若使用红外线接口，则要为计算机安装相应的红外接收器及其驱动程序。如果数码相机带有 PCMCIA 存储卡，那么可以将存储卡直接插入笔记本电脑的 PC 卡插槽中。软盘是最常见和最经济的存储介质，有些数码相机就使用软盘作为存储介质。直接从数码相机中取出软盘，再插入计算机软盘驱动器，即可把图像文件传送到计算机中。

7.6.2 数码相机的工作过程

数码相机的工作过程如图 7-18 所示。

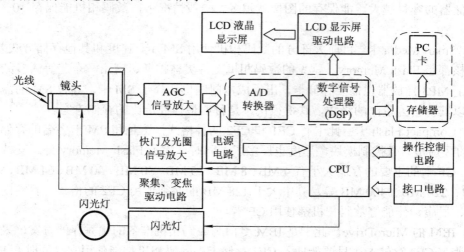

图 7-18 数码相机的工作过程

用数字照相机拍照时，进入照相机镜头的光线聚焦在 CCD 上。当照相机判定已经聚集了足够的电荷(即相片已经被合适地曝光)时，就读出在 CCD 单元中的电荷，并传送给模/

数转换器，模/数转换器把每一个模拟电平用二进制数量化。从模/数转换器输出的数据，先传送到数字信号处理器中对数据进行压缩，然后存储在照相机的存储器中。

当打开数码相机的电源时，镜头盖被自动打开，接着外部景物的反射光线进入数码相机的镜头，镜头将景物反射的光线经过对焦等调整后，照射到低通滤波镜中；低通滤波镜对光线进行滤光后，聚焦在光电传感器 CCD 的表面；然后 CCD 再把照射到其表面的景物反射光信号转换成电信号，这时在 CCD 的表面就会形成一幅电荷图像。

由于在 CCD 表面形成的景物电信号非常微弱，于是 CPU 发出一个控制信号，控制 CCD 驱动控制电路将存储在 CCD 中的景物电信号提取出来，再进入 A/D 转换器，将形成的模拟信号转换成数字信号，为进行数字化处理做准备；景物电信号转换完成后，在 CPU 的控制下，进入 DSP(数字图像处理器)中，进行数字图像处理，形成数字影像，并临时存储在数码相机的闪存中；然后 DSP 再对影像数据进行编码、压缩处理，形成 JPEG 等格式的图像数据文件，并以文件的形式存储在数码存储介质中(如 CF、SD 卡)。

7.6.3　数码相机的主要技术指标

1．CCD 像素数

数码相机的 CCD 芯片上光敏元件数量的多少称为数码相机的像素数，它是目前衡量数码相机档次的主要技术指标，决定了数码相机的成像质量。

2．色彩深度

色彩深度用来描述生成的图像所能包含的颜色数。数码相机的色彩深度有 24 bit、30 bit，高档的可达到 36 bit。

3．存储功能

影像的数字化存储是数码相机的特色，在选购高像素数码相机时，要尽可能选择能采用更高容量存储介质的数码相机。

4．数据输出接口

为了将相机内的数据传输到计算机中，早期的数字相机采用标准的计算机串行通信接口 RS-232。现在大多数采用传输率更高的 USB 接口等，专业的数字相机则采用 Firewire (IEEE 1394)等，如表 7-2 所示。

表 7-2　数字相机输出接口

设　　施	传　输　率
Digital Camera USB	350 KB/s
Digital Camera Firewire	500 KB/s
USB Card Reader	500 KB/s
Lexar Media Jumpshot CF->USB	780 KB/s
SCSI Card Reader	1000 KB/s
PCMCIA Card Adapter (laptop/notebook)	1300 KB/s
Firewire Card Reader	2200 KB/s

7.6.4 数码相机的数据存储

目前，数码相机的影音存储格式大致有以下几种。

1. AVI 档案格式

扩展名为 .avi 的影音格式，可以说是最早普及化的规格之一。因为 AVI 格式未经过压缩处理，所以短短数十秒的 AVI 影音档往往就需要 5～8 MB 的存储空间。加之由于没有一套完整的规范给使用 AVI 格式的厂商作参考，单各家自己演绎出来的规格至少就有一百多种。尽管目前流行的影音播放软件，如 WINDVD、POWERDVD，甚至 AcdSee 3R-1 等都号称可播放多达 60%～70% 以上的 AVI 档，不过从目前的情况来看，MicroSoft Media Player 8.0 才是兼容度最佳的 AVI 影音播放软件。目前，AVI 档案格式是最为常见的动态影像格式。

2. MOV 档案格式

MOV 是目前大多数数码相机厂商最常采的动画格式之一。其主要原因在于 MOV 精简的压缩技术，为使用者提供了在低分辨率下不错的影音选择，再加上播放软件 QuickTime 得到苹果计算机的免费授权使用，自然更增添其普及率。目前 QuickTime 4.12 以上版本不仅能处理视讯、动画、图形、文字、声音，甚至 360° 虚拟实境(VR)也不是问题。

3. Motion JPEG——AVI 档案格式

JPEG 采用的是全彩影像标准，它以独特的失真压缩技术 DCT，将影像资料中较不重要的部份去除，有效减小了档案大小。将动画播放能力与 JPEG 相结合，被称为 MJPEG(即 Motion JPEG 的缩写)。MJPEG 储存的扩展名仍沿用 AVI，以配合播放软件的兼容性。由于此影像规格简单，所占记忆容量又小，故许多不支持同步收音功能的数码相机，如 Nikon CoolPix 9XX 系列以及一些简单的视频会议用的网络摄影机，都喜欢采用这样的格式。

4. MPEG 档案格式

随着 VCD 的越来越普及，MPEG-1 技术也随之被推广起来。目前，仅有极少部分的数码相机能够支持此规格的动画录制(以日本 SONY 居多)。它结合专业 CCD，以及镜头加动画技术的合成结果，与 DV 相比几乎毫不逊色。MPEG 的全名是 Moving Picture Experts Group，属于 ISO/IEC 标准(国际标准组织和国际电子技术公会)之一。MPEG-1 标准出现在 1992 年，被设计用来支持第一代的 CD-ROM 的播放规格，传输速度为 1.5～4.0 Mb/s (兆位每秒，约相当 29.97 帧/s)，分辨率为 352×240。MPEG 有三种压缩画格的方法，分别为 I 画格(Intra frame)、P 画格(Predicted frame)和 B 画格(Bi-directional frame)增加压缩效能。通过播放程序的译码，MPEG-1 技术使得长时间的电子影像可以做出快转、回带甚至选择时间点这些动作。而以 MPEG 录制的档案，也可直接刻录于 VCD 上，通过 VCD 播放器来观看。

5. ASF 档案格式

MPEG-1 的推出，至少为计算机世界带来了两大革命，一是使录制长时间的电子动画档案拥有搜索的功能，二是全面压制 MP3 音乐。由于各大唱片公司长期以来深受 MP3 的困扰，因此在制定新一代的影音技术时肯定是做出更严格、不容易被复制的音效格式来取代 MP3。为此，作为软件界的龙头老大，Microsoft 全面致力于推进 ASF 格式的普及：ASF

格式的特点是影像部分采用最新 MPEG-4 压缩方式，声音部分则改用其自行研发的 WMA 格式(WMA 强调其压缩比 MP3 还强两倍，音质与 MP3 相近，加上 WMA 的保密条款与设计使用权的档案不像 MP3 那样容易被复制)。

为了避开 WMA 音效的版权纠纷，业界出现了一种改用制式 MP3 的 DIVX 影音格式。DIVX 以 MPEG-4 压缩影像和 MP3 压缩音效，并以 AVI 文件的格式储存。但由于播放 DIVX 规格的影像档案时必需下载 DIVX 的 CODEC，加上 DIVX 播放的系统资源要求相当高，至少要在 AMD K-350 或是 Pentium II 300 以上的 CPU 才能顺利播放。在可预见的未来，除非大幅提升数字影音 IC 的处理速度，否则短时间之内不会见到配备这样规格的数字影音录制器材上市。

6．RM 档案格式

RealVideo 是 RealNetworks 专为网络影音所开发的实时播放软件，让网页制作者可以在网站上提供实时的影音节目。同样，由 RealNetworks 所开发的 RealAudio，则能在网站上提供声音的实时播放。使用者可在相关网站免费下载 RealPlayer 的软件和信息。除此之外，RM 还可以支持线上 Stream Line 直接播放，而无须将整个影音档案下载。不过由于 RM 画质不佳的缺点得不到有效解决，目前市面上还没有支持 RM 档案格式的数码相机。但目前国内的一些低端数码相机制造商已经取得 RM 的授权，正在研制这方面的技术，相信不久的将来就可以看到支持 RM 格式的网络型数码相机。

7．GIF 动画格式

严格说来，GIF 只能算动态图片展示格式。颜色只支持到 256 色色阶，无法录音。标准规格还分为 GIF87a 和 GIF89a 两种，只有 GIF89a 具有透明背景与动画播放能力。在数码相机应用方面，也只有 SONY 一家可以直接制作 GIF CLIP。

7.6.5　数码相机的主要配件

1．UV 镜片

过滤空气中多余的紫外线，同时起到保护镜头的作用。UV 品牌如肯高、哈森以及一些大品牌的原厂镜片等，价位上也是参差不齐，如从几十元到几百元不等。选择时要注意的是，UV 镜的表面要有镀膜的，尤其是在强光下晃动时我们看到五颜六色的颜色，通光性能非常好，把镜片放到眼前似有一种看不到镜片的感觉。而几十元的镜片严格上讲并不是 UV 镜片(而叫保护镜)，首先镜片没有镀膜(没有镀膜就没有 UV 镜以上的功能，仅仅起到了保护镜头防止镜头落灰的作用)，放到镜头上就像是加了一个比较高档的玻璃。成像效果反倒不如不加镜片的好。

2．液晶保护膜

液晶保护膜主要起防止液晶屏幕划伤的作用。使用时，这种保护膜静电吸附在液晶屏幕的表面，如果时间长了，保护膜表面划伤比较严重，还可以及时更换，同时对液晶屏幕的表面没有腐蚀作用(而像手机使用的贴膜是用胶粘在液晶屏幕的表面，不能够更换)。

3．气吹

清理镜头以及相机表面的灰尘，不过在清理时一定要注意，吹头必须离镜头有一段距离，通过手掌的瞬间用力去吹，这样可以保证吹头不会因为不注意而碰到镜头，导致镜头划伤。

4．镜头布

应该配合气吹的使用，在擦拭镜头时不能用嘴去吹镜头上的浮灰，以避免镜头沾上唾液，尤其是刚吃完油腻的东西，镜头一旦沾上油腻的唾液就不好擦拭了。

5．摄影包

选择摄影包时，重要的是选择功能，如防雨、防震、防尘、防火等。现在市面上的摄影包品种很多，如 JEEP、乐摄宝、白金翰、日华、巴斯特、吉多喜等。

7.6.6 数码相机的使用

1．数码相机的拍摄技巧

常见的数码相机的光学取景器是旁轴式的，从光学取景中看到的景物与镜头实际拍摄的照片不是通过同一个光轴的，被摄物越近，视差就越明显。光学取景器中往往有一些近摄补偿标志告诉拍摄者大致的误差，使用 LCD 取景可以在很大程度上解决这个问题。

2．数码相机的日常维护

1）使用前的检查

检查主要包括镜头前是否有灰尘，因为无论对传统相机还是数码相机，镜头都应该保持清洁，即使是一些微尘都有可能最终导致暗区，即噪音。若已经发现有东西落在镜头上，应该用专用的镜头纸轻轻将其擦除。另外，检查电池有没有装好，存储卡是否就绪，只有一切都没有问题，才可开机。

2）正确操作相机

数码相机在拍摄过程中应该严格按照说明书的指示操作。例如，在保存照片时，不要打开或拔出存储卡，这样容易导致存储卡被损坏。由于数码相机在取景、拍摄、保存系列动作中都比传统相机更加耗电，所以如果你熟悉相机的操作之后，最好不要用相机背部的液晶屏来取景，这样可以省很多电。数码相机属于精密仪器，在使用过程中一定要注意轻拿轻放，尤其是相机镜头、液晶屏等敏感部件须加强保护，以延长相机寿命。

3）用后妥善保存

数码相机在一段时间不用的情况下，应该将相机内的电池取出，并且将相机放在相机包内，放在通风干燥的地方。 数码相机的寿命很长，具体寿命因厂家及型号而不同。

4）保护存储卡

数码相机的存储卡都很小，而且很薄，极易折断，金属接口片极易被污染和划伤，所以最安全的方法就是将存储卡放入专用包装盒内或相机内。平时一定要将存储卡保存在干燥环境中，已存有图像文件的存储卡还要尽量避磁、避高温存放。

5）保护液晶屏

一般数码相机都有液晶显示屏，在使用过程中，可能会粘上一些不易拭去的指纹或者其他污垢，除了用软布轻擦外，可用透明纸粘贴在液晶显示屏上，以免屏幕被刮伤而影响图像观察。

6) 连接计算机时要断电操作

在将数码相机中的图像下载到计算机上时，需要将数码相机与电脑用导线连接起来。在连接之前一定要关闭电脑和数码相机，以免带电操作而损坏数码相机。

7) 把相机放在包里

需要一个结实、好用的摄影包来装相机、数码存储卡、电池套件，再奢侈一些还需要辅助镜头或小型便携式三角架。

8) 保持相机干净

镜头上的污渍会严重降低图像质量，使之出现斑点或减弱图像对比度。而手指碰到镜头，则是不可避免的，灰尘和沙砾也会落到光学装置上。这就是为什么需要对相机进行清洗的原因。清洗工具非常简单，镜头纸或是带有纤维布的精细工具、镜头刷和清洗套装均可。千万别用硬纸、纸巾或餐巾纸来清洗镜头，这些产品都包含有刮擦性的木质纸浆，会严重损害相机镜头上的易碎涂层。镜头纸不使用时，把微纤维清洗布放在原容器里，以保持干净。微纤维布非常耐洗，可定期与衣服一起洗。尽量不要使用棉织 T 恤衫或其他纤维，因为粗砾可能会渗进去。清除镜头上尘土的另外一个办法就是经常使用镜头。如果相机有一个镜头盖，可以用一根带子、橡皮带或镜头固定装置将它固定在相机机身上。

冷热天气也会影响相机。如果相机原来在空调房间，而后马上放在一个较热、潮湿的环境下，镜头和取景器上都会有雾点出现。这时需要用合适的薄纸或布来清洗。如果带着相机从寒冷、干燥的室外进入室内，最好先把相机放在包里面预热一下，然后再拿出放在屋子里。并且要小心镜头，看它是不是"出汗"了，如果"出汗"了，则要立即擦干净。

最后，不要把相机放进湿度较高的汽车后坐，汽车内部就像火炉一样，会使塑料变形，电线受损。

7.6.7 数码相机使用中的常见术语

1. AE 锁

AE 是 automatic exposure 自动曝光控制装置的缩写，AE 锁就是锁定于某一 AE 设置，用于自动曝光时人为控制曝光量，保证主体曝光正常。

(1) 手动方式或自拍时不能使用自动曝光(AE)锁。

(2) 按下自动曝光(AE)锁之后不要再调节光圈大小。

(3) 用闪光灯摄影时不要使用(AE)锁。

2. CCD

电子耦合组件(CCD，Charged Coupled Device)，它就像传统相机的底片一样，是感应光线的电路装置，可以将它想像成一颗颗微小的感应粒子，铺满在光学镜头后方，当光线与图像从镜头透过、投射到 CCD 表面时，CCD 就会产生电流，将感应到的内容转换成数码资料储存起来。CCD 像素数目越多、单一像素尺寸越大，收集到的图像就越清晰。因此，尽管 CCD 数目并不是决定图像品质的唯一因素，但仍然可以把它当成相机等级的重要判定准则之一。

3. CMOS

Comple mentary Metal Oxide Semiconductor，中文译为互补金属氧化物半导体。

4. DPOF

DPOF 指数码打印顺序指令，可将存储介质(影像记忆卡等)上记录的信息予以打印。

5. EXIF

EXIF(Exchangerable Image File)是由 JEITA(日本电子工业发展协会)制定的旨在记录 JPEG 图像和声音文件的附加信息的格式标准。

6. EXIF 2.2

EXIF 2.2 版是一种新改版的数码相机文件格式，其中包含实现最佳打印所必需的各种拍摄信息。

7. PTP

PTP 是英语(Picture Transfer Protocol，图片传输协议)的缩写，是由柯达公司与微软协商制定的一种标准，符合这种标准的图像设备在接入 Windows XP 系统之后可以更好地被系统和应用程序共享，尤其在网络传输方面，系统可以直接访问这些设备，进行图片传送，以方便计算机知识欠缺的普通用户，使相机、应用软件、网站结合在一起更容易。

8. GT 镜头

GT 镜头是指美能达独特设计的多片多组配合巧妙的镜头组件，镜头镜片使用高档低色散光学玻璃，其中包含多枚模铸成型的非球面镜片等。也就是说，美能达的 G 系列高档专业传统相机(银盐相机)使用的镜头称为 AF 镜头，而美能达将生产 G 系列镜头的工艺技术应用于数码相机的设计生产中，所生产出的产品就称为 GT 镜头。

9. 蔡司镜头

Zeiss(蔡司)镜头是一家致力于应用研究，对光学、玻璃技术、精密技术以及电子等高品质产品开发、制造、销售有贡献的德国企业研制的。

10. 广角镜

广角镜(wide angle)，又叫短焦镜头。广角镜因焦距非常短，投射到底片上的景物就变小了。除可拍摄更多景物外，还能在狭窄的环境下拍摄出宽阔角度的影像。

11. 像素数

数码相机的像素数包括有效像素(Effective Pixel)和最大像素(Maximum Pixel)。有效像素数是指真正参与感光成像的像素值，最大像素的数值是感光器件的真实像素，这个数据通常包含了感光器件的非成像部分，而有效像素是在镜头变焦倍率下所换算出来的值。对于手机的数码相机像素，目前只能处于初级发展阶段，像素数并不很高，大都在 10 万～130 万像素之间。数码相机的像素数越大，所拍摄的静态图像的分辨率也越大，相应的一张图片所占用的空间也会增大。

12. IESP 自动聚焦

IESP 是英语 Intelligent Electro Selective Pattern(智能电子选择模式)的缩写。IESP 自动聚焦是指数码相机在对焦范围内做多重区块分割(有资料称分割方式为扇形分割)，再将分割区块所测得的焦点位置综合运算，根据主体的不同状态，确定最佳焦距位。IESP 自动聚焦在奥林巴斯数码相机的说明中经常看到。

13. 变焦

镜头的另一个重点在变焦能力。所谓的变焦能力包括光学变焦(optical zoom)与数字变焦(digital zoom)两种。两者虽然都有助于远景拍摄时放大远方物体，但是只有光学变焦可以支持图像主体成像后，增加更多的像素，让主体不但变大，同时也相对更清晰。通常，变焦倍数越大，越适合用于远景拍摄。光学变焦同传统相机设计一样，取决于镜头的焦距，所以分辨率及画质不会改变。数字变焦只能将原先的图像尺寸裁小，使图像在 LCD 屏幕上变得比较大，但并不会使细节更清晰。

14. 光学变焦

光学变焦是依靠光学镜头的结构来实现变焦的。其变焦方式与 35 mm 相机差不多，就是通过摄像头的镜片移动来放大或缩小需要拍摄的景物，光学变焦倍数越大，能拍摄的景物就越远。如今的数码相机的光学变焦倍数大多在 2～5 倍之间，也有一些码相机具有 10 倍的光学变焦效果。家用摄录机的光学变焦倍数在 10～22 倍，能比较清楚地拍到 70 m 外的东西。使用增倍镜能够增大摄录机的光学变焦倍数。

15. 数字变焦

数字变焦实际上是对 CCD 影像感应器上的像素使用插值算法进行处理，从而使画面放大。通过数字变焦，拍摄的景物放大了，但它的清晰度会有一定程度的下降，有点像 VCD 或 DVD 中的 zoom 功能，所以数字变焦并没有太大的实际意义。

16. 智能变焦

全新独有的 Sony 智能变焦功能可放大变焦拍摄，不会将微粒放大，令放大的影像也能保持原有的细致像素。智能变焦针对不同影像尺寸的选择，提供不同程度的强化变焦功能。与数字变焦不同，智能变焦能保持画质与原本影像相同。

17. 程序式自动曝光

程序式自动曝光是电子技术与人工智能相结合的产物，采用这种方式曝光时，相机不但能根据光线条件算出合适的曝光量，还能自动选择合适的曝光组合。

18. 超焦距

由于镜头的后景深比较大，人们把对焦点以后的能清晰成像的距离称做超焦距。超焦距范围内的景物并非真正的清晰成像，由于不在对焦点上，所成的像肯定是模糊的，只是模糊的程度人一般能够接受而已，这就是傻瓜相机拍摄的底片不能放得太大的原因。

19. LCD 取景

LCD 取景是目前大多数数码相机必备的取景方式。LCD 取景唯一的优点正是改正普通光学取景唯一的缺点。LCD 取景的缺点是：首先 LCD 是耗电大户，它要占用整部相机 1/3 以上的电量；其次 LCD 取景的姿势必须是双手前伸，与眼睛保持一定距离，此时相机无法获得稳定的三角支撑，用低速快门很难拍出稳定清晰的相片；最后是 LCD 上显示的画面色彩、对比度与在电脑中看到的实际影像误差较大，而且即使标称百万像素的 LCD 看上去画面仍然很粗糙，无法观察拍摄体细节。面对这种画面，很难对所拍的照片是否符合要求作出判断。所幸的是，现在数码相机几乎同时配有普通光学取景和 LCD 取景，购买只有 LCD 取景器的数码相机有一定风险，除非摄影者有足够把握能得到需要的效果。

20. LCD 取景器

LCD 有黑白和彩色两种，彩色中又有真彩和伪彩之分，伪彩便宜，但效果差。数码相机中用于取景和回放的 LCD 几乎都是目前最好的 TFT 真彩。TFT LCD 中又有反射和透射两种。反射式靠反射正面的环境光工作，从不同角度观察差别较大，显示较暗，但省电，造价低；透射式靠背后的灯光工作，角度变化小，显示明亮，但极为费电。

21. OLED

为了形像说明 OLED 的构造，可以做个简单的比喻：每个 OLED 单元就好比一块汉堡包，发光材料就是夹在中间的蔬菜。每个 OLED 的显示单元都能受控制地产生三种不同颜色的光。OLED 与 LCD 一样，也有主动方式和被动方式之分。被动方式下由行列地址选中的单元被点亮。主动方式下，OLED 单元后有一个薄膜晶体管(TFT)，发光单元在 TFT 驱动下点亮。主动方式的 OLED 比较省电，但被动方式的 OLED 显示性能更佳。

22. TTL 单反式取景

TTL 单反式取景是专业相机必备的取景方式，也是真正没有误差的光学取景方式。这种取景器的取景范围可达实拍画面的 95%，其唯一缺点就是如果镜头过小，取景器会很暗，影响手动对焦。幸好现在都具备自动对焦，这一缺点已无大碍。当然，使用 TTL 单反取景器时，为了不使取景器过暗，厂家会使用大口径高级镜头，所以一般半专业相机才配备此种镜头。奥林巴斯(Olympus)的相机中经常使用这种取景器。

23. 电子取景

电子取景器(EVF)，使用电子取景的视野率比光学取景器大得多，如索尼 DSC-f707 的 EVF 的视野率就达到 99%。而电子取景器也较为实用，这种取景方式不仅价格较便宜，使用时很省电，而且能在任何环境光线下采用。尽管取景器中的画面视角和色彩效果与最终结果不全相同，但使用一段时间后还是很快会适应的。

24. 光学取景器

传统普及型相机里常用的那种通过一组与拍摄镜头无关(高档傻瓜机上常与变焦镜头连动)的透镜取景的部件，造价低，但有视差，所看到的并不完全是所拍到的。

25. 普通光学取景

普通光学取景是最常见的取景方式，其唯一的缺点就是取景误差大。用过数码相机的朋友一定知道，数码相机的光学取景器在近距离拍摄时，上下左右位置误差与实际拍摄景像的误差很大(远距离不是特别明显)，一般说来光学取景器看到的景像约占实际拍摄景像的 85%。

26. 多重测光模式

配备定点测光、中央偏重测光及多重测光模式，以满足不同的摄影条件及目的。多重测光模式把影像分为 49 个区域，并对每一个区域进行测光，使拍摄影像获得均衡的曝光。

27. 包围式曝光

包围式曝光(bracketing)是相机的一种高级功能。包围式曝光就是当摄影者按下快门时，相机不是拍摄一张，而是以不同的曝光组合连续拍摄多张，从而保证总能有一张符合摄影者的曝光意图。使用包围式曝光需要先设定为包围曝光模式，拍摄时像平常一样拍摄就行了。包围式曝光一般使用于静止或慢速移动的拍摄对象，因为要连续拍摄多张，很难捕捉移动物体的最佳拍摄时机。

28．预闪曝光

预闪曝光(pre-flash exposure)是指在一般的拍摄或微距拍摄时，使用预闪时所接收到的图像数据，能够更准确地测出闪光强度及曝光值，令拍摄的影像获得更佳的曝光程度。

29．防红眼功能

红眼是指在用闪光灯拍摄人像时，由于被摄者眼底血管的反光，使拍出照片上人的眼睛中有一个红点的现象。但现在的主流数码相机一般都具有防红眼功能，不过如果不打开此功能的话，依旧不会起作用。

30．防手震功能

数码相机的防手震功能有两种：一是光学的，一是数码的。光学的防手震和传统相机是一样的，是在成像光路中设置特别设计的镜片，能够感知相机的震动，并根据震动的特点与程度自动调整光路，使成像稳定。

31．插值

插值(interpolation)，有时也称重置样本，是在不生成像素的情况下增加图像像素大小的一种方法，在周围像素色彩的基础上用数学公式计算丢失像素的色彩。有些相机使用插值来增加图像的分辨率。

32．超级 HAD 图像传感器

内置应用超级 HAD(Hole Accumulation Diode)图像传感器以提高 CCD 的感应性能及加强数码信号处理功能，在拍摄影像时有效降噪及减少不必要的干扰，令画面更清晰明丽，色彩层次更分明，对现场光源不足或拍摄夜景时效果尤其显著。

33．TTL 测光

TTL 测光是通过镜头测量光通量，与滤光镜的曝光及光圈焦距等参数无关。测光方式分为平均、局部、中央重点测光等。任何一种测光方法都大同小异，但像逆光这种照明法，被摄体的明暗反差出现极度的不同，或者像显微摄影等方法，会产生差异。

34．ISO 感光值

ISO 感光值是传统相机底片对光线反应的敏感程度的测量值。通常以 ISO 数值表示，数值越大，表示感旋光性越强，常用的表示方法有 ISO 100、400、1000 等。一般而言，感光度越高，底片的颗粒越粗，放大后的效果越差，而数码相机也套用此 ISO 值来表示测光系统所采用的曝光，基准 ISO 越低，所需曝光量越高。

7.6.8　数码相机使用中的常见问题及处理方法

数码相机的常见品牌主要有索尼 (Sony)、佳能(Canon)、尼康(Nikon)、奥林巴斯(Olympus)、三星电子(Samsung)、柯达(Kodak)、柯尼卡美能达(Konica Minolta)、宾得(Pentax)、松下电器(Panasonic)、卡西欧(Casio)、理光(Ricoh)、爱国者(Aigo)、联想(Lenovo)、明基(BenQ)。

1. 拍摄图像不清晰

(1) 虽然使用了最高分辨率，光线好，但拍摄出来的照片模糊不清。这种情况通常是由于在按快门释放键时照相机抖动造成的。由于数码相机的感光度低，所以，使用数码相机拍照时，需要握住相机的时间更长。要拍摄最清晰的照片，拍照时必须拿稳相机，即便最轻微的抖动都会造成模糊不清的图像。处理方法：拿稳相机，拍照时最好使用三角架，或者将相机放到桌子、柜台或固定的物体上。此外就是一个"练"字，平时多练习持机的基本功。

(2) 取景器的自动聚焦标志未置于拍照物上。处理方法：将自动聚焦框定位于拍照物上或使用聚焦锁定功能。

(3) 镜头脏污。镜头脏污会造成相机取景困难而使拍出的图像模糊。处理方法：用专用的清洁镜头纸清洁镜头。

(4) 模式选择不当。选择标准模式时，拍照物短于距离镜头的最小有效距离(0.6 m)。或者在选择近拍模式时，拍照物远于最小有效距离。处理方法：当被摄物在 0.3～0.6 m 范围内时，用近拍模式拍照；在此范围以外时，用标准模式拍照。

(5) 在自拍模式下，站在照相机的正面按快门释放键。处理方法：应看着取景器按快门释放键，不要站在照相机前按快门释放键。

(6) 在不正确的聚焦范围内使用快速聚焦功能。处理方法：视距离使用正确的快速聚焦键。

2. 图像太暗

(1) 闪光灯被手指挡住。处理方法：正确握住照相机，不要让手指挡住闪光灯。

(2) 在闪光灯充电之前按了快门释放键。处理方法：等到橙色指示灯停止闪烁时再按快门释放键。

(3) 未使用闪光灯。处理方法：按闪光辅助杆设定闪光灯。

(4) 被摄物置于闪光灯的有效范围之外。处理方法：将被摄物置于闪光灯有效范围之内。

(5) 拍照物太小而且逆光。处理方法：将闪光灯设定于辅助闪光模式或使用定点测光模式。

3. 图像太亮

(1) 闪光灯设定于辅助闪光模式。处理方法：将闪光模式设定为辅助闪光以外的模式。

(2) 拍照物极亮。处理方法：调整曝光。

4. 室内所拍的图像色彩不自然

室内所拍的图像色彩不自然的原因是灯光装置影响图像。处理方法：将闪光模式设定为辅助闪光模式。

5. 图像轮廓模糊

图像轮廓模糊的原因是镜头被手指或相机的背带挡掉一部分。处理方法：应正确拿住照相机，不要让手指或相机的背带挡住镜头。

6. 闪光灯不发光

(1) 未设定闪光灯。处理方法：按闪光灯弹起杆，设定闪光灯。

(2) 闪光灯正在充电。处理方法：等到橙色指示灯停止闪烁。

(3) 拍照物明亮。处理方法：使用辅助闪光模式。

(4) 在已设定闪光灯的情况下，指示灯在控制面板上点亮时，闪光灯工作异常。处理方法：请予以修理。

7．相机不动作

(1) 电源未打开。处理方法：按电源键接通电源。

(2) 电池极性装错。处理方法：重新正确安装电池。

(3) 电池耗尽。处理方法：更换电池。

(4) 电池暂时失效。处理方法：使用时，请注意不能在电池的有效工作温度范围之外使用电池；在拍照间隙，暂停使用电池。

(5) 卡盖被打开。处理方法：关闭卡盖。

8．相机自动关闭

(1) 如果数码相机突然自动关闭，首先应该想到的是电池电量不足——数码相机是个耗电大户，它因为电池电量不足而关闭的现象经常出现。处理方法：更换电池。

(2) 如果更换电池后，数码相机还是无法开启，但发现相机比较热时，则是因为连续使用相机时间过长，造成相机过热而自动关闭了。处理方法：停止使用，等相机冷却后再使用。

9．按快门释放键时不能拍照

(1) 刚拍摄的照片正在被写入存储卡。处理方法：放开快门释放键，等到指示灯停止闪烁，并且液晶显示屏显示消失。

(2) 存储卡已满。处理方法：更换存储卡，抹消不要的照片或将全部相片资料传送至个人电脑后抹掉。

(3) 正在拍照时或正在写入存储卡时电池耗尽。处理方法：更换电池并重新拍照。

(4) 拍照物不处于照相机的有效工作范围或者自动聚集难以锁定。处理方法：参照标准模式和近拍模式的有效工作范围，或者参照自动聚焦部分。

10．相机无法识别存储卡

(1) 使用了跟数码相机不相容的存储卡，不同的数码相机使用的存储卡是不尽相同的，大多数数码相机都不能使用一种以上的存储卡。处理方法：换上数码相机能使用的存储卡。

(2) 存储卡芯片损坏。处理方法：找厂商更换存储卡。

(3) 存储卡内的影像文件被破坏了。造成这种现象的原因是，在拍摄过程中存储卡被取出，或者由于电池电量严重不足而造成数码相机突然关闭。处理方法：如果重新插入存储卡或者更换电池(充电)，问题还是存在的话，则需要将存储卡格式化。

11．刚拍摄的相片不能在液晶显示屏上呈现

(1) 电源关闭或记录模式开启。处理方法：将记录/播放开关设定于播放位置，并接通电源。

(2) 存储卡上无相片。处理方法：查看控制面板。

12．液晶显示屏模糊不清

(1) 亮度设定不对。处理方法：在播放模式下，从菜单选择 BRIGHTNESS 并进行调节。

(2) 阳光照射在显示屏上。处理方法：用手等遮住阳光。

13. 相机连接电脑传送资料至电脑时出现出错信息

(1) 电脑未插接好。处理方法：正确插接电缆。

(2) 电源末打开。处理方法：按电源键接通电源。

(3) 电池耗尽。处理方法：更换电池(充电)或使用交流电源转接器。

(4) 图像传送速度选择不当。处理方法：在电脑上选择正确的传送速度。

14. 拍好的照片上有很多小点

即所说的照片中的噪音。这种情况多数出现在夜景的拍摄中，是由于感光度太高造成的。感光度的数值越高，画面的质量就越粗糙；感光度的数值越低，画面就会越细腻。但是，感光度高意味着对光的敏感度高，所以，在弱光拍摄的时候，我们常常要选择高感光度，那么，如果相机本身的降噪系统不好，就会造成画布出现噪音的情况。想要避免这样的情况，我们就需要人为地将感光度调得稍低一些，然后用相对较长的曝光时间来补偿光线的进入，这样，拍出来的照片就会有层次，而质量也有保证了。当然，前提是拍摄者要带上三脚架。

15. 照片发暗且出现颗粒状图像

虽然使用最高分辨率，但拍摄出来的照片发暗，出现颗粒状图像，通常这是由于光线不足所致。使用数码相机拍照时，光线对照片的影响最大，大多数数码相机的光敏感度相当于 ISO 100 胶卷的感光度，因此，光线不足会造成照片发暗和出现颗粒状图像。如果相机有闪光灯，不仅室内拍照需要使用，而且室外拍摄阴影下的物体时也要使用闪光灯。

7.7 摄 像 机

摄像机种类繁多，其基本工作原理都是一样的，即把光学图像信号转变为电信号，以便于存储或者传输。当我们拍摄一个物体时，此物体上反射的光被摄像机镜头收集，使其聚焦在摄像器件的受光面(例如摄像管的靶面)上，再通过摄像器件把光转变为电能，即得到了视频信号。光电信号很微弱，需先通过预放电路进行放大，再经过各种电路进行处理和调整，最后得到的标准信号可以送到录像机等记录媒介上记录下来，也可以通过传播系统传播，或者送到监视器上显示出来。

目前，根据记录介质的不同，可以将数字摄像机分为 Mini DV(采用 Mini DV 带)、Digital 8 DV(采用 D8 带)、超迷你型 DV(采用 SD 或 MMC 等扩展卡存储)、专业摄像机(摄录一体机)(采用 DVCAM 带)、DVD 摄像机(采用可刻录 DVD 光盘存储)、硬盘摄像机(采用微硬盘存储)和高清摄像机(HDV)。

从数字摄像机的存储发展技术来看，DVD 数字摄像机、硬盘式数字摄像机和高清数字摄像机代表了未来的发展方向。至于选择哪种存储介质的数字摄像机，最主要还是要根据各自的实际情况来进行选择。

7.7.1 摄像机的基本组成

电视摄像机的电子系统复杂，生产厂商众多，从而使其型号和外观有较大的差异，但是无论怎样的摄像机，其基本构成都是相似的。

1．摄像机的外观

图 7-19 所示是目前常见的 DV 级别的数字式摄像机，图 7-20 所示是新闻类数字摄像机，图 7-21 所示是演播室内的专用摄像机，又称座机。

图 7-19　DV 级别的数字式摄像机　　图 7-20　新闻类数字摄像机　　图 7-21　演播室内的专用摄像机

2．摄像机的构成

摄像机主要包括光学镜头、光源调整机构、光电转换系统、信号调整电路、话筒、寻像器、机身上的其他转换机构、调整电路、选择按钮、电源、信号输出接口等，如图 7-22 所示。

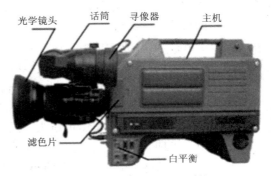

图 7-22　摄像机的结构系统

无论是模拟摄像机还是数字摄像机，它们都以同样的原理工作，即景物的反射光经由光学镜头收集、汇聚，经过滤色处理后到达光电转换器件，在转变为电子流形式的图像信号——视频信号之后，再经过放大、校正、分配、转换，就可以以信号流的形式被记录或输出。

3．摄像机的主要部件及工作原理

构成摄像机的电子系统(信号接收和处理部分)、机械系统(录像机部分)、信号控制与变换系统是十分复杂的。这里仅介绍与摄像操作相关的构件及其基本原理，它们是摄像镜头系统及其功能原理、摄像机主体部分的主要构成与原理、寻像器、话筒、电源等，如图 7-23 所示。

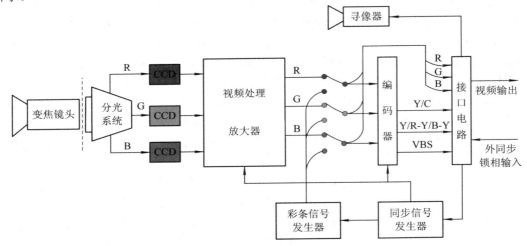

图 7-23　摄像机工作原理图

1) 摄像镜头系统(Lens System)及其功能原理

依照光学原理构成的摄像器件一般由光学镜头、滤色镜片和光的分色系统三个部分组成。

从物理含义上看，光学镜头是指安装在摄像机上的、由许多光学玻璃镜片及镜筒等部分组合而成的光学装置，是摄像机拾取图像最重要的器件。滤色片对所拾取的光像作颜色的预矫正处理。分色系统将进入镜头的外来光分解为 RGB 三个基色光像。

拾取景物影像的光学镜头系统也可称为外部光学系统，有内置(藏)式与外置(露)式之分。专业级摄像机的镜头一般为外置式——镜头裸露在机身之外；家用级摄像机的镜头则通常为内置式，它的优点是安全，镜头不易被损坏，但放大倍数比较小。

摄像机光学镜头与普通照相机的镜头作用相同，利用它就可根据需要选择一定的视场范围，并获得这一视域景物被缩小的清晰的光学图像(再由摄像器件转换成视频信号)。光学镜头本身的性能对在电视屏幕上看到的图像有很大影响。

(1) 镜头的光学特性。

为了达到一定的放大倍数并减少像差的影响，摄像机使用的镜头不是单片透镜，而是用几个由若干个镜片组合而成的透镜组，并且具备镜头的一般光学特性。

① 焦距(Focal Length)。平行的直射光线穿过透镜后在另一边的光轴上汇聚成一点，这个点称为焦点。从焦点至镜头中心的距离为该镜头的焦距，单位是 mm。按透镜焦距的长短，镜头有短焦距镜头、长焦距镜头以及介于两者之间的中焦距镜头之分。不同焦距的镜头使用在不同的拍摄场合，并获得不同的画面效果。

② 视场角(Angular Field of View)。从镜头主平面中心向视线方向的两边边缘所张的角，叫视场角。视场角是表现摄像机镜头视场大小的参数，它决定成像的空间范围。摄像景别与视场角有关。

③ 变焦距镜头(Zoom Lens)。变焦距镜头是一种可连续变换焦距的镜头，它由多组透镜组片构成(下文有述)。镜头的变焦距功能可以使摄像机不移动位置就能取得预想的视野范围。

④ 调焦(Focus)。调焦也称为聚焦。调整焦点的结果是，光线通过摄像机后能准确地会聚在摄像器件的受光面上，从而获得轮廓清晰的景物图像。除非特别要求，否则摄像镜头的焦距必须调节清楚。摄像调焦有调整前聚焦和后聚焦之分。调前聚焦是使图像清晰，并使像平面落在受光面上。调焦环上刻有标识数字，就是指示焦点最清晰的景物距离。通常，景物距离可调范围可从 1 m 左右到无限远。后聚焦一般通过调整镜头的后截距(后焦距)达到目的。后截距是镜头光学系统中"等效透镜"最后一个表面的顶点到像方焦点的距离。实际中的后聚焦调整是通过调节在变焦镜头后面专设的后聚焦微调环来改变后截距，以保证成像面永远落在受光面上。后聚焦调整好之后，一定要将该调节钮固定住，这样，在实际拍摄时，只需根据景物远近情况调整前聚焦，就可得到清晰的景物图像。家用摄像机没有该调节钮，但是有近摄调节钮。

⑤ 可变光阑(Iris、Aperture、Diaphragm)。可变光阑又称光圈，它的原理同照相机的原理。

⑥ 景深(Depth of Field)。摄像机在拍摄时，能获得清晰景象的前后距离就是景深。景深的范围可大可小，根据拍摄内容要求不同，对景深的要求也不同。善于控制景深大小，就可以拍摄出有特定含义的镜头内容。景深与镜头焦距的长短、光圈的大小以及物距的长短有关。

(2) 变焦距镜头调整原理。

现在的摄像机都采用变焦距镜头，镜头的焦距可连续地随简单操作而变化。从最长焦距到最短焦距，可以开始于任何焦距长度，然后推入(焦距变长)、拉出(焦距变短)，改变成像的大小和视场，使景物在视觉空间里移近或移远，而不需改变实际物距。

在有焦距变化的同一个叙事镜头中，为了使图像在变焦距过程中始终清晰，必须先调整好焦距，即在近景或特写的前提下，调整好焦距。这样，当景别从近景变化为全景或远景(或反之)时，这个镜头中的图像内容将会始终是清晰的。

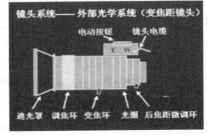

如图 7-24 所示为变焦距镜头的外部结构示意图，其中的遮光罩是用来阻挡可能从侧面进入镜头的强光；调焦环用于调整变焦距镜头的焦距；变焦环用于改变镜头视野；与照相机一样，光圈是用来控制进入镜头的进光量；后焦距微调环则是在近距离情况下用于调整焦距的。

图 7-24　变焦距镜头的外部结构示意图

在可变焦距镜头中，通常是由几组镜头并分别由几十片光学镜片结合而成，目的是为了减小摄取图像时可能产生的各种像差。

变焦距镜头分别有一个最长焦距和最短焦距，最长焦距与最短焦距之比称为变焦比。一般变焦距镜头的型号中通常有两个相关联的数字，第一个数字表示变焦比，第二个数字表示最短焦距。如变焦范围为 9 mm～126 mm，其型号就标注为 14×9；反过来，如果一个镜头型号标有 90×30，则表明这个镜头具有 90 倍的变焦比，最短焦距是 30 mm，最长焦距是 2700 mm，也就是它的变焦范围是 30 mm～2700 mm。

(3) 滤色部分。

滤色是指对由镜头所拾取的光学图像进行颜色的预矫正处理。

不同摄像机有不同的滤色光学系统。目前专业级摄像机的光学滤色部分大致相同：经由部分外置的拨动式触盘，拨动预先设定有光学滤色片的拨盘(内有预先安置在光学滤色盘上的、针对不同色温的光学滤色片)的相应位置，针对外来光源的色温情况作预调整处理，这也就是摄像机的白色平衡的粗调。图 7-25 是不同时间段的色温指示图(由电路技术对色温情况作精确调整处理，最后完成比较理想的色温矫正工作)。小型家用摄录像机的滤色功能就是通过电路技术对色温情况作滤色调整的。省略了光学部件的摄像机可以做得小巧玲珑。图 7-26 是滤色功能可被控制部分的示意图。

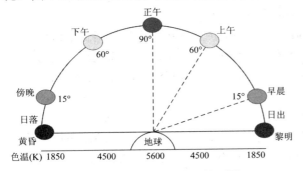

图 7-25　不同时间段的色温指示图

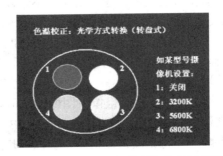

图 7-26　滤色功能可被控制部分的示意图

(4) 光的三基色分色系统。

为了使摄像机能对外来光进行方便而有效的电子化处理，必须将外来的白光进行分色，分解为红、绿、蓝三个基色光。

2) 摄像机操作功能器件

(1) 摄像器件。电视摄像机能将景物光转变成电信号，依靠的是摄像器件，它也是决定图像质量的关键器件。摄像器件有电子管摄像器件和 CCD 器件(即半导体摄像器件)之分。目前广泛使用的摄像器件是 CCD 器件，即电荷耦合器件(Charge Coupled Device)，这是一种利用半导体原理设计制成的复杂的光电转换器件。CCD 的直接作用是感光度的大小，成像感光度范围越大，对色彩和小物件的质量表现就越好。

(2) 预放电路(Preamplifier)。预放电路的作用是将经摄像器件光电转换出来的图像电信号放大成可以激励后级视频信号处理电路工作的信号。预放电路一般都是由特别低噪声的场效应管来担任，以保证放大后的信号噪声低、增益高和频带宽。

(3) 电子快门(Shutter)。电子快门是利用电子技术在时间上控制 CCD 芯片上电荷的产生与转移，从而得到快门效果。电子快门的特点是无运转噪声、速度档次多、速度快，适合分析快速运动过程，但存在图像的不连续、间断跳跃感。电子快门速度的标值有 1/50、1/100、1/200、1/500、1/1000 秒等分级，不同机器设置不同。

(4) 视频信号处理单元。与操作调整相关的视频信号处理单元有：

① 白色平衡(WB，White Balance)。在景物光像中，任何一种颜色都可分解为红、绿、蓝三个基色，但是它可能与电视系统设定的理想状况不一致。如果不进行强制性的调整过程，这三个信号分量可能得不到相同的放大量，所拍摄出来的图像就可能偏离原来的颜色。所以，必须针对不平衡比例的进光量，对电路的放大量分别进行针对性的调整，这就是白色平衡调整，它是景物图像获得正确色彩还原的重要保证。

选择一个作为调整依据的白色物体(尽可能采用规定的测试卡)，将其放在被摄主体的位置上，且不能出现反光点；将镜头对着标准白色物体，进行变焦与聚焦，使白色物体图像占据寻像器屏幕的 80%以上；接通自动白平衡开关，几秒钟后，白平衡就自动调好，这时白平衡的指示灯亮或寻像器上会出现"OK"的字样(家用摄像机则只要将镜头对着白色——满屏拍摄几秒钟就可以了)。

② 黑色平衡(Black balance)。单个摄像机在出厂前已经调整好了黑色平衡，使用者一般无需再作调整。只有当多台摄像机协同工作时，为了保证所摄图像质量，才必须进行黑色平衡的协同调整工作，以使不同摄像机尤其在拍摄黑色物体时，三个基色电平也相等。这时显像管荧光屏上才能反映出不带任何其他颜色的共同纯黑色。

摄像机只有白平衡和黑平衡都调整正确，所拍摄的图像才可能不论亮暗均不偏色。

③ 增益(Gain)。在照度低的情况下，光圈已开到最大，但图像仍然很暗，如果受条件所限不能用灯等照明器具进行补充，则可以利用摄像机上的增益控制按钮来增加电路系统的增益。

增益调整是对摄像机图像输出信号电平的大小进行调整。增益可以通过增益控制开关来调节，通常有 0 dB、9 dB、18 dB 等档位供选择。增加电路增益往往会造成图像质量的下降——背景噪声被提升，所以不是万不得已时最好不要使用这一方法。

④ 重合(Registration)。重合这一调整是针对三管彩色摄像机而设计的，三片 CCD 式摄像机在出厂时就已调好，并已将 CCD 芯片位置固定，所以不用考虑重合调整问题。

⑤ 电缆补偿(Cable Compensation)。电视信号在长电缆中传输时，电缆内部存在的分布电感和分布电容将导致视频输出信号中高频部分的损耗。电缆补偿就是利用具有高频提升特性的放大器使信号恢复原样。

在摄像机控制器(CCU)中都设有电缆补偿调节按钮，有若干个档位，可补偿 25 m、50 m、100 m 等长度的电缆损失，不超过 10 m 的可不补偿。大多机型具有自动电缆补偿的功能，不需手调。家用摄像机没有这个问题。

(5) 同步信号发生器(Sync Generator)。同步信号发生器用来产生一个同步信号，以保证整个系统同步工作，使接收端显像管的电子束扫描与发送端的摄像器件完全同步，从而得到不失真的还原图像。

摄像机的同步机能有内同步、外同步或同步锁相之分。单机外拍时，选择内同步方式；在演播中，几台摄像机共同摄取图像以供导演在特技台上选择时，它们都必须工作在外同步或同伴锁相的方式下，以保证不同的摄像机所摄取的图像在转换时稳定。大多数摄像机具有自动转换同步方式的功能，当接到外来的同步信号时，可从内同步自动转换成同步锁相方式。家用摄像机没有这个功能。

(6) 编码器(Encoder)。编码器用于将 R、G、B 三基色电信号编成彩色全电视信号或其他方便传输的信号模式，以适于传输或适应黑白电视兼容的需要等。

3) 寻像器(VF，View Finder)

顾名思义，寻像器是用来监视摄像机所摄图像的微型黑白监视器(也有彩色的寻像器)，如图 7-27 所示。

一般便携式摄像机上的寻像器荧屏对角线为 1.5 英寸；演播室里用的一般是 4.5 英寸。寻像器的调节方法与普通黑白电视机一样，也有亮度和对比度的调节按钮，应使寻像器中的图像亮度适中，层次丰富。

图 7-27　寻像器

寻像器的一般功能是取景构图、调整焦点、显示机器工作状态以及显示记录后的返送信号。无论怎样调整寻像器的显示，都不会影响摄像机传送出来的视频信号。另外，寻像器也是一个多种信息的告示器。

在寻像器上一般都设计有对各种工作状态和告警指示的指示灯。如：

记录指示(REC)：显示录制的工作状态；

低照度告警(LL)：防止拍摄时的照度不够；

播出指示(TALLY)：显示所选择的信号属于哪台摄像机；

电池告警(BATT)：防止录制设备由于电力不足而导致断电；

白/黑平衡指示(W/B)：显示出白/黑平衡是否已经调整好；

增益指示(GAIN)：显示此时的增益状态；

磁带告警：提前告知磁带用完的程度。

4) 电源

摄像机中的电源除了给主机供电之外，还要给寻像器、自动光圈、电动变焦等机构供电，摄像机中的供电系统(Power Supply)负责将 12 V 直流电压转换成其他各种不同的电压，以满足不同部件的需求。

摄像机所需的电源可以从摄像机的控制单元通过电缆获得；也可以利用交流电源附加器通过摄像机电源部分获得；在室外拍摄时，还可经由电缆提供电源，或直接用自身所配置的蓄电池。

摄像机外拍时，一般使用蓄电池，且多是镉镍蓄电池，一定要注意镉镍蓄电池的正确使用方法(请仔细阅读使用说明书)。

5) 传声器(MIC)

传声器又称话筒。安装在摄像机上的话筒主要用来拾取声音，并且能将该声音与画面保持同步。话筒可以是预先安置在摄像机上的，也可以通过外接话筒的缆线与摄像机相连接。

摄像机话筒多选用电容话筒，并具有如下的性质：

(1) 具有电源开关(电容式、内置有纽扣式电池块)。

(2) 具有频率特性选择，有 M(Music)和 V(Voice)两个位置。有的 V 挡还分有 V1、V2 两挡，以对低频信号作有效处理；

(3) 具有话筒输出电平(MIC LEVEL)选择。话筒输出电平选择如 60 dB、20 dB(当使用的电缆比较长时的选择接口)等。

6) 通信系统(Communication System)

在摄像过程中，摄像人员需要与导演及其他摄制人员相互联系，同时也需要知道所拍画面是否合乎需要，这些都离不开摄像机通信系统的支持。摄像机通信系统主要有：

(1) 内部通话系统(Headphone Intercom System)。内部通话系统专供控制室导演与摄像人员之间的联络。摄像人员通过它可以和导演等进行通话。摄像机上通常都有一个三芯的对讲插座，可以插上既有话筒又有听筒的对讲耳机。

(2) 演播指示系统(Tally)。演播指示系统用于提醒摄像人员正确操作或按导演意图拍摄镜头内容。当某个摄像人员摄制的画面正被采用时，则他所持摄像机寻像器里的演播指示灯将会亮。

(3) 视频返送系统(Video Return)。摄像机不仅能输出视频信号，也可利用寻像器监看从外部设备送入的信号。比如其他机器拍摄的图像、特技台上已合成的图像等。

(4) 录像启/停系统(VTR Start/Stop)。便携式摄像机通常都能控制录像机的启动和停止。只要录像机上录、放、暂停三个按钮被同时按下，就会处于录制的待命状态，然后通过启停按钮来控制它的工作与待命状态。

7) 摄像机电缆(Camera Cable)

摄像机与后级设备(如摄像机控制单元 CCU、特技发生器等)的连接大多使用多芯电缆，电缆规格在 2 m～100 m 之间不等。通过电缆可传输摄像机输出的视频信号、音频信号，以及摄像机遥控录像机启/停信号、返送视频信号、告警信号、内部对讲的通话信号、CCU 遥控摄像机的控制信号等。

8) 摄像机支撑系统(Camera Support System)

无论是手持还是肩扛式摄像机，在拍摄时都会由于人本身的呼吸、心跳等因素，使所拍摄的镜头不稳定，尤其是用长焦距镜头取景时，景物放得很大，人的微小晃抖都会使画面图像产生较大的晃动和抖动。为了使画面质量稳定，给摄像机一个支撑系统是必要的。

(1) 支撑系统：三脚架、移动车、基座、升降车等。

① 三脚架是用轻金属或木头制成的三条腿的支架，其三条腿可各自伸缩调整高度，以适合在高低不平的地面上架设。

② 把三脚架安放在有三个小脚轮的移动车上，就能在平滑的地面上水平转向任意方位，自由移动。移动车的另一种类型是轨道车，把三脚架放在车体的平板上随车体在轨道上移动。

③ 基座相比三脚架来说较为笨重，但移动非常平稳，升高和降低摄像机也更为容易。在基座下装有轮子以便移动，还装有电缆保安架，用以防止电缆因被碾轧、缠结而遭损坏。

④ 升降车是大设备，它可把摄像机从很低的地方移到布景上方很高的地方，许多升降车也可以前后、侧面或沿弧线移动。有了升降车，电视节目的制作就更为灵活、方便了，给拍摄工作提供了良好的条件。

(2) 摇摄云台。摇摄云台可使摄像机在水平方向旋转、上下俯仰和做左右与俯仰的复合移动。摇摄云台在使用前必须先进行调整。

摇摄云台的调整内容有平衡、水平、横摇调整。平衡调整方法是，调松摇摄云台与摄像机连接的螺栓，前后移动摄像机，使其重心尽量落在云台的中心。带有滑动平台的云台，则只需调整滑动平台，即可达到平衡。

(3) 摄像机托板。托板是便携式摄像机与云台适配的一块连接板。不同的摄像机所用托板的卡座方式均有差别，一般不能通用。

一般来说，摄像机(家用级和专业级)都有 USB 端口、DV 端口(IEEE1394 端口)、AV OUT 端口(视频输出端口)和 S 端子。

7.7.2　摄像机的分类

由于厂商繁多，故摄像机的种类就变得五花八门。模拟时代的摄像机一般按质量档次、使用场合和光谱特性进行分类。

1. 按质量档次分类

摄像机最常见的分类方法就是按质量档次。显然，电视台专用的就是广播级别的，企业、事业和学校用的就是专业级别的，一般家庭使用的就是家用级别的。

1) 广播级摄像机

广播级摄像机是一种高质量的摄像机，它的体积大、重量重，常用于电视台或节目制作中心。这种摄像机使用的是优等的镜头、摄像器件和电路，并有自动校正电路，使摄像机在不利的灯光条件下也能拍摄出较好的彩色图像。广播级摄像机一般来说价格都很昂贵。

2) 专业级摄像机

用专业级摄像机可以拍出直观、质量不错的图像，一般用于小型电视台、企事业单位和学校电化教育等领域。它通常由摄像机操作人员扛着或安装在一个简单的三脚架上。在这种摄像机里包含有从广播级到家用级整个摄像机系列的主要操作部分。家用型号的一些自动特性，如自动曝光，被集成进了专业的摄像机，这些特性使得在剧烈变化的拍摄条件下不用调节摄像机就可以制作出可接受的图像质量。

3) 家用级摄像机

家用级摄像机定位于家庭使用，如图 7-28 所示。除了价格低廉外，它还具有小型化和自动化程度高两个显著特点。它的体积小，重量轻，所以在使用时单手操作就可以完成拍录工作。一般家用摄像机重量都在 2 kg 以下，最轻者只有 590 g，几乎与普通照相机相仿，拍摄和携带都很方便。由于家用摄像机采用了微型计算机技术，故摄像机的功能十分全面，几乎实现了自动调整和自动控制。家用摄像机比广播及专业摄像机价格低得多。

图 7-28　家用级摄像机

2．按最终效果(显示色彩)分类

1) 黑白摄像机

黑白摄像机属于单色机，只用一个摄像器件。目前，黑白摄像机的生产已大为减少，不再用它来制作电视节目。即使在演播室中作键控字幕使用的黑白摄像机也改用 2/3 英寸等小型光导摄像管或 CCD 芯片。但是，在工业、交通、银行等领域使用的闭路监视用摄像机，由于对颜色分辨的要求不高，所以仍然可以使用黑白摄像机。

2) 彩色摄像机

早期的彩色摄像机又可以分为单管(片)、双管(片)和三管(片)机。在单管机中，由于单管机采用在靶面上加滤色条以获得基色图像，故降低了彩色摄像机的灵敏度和信噪比，彩色清晰度也低，相反对照度要求却较高。三管机的质量好，没有单管机的这些问题，但价格要贵些，双管机则介于两者之间。

7.7.3　摄像机的主要技术指标

一台摄像机性能的好坏，可以通过其工作性能参数进行评价。摄像机中最主要也是最重要的性能参数有以下几个方面。

1．信噪比(S/N)

信噪比反映的是信号和噪声之间的关系。正常情况下，电子设备都会产生一定量的噪声。在视频信号中，可以通过"雪片"的数量辨认出"嘈杂"的画面，也就是失真。摄像机信噪比越高，图像越干净，越不容易看到噪声对视频信号的影响，图像质量也就越高。高信噪比是摄像机性能所追求的指标。

2．工作亮度

工作亮度是指摄像信号达到规定要求时对基本照度强度的规定。工作亮度可以包括最低照度和灵敏度两方面的含义。最低照度是指当该摄像机的光圈指数为最小(如 F 为 1.4，视频信号质量约 30 dB)时所需要的照度量，显然照度量越小越理想；灵敏度则指当在标准亮度(如 2000lx，F=8)时图像的信噪比达到标准以上的要求。对比度(反差比)与工作亮度密切相关。

3．对比度范围(Contrast Range)

对比度范围一般常用亮度的对比度系数来表示。在通常情况下不超过 20∶1，也就是说景物最亮部分不超过最暗区域的 20 倍。如果超过这一范围，摄像机拍摄的画面再现这一景物的明暗细节就会有困难了。我们可以通过灯光照明来控制景物明暗的对比度。在室外，阳光下与背阴处的亮度相差很大，对比度范围也很大，较难控制。有条件的可用灯光或反光板对暗处进行补光。

4．分解力(Resolution)

分解力相当于清晰度，可以用调制度或用在画面上可分辨的电视线数来表示。分解力可分为水平分解力和垂直分解力。分解力是由多种因素决定的，其中包括镜头系统、摄像器件、电路带宽、重合等。在许多摄像机中都加有轮廓增强电路，可以改善图像细节、提高清晰度。

5．几何失真(Geometric Distortion)

几何失真就是画面中出现的横线不平，竖线不直，圆形不圆等状况。几何失真与光学系统以及摄像管的扫描偏转电路有关。CCD 摄像机因为没有偏转电路，只要芯片做得好，那么若不考虑镜头的话，机器本身是没有几何失真的。几何失真分为桶形失真、枕形畸变、弯曲、偏斜和线性失真等。

6．重合(Registration)误差

对于三管机来说，三个摄像管所摄的图像必须准确地重合在一起才能得到清晰度高、颜色逼真的电视图像。但由于三个摄像管不可能做得完全相同，所以会有一些重合误差。重合误差一般用红路(或蓝路)相对于绿路的偏移量与屏幕高度的百分比来表示。广播级的 2/3 英寸三管重合精度较高，可达一区 0.05%、二区 0.1%、三区 0.15%。

7.7.4 摄像机的操作使用

要使摄像机在一次节目的拍摄过程中保持连续顺利的工作状态，就需要进行摄前的充分准备以及对摄像机进行一系列的调整工作。

1．摄前准备

(1) 电源和磁带。决定好需要的电源、磁带的类型，并且要带足，避免因电力或磁带的不足而停机。

(2) 话筒。不同场合使用不同类型的话筒，在摄前一定要事先作好准备。同时要注意话筒所用电池的容量。

(3) 摄像机电缆。传统摄像机与便携录像机之间的连接线是多芯电缆，外出拍摄时要带上这根电缆，一体机则没有这个问题。而如果需要在外景地通过监视器播放已拍镜头，就要带好需要的音频线等。

(4) 三脚架。如果要求画面的稳定性较高，一定要带上三脚架。

(5) 彩色监视器。随时监视拍摄的画面质量，看是否符合要求。

(6) 照明设备。要了解拍摄现场的情况，节目内容是否需要灯光的照明，从而事先准备好照明设备，电源转接头和有关工具等。

2. 摄像调整

1) 拍摄准备

电池、磁带、开机预热；找好拍摄机位，固定好摄像机，最好将摄像机置于三脚架上进行调整，接好摄像机与外围设备的连线，插好电源，放好电池，使摄像机预热，并放置磁带。

2) 选择滤色镜

旋转滤光镜转盘，选择适合拍摄环境中光源色温的滤光镜挡数。

(1) 应根据具体的色温情况选择 1、2、3、4 号等滤光镜。例如，1 号用于室内以卤钨灯作光源的场合，3 号适用于室外日光下或阴天等。

(2) IN DOOR /OUT DOOR/AUTO 是家用摄像机特别的色温选择挡次指示。按照是室内 3200 K 照明还是室外 5600～6800 K 照明来选择相应挡位，如选自动挡，则可以对色温进行大致的调整，以保证拍摄过程中色温的变化不至于太大而影响图像色彩的协调。

3) 调整光圈——正确曝光

光圈的正确调整对整个图像的亮度、对比度、视频电平的幅度等指标影响很大，所以在每个镜头的拍摄前都应注意。在拍摄前首先要调整监视器显示标准，再确定摄像机的最佳光圈指数。

调整光圈时应一边从寻像器或监视器中监看图像，一边逐步增大光圈，直到图像中最明亮的部分呈现出层次时为止。

实拍时，可以利用寻像器，先调彩条的黑白对比度，通过经验加以判断加上颜色。同时也可以通过斑纹提示(ZEBRA)来调整光圈的大小，即如果在寻像器中看到图像中亮的部分呈现出斑纹(0.6 V 左右)，则可根据斑纹出现的条件来决定光圈的大小。

光圈调节的操作方法可分为手动、自动和即时自动。自动光圈使用起来非常方便，无论什么样的场景，自动光圈都能保持合适的进光量，得到规定的输出信号强度。拍摄运动镜头时，变化的景物会使图像亮度发生变化，即时自动光圈的使用就可以省掉不少调整的麻烦。但由于自动光圈是根据图像的平均亮度来确定光圈值，所以也会存在问题，例如我们希望通过画面的亮暗来表现白天与傍晚的特定情景，自动光圈却得到的是同样的输出电平。所以调整光圈时，建议先使用自动光圈测出光圈值，然后再换手动的，改变半挡或一挡光圈使用。

4) 电子调节

电子调节可包含增大增益、加大超级增益以及采用电子快门。

(1) 增大增益(Gain)。在增益增大的同时噪声也加大。一般来说拍摄时增益设置在 0 dB 处，只有在灯光不足的情况下，才考虑增大增益，一般也只用到 6 dB 或 9 dB 挡。

(2) 超级增益(Hyper-Gain)。超级增益只在低照度的情况下使用。如 18 dB 挡已使图像上的噪声点明显可见了，对于技术要求较高的电视片来说是不合适的，除了在某些特殊情况下万不得已时才使用，一般均不采用。

(3) 加电子快门(Shutter)。电子快门的作用是，在拍摄快速运动物体时可以提升动态分解力。一般需要在强光下才能使用电子快门。总之，电子快门的特点是可将强光下的运动画面拍摄得清晰；在曝光正确的条件下，可起到加大光圈的作用；在拍计算机屏幕时可以消除黑白滚条等。

5) 高亮背景调节

通过高亮背景调节，用电子方式衰减高亮信号的过亮部分的量，以增加可分辨的灰度层次，则过亮部分就可被限幅(过曝光所致)。

6) 调整黑白平衡

因为在不同时间和不同角度下，色温条件是不同的，为了保证色彩的一致性，必须进行黑白平衡的调整。白平衡调整可以通过光学粗调、电子细调、自动跟踪来达到色温的正确调整；黑平衡调整可以使在暗处时色温也不变。黑白平衡一般是通过自动方式来调整的，一周调整一次即可。

黑白平衡调整的次序一般为白平衡—黑平衡—白平衡。自动白、黑平衡的数据可以记忆，在拍摄条件不变、两次拍摄间隔不长的情况下，可以不再调整白、黑平衡。

7) 聚焦调整

聚焦调整包括前聚焦和后聚焦的调整。

在变焦过程中，为了使摄像机镜头无论是在长焦状态还是在短焦状态都能得到清晰的图像，需要对镜头的焦点进行适时聚焦调整。由于前、后聚焦的调整会互相影响，所以一旦进行前、后聚焦的调整时，应对前、后聚焦反复调整 2～3 次，以确保推镜头到最长焦距且图像被调清晰后，拉镜头到人和位置的全远景时所摄图像仍然是清晰的。

8) 总黑台阶电平(Master Pedestal)调整

部分摄像机的总黑台阶电平的调整是靠旋转电位器的旋钮来完成的，而带有字符发生器的摄像机一般是利用产生字符的按钮来进行的。摄像机控制器上一般都设置总黑电平的旋钮，调整时也应边看波形监视器边调整。总黑电平调好后保持不动，不必每次拍摄都调整。

9) 同步锁相调整

同步锁相调整包括行同步相位的调整和彩色副载波相位的调整，只有在两台以上的摄像机同时拍摄，并且需在特技台对其中两个信号进行特技转换时，才会涉及调整摄像机的同步锁相问题。

10) 其他调整

电缆补偿(Cable Compensation)是指利用有高频提升特性的放大器使信号恢复原样。因为信号在长距离传输时，电缆中的分布电容和分布电感对信号具有高频衰减的特性，若不作补偿，则高频信号损失，图像清晰度就下降，如拖尾、色饱和度变差等。

3. 摄像机操作要领

为了利用摄像机拍出更好的画面，摄像人员必须掌握下面几条最基本的操作要领。

1) 稳

电视图像的不稳定、晃动，将会使观众产生一种不安定的心理，并易使眼睛疲劳。在拍摄时应尽可能使用三脚架，在没有三脚架或无法利用三脚架的情况下，利用手持、肩扛便携式摄像机进行拍摄。要注意持机技术，可利用身旁的一些依靠物作为辅助支撑，以使所拍画面稳定。

肩扛时要正对被摄物，两脚自然分开与肩同宽，身体挺直站立，重心落在两脚中间；右肩扛住摄像机身，右手把在扶手上，并操作电动变焦以及录像机的启停，右肘放在胸前，作为摄像机的一个支撑点；左手放在聚焦环上，调节焦点；右眼贴在寻像器遮光罩上，通过放大镜观看寻像器中的被摄图像，这时脸部也是使摄像机稳定的一个重要支撑点。在录制时，呼吸会影响到画面的稳定，故在拍摄时要学会运气。

2）清

摄像机拍出的画面应该是清晰的，不能模糊不清。为了保证画面的清晰，首先要保证摄像机镜头清洁；其次在调整聚焦时，最好要把镜头推到焦距最长的位置，调整聚焦环使图像清晰。无论是拍摄远处还是近处的物体，都要先把镜头推到焦距最长的位置再开始调整，因为这时的景深短，调出的焦点准确，然后再拉到所需的合适的焦距位置进行拍摄。

当被摄体沿纵深运动时，为保持物体始终清晰，一是随着被摄物体的移动相应地不断调整镜头聚焦；二是按照加大景深的办法作一些调整，例如缩短焦距、加大物距、减小光圈等；三是采用跟摄，始终保持摄像机和被摄物之间的距离不变。

3）准

摄像机要准确地重现被摄景物的真实色彩，准确地摄取一定的景物范围，通过画面构图准确地向观众表达出所要阐述的内容。要避免由于画面的不准而造成观众对画面的含糊印象，甚至不清楚画面要表达的意思。

4）匀

无论是推、拉，还是摇、移，都会影响观众的心情。若运动过程不够流畅，速度不匀，忽快忽慢，就会产生不协调感，所以在拍摄画面时要保证运动的流畅和协调性。可以利用镜头上的电动装置以及带有阻尼的三脚架、云台、移动车等，来形成运动的匀速变化。

5）暂停时间不能过长

为了保护磁头和磁带，不应使录像机处于长时间暂停状态。目前许多录像机已经安装了自动保护装置，暂停时间超过 8 min 便自动使磁带松弛，与磁头脱开。但我们还是应该尽可能缩短暂停的时间。

4．拍摄时应注意的事项

(1) 多录 5 s。因为录像机从停到磁带以正常速度运转有一个速度伺服过程，这一过程录制的图像，信号是不稳定的。在进行后期电子编辑时，编辑系统要求素材录像带上每一镜头的图像之前必须有至少 5 s 连续的信号，以便作为编辑录像机间同步锁相的参考。

(2) 避免反复推拉。这种前后多次推拉或左右来回摇摄像机的运动会给观众造成一种内容重复、多余的感觉，也使观众看了发晕，与日常观察事物的经验很不相符，所以在拍摄中应当避免。

(3) 平。通过寻像器看到的景物、图形应该横平竖直，即景物中的水平线应与荧光屏横边框相平行，垂直线与竖边框相平行。如果这些线歪斜，会使观众产生某些错觉。要使拍摄的图像不歪斜，关键是把摄像机下面的三脚架及云台摆好放平。若三脚架或云台上有水平仪，则可以根据水平仪来调整摄像机的平正。若无水平仪，则应利用寻像器中的图像，看其是否与寻像器荧光屏的边框相平行。

(4) 录前预练与预演。提倡在拍摄时要多演练几遍再录制，这样可以避免因多余录制的画面不能用而导致磁带的浪费。

5．摄像机使用保管事项

(1) 镜头不要对着强光拍摄，防止摄像管局部烧伤；

(2) 用毕后取出磁带，切断电源，关上镜头盖，取出电池块(准备充电)，关滤光镜；

(3) 摄像机水平放置，装箱，避免摄像管中的尘埃落在靶面上而产生黑色斑点；

(4) 天气条件比较差时不能使用摄像机；

(5) 避开强磁场；

(6) 应将摄像机存放在常温干燥处，定期通电；

(7) 一旦摄像机发生故障，需找专人维修，不要自己乱拆、乱卸、乱调。

7.7.5 运动拍摄技巧

1．推

推镜头相当于我们沿着物体的直线直接向物体不断走近观看，在推的过程中，画面所包含的内容逐渐减少。也就是说，镜头的运动摈弃了画面中多余的东西，突出重点，把观众的注意力引向某一个部分。用变焦距镜头也可以实现这种效果，就是从短焦距逐渐向长焦距推动，使得观众看到物体的细微部分，可以突出要表现内容的关键。推镜头也可以展示巨大的空间。

2．拉

拉是指根据拍摄需要，利用镜头变焦使画面框架由近而远、不间断拉开与被摄主体距离的一种拍摄方式。与推镜头的效果相反。

3．摇

摇有三种拍摄方式：水平摇、垂直摇和旋转摇。它是指摄像机的位置不变，借助三脚架、云台或其他辅助器材，变动摄像机镜头轴线，从而产生拍摄角度和画面空间连续变化的一种拍摄方式。摇镜头的特点是保持机位及视角大小不变，常用于对大场面移动取景，并且能给观众一种动态的感觉。通过摇镜头可把空间分布的景物按摄像机指定的顺序进入观众的视觉，再通过观看者的综合联接，弥补摄像局部取景的不足。摇镜头时应按照一定的规律移动，而且要一气呵成，使主题表现得淋漓尽致。

4．移

移是指摄像机沿着一定路径进行拍摄的一种操作方式。它可表现被摄主体在现实空间内的各种状态。根据不同的移动路径，可拍摄出画面结构和视觉效果多变的镜头内容。

由于移拍具有独特的画面效果，故可作为一种特定的拍摄技法。

5．跟拍

跟拍是指摄像机跟随被摄主体一起运动，持续表现被摄主体某种状态的一种拍摄方式。在跟拍的过程中，景别保持不变，景深也基本不变。在跟拍中，可以采用中景、全景等景别。特写难以作为跟拍的景别，而大全景则会失去跟踪的意义。

6. 升降拍摄

升降拍摄是指利用升降装置使摄像机产生垂直运动并对主体作固定拍摄的一种拍摄方式。升降镜头的运用，主要是使画面产生观看角度的变化，从而形成视点的变化。

一般观众不可能具有垂直方向上升降方式观看的条件，所以这种拍摄法产生的画面效果是不寻常的，容易吸引观众的注意力。

7. 甩

甩是指摇镜头的一种。在静止画面结束后，镜头急速转向另一个静止画面，起止两个画面是不同的场景，在这一急速转向过程中画面是非常模糊的，并且时间是十分短促的，我们把这一拍摄方式称为甩镜头。用甩镜头摄得的内容可以给观众以时空转换的效果。

甩拍时，速度要掌握好，不要使中间过渡画面有清晰呈现的可能。

7.8 触 摸 屏

7.8.1 触摸屏概述

随着多媒体信息查询的广泛应用，人们越来越多地使用触摸屏。触摸屏作为一种新型计算机输入设备，它操作简单、方便、自然，并具有坚固耐用、反应速度快、节省空间、易于交流等许多优点。利用触摸屏技术，用户只要用手指轻轻触碰安装于计算机显示屏上的触摸屏，就能实现对主机操作。这种技术极大方便了那些不懂计算机操作的用户，人机交互方式更为简便、友好。触摸屏的应用范围非常广泛，尤其是在公共信息的查询领域，如电信局、税务局、银行、电力等部门的业务查询，城市街头的信息查询，以及应用在办公、工业控制、军事指挥、电子游戏、点歌点菜、多媒体教学、房地产预售等领域。

7.8.2 触摸屏的分类

按照触摸屏技术原理分类，触摸屏有红外线触摸屏、电阻触摸屏、电容式触摸屏、表面声波触摸屏、近场成像触摸屏五种类型。触摸屏的外观如图 7-29 所示。

1. 红外线触摸屏

红外线触摸屏是一种利用红外线技术的装置。在显示器前面架上一个边框形状的传感器，边框的四边排列了红外线发射管及接收管，在屏幕表面形成一个红外线网。用户以手指触摸屏幕某一点，便会挡住经过该位置的横竖两条红外线，检测 X、Y 方向被遮挡的红外线位置便可得到触摸位置的坐标数据，然后传送到计算机中进行相应的处理。

图 7-29 触摸屏的外观

红外线触摸屏价格便宜，安装方便，能较好地感应轻微触摸与快速触摸，但是它对环境要求较高。由于红外线触摸屏依靠红外线感应动作，所以外界光线的变化会影响其准确度。红外线触摸屏表面的尘埃污秽等也会引起误差，影响其性能，因此红外线触摸屏不宜置于户外和公共场所使用。

2．电阻触摸屏

电阻触摸屏的屏体部分是一块与显示器表面相匹配的多层复合薄膜，由一层玻璃或有机玻璃作为基层，在基层两个表面涂上一层透明的导电层，在两层导电层之间有极小的间隙使它们互相绝缘。在最外面再涂覆一层透明、光滑且耐磨损的塑料层。

当手指触摸屏幕时，平常相互绝缘的两层导电层就在触摸点位置由于外表面受压而与另一面导电层有了一个接触点，因其中一面导电层附上横竖两个方向的均匀电压场，此时使得侦测层的电压由零变为非零，这种接通状态被控制器侦测到后，进行 A/D 转换，并将得到的电压值与均匀电压场相比即可计算出触摸点的坐标。

电阻触摸屏对环境的要求不苛刻，它可以用任何不伤及表面材料的物体来触摸，但不可使用锐器触摸，否则可能划伤整个触摸屏而导致报废。

3．电容式触摸屏

电容式触摸屏的外表面是一层玻璃，中间夹层的上下两面涂有一层透明的导电薄膜层，再在导体层外加上一块保护玻璃。上面的导电层是工作层面，四边各有一个狭长的电极，在导电体内形成一个低电压交流电场。

用户触摸电容式触摸屏时，会改变工作层面的电容量，而四边电极则对触摸位置的容量变化做出反应。距离触摸位置远近不同的电极反映强弱不同，这种差异经过运算和变换形成触摸位置的坐标数据。

电容式触摸屏不怕尘埃，但是环境温度、湿度、强电场、大功率发射接收装置、附近的大型金属物等会影响工作的稳定性。

4．表面声波触摸屏

表面声波触摸屏的触摸屏部分是玻璃平板，安装在显示器屏幕的前面。当手指触摸玻璃屏时，玻璃表面途经手指部位的声波能量被部分吸收，接收波形对应手指挡住部位信号衰减了一个缺口，控制器分析接收信号的衰减并由缺口的位置判定坐标。之后控制器把坐标数值传给主机。

表面声波触摸屏的特点是性能稳定、反应速度快、受外界干扰小，适合公共场所使用。

5．近场成像触摸屏

近场成像触摸屏的传感机构是中间有一层透明金属氧化物导电涂层的两块层压玻璃。接触到传感器的时候，静电场就会受到干扰。而与之配套的影像处理控制器可以探测到这个干扰信号及其位置，并把相应的坐标参数传给操作系统。

近场成像触摸屏非常耐用，灵敏度很高，可以在非常苛刻的环境及公众场合使用，其不足之处是价格比较贵。

7.8.3　触摸屏的工作原理

通过物理手段检测用户在显示屏上的触摸点位置，向计算机报告其坐标值，从而确定用户所输入的信息，计算机据此信息而完成相应的功能，实现对计算机的控制。

7.8.4 触摸屏的技术指标

1．透明性

触摸屏是由多层复合薄膜构成，透明性能的好坏直接影响到触摸屏的视觉效果。衡量触摸屏的透明性能不仅要从它的视觉效果来衡量，还应该包括透明度、色彩失真度、反光性和清晰度四个特性。

2．绝对坐标系统

传统的鼠标是一种相对定位系统，只和前一次鼠标的位置坐标有关。而触摸屏则是一种绝对坐标系统，要选哪里就直接点哪里，与相对定位系统有着本质的区别。绝对坐标系统的特点是每一次定位坐标与上一次定位坐标没有关系，每次触摸的数据通过校准转为屏幕上的坐标，不管在什么情况下，触摸屏这套坐标在同一点的输出数据是稳定的。不过由于技术原因，并不能保证同一点每一次触摸采样数据是相同的，不能保证绝对坐标定位。触摸点的定位准确(即不产生漂移)，是触摸屏最需解决的问题。衡量触摸屏的性能和质量好坏，漂移是一项重要的技术指标。

3．检测与定位

各种触摸屏技术都是依靠传感器来工作的，甚至有的触摸屏本身就是一套传感器。定位原理和所用的传感器决定了触摸屏的反应速度、可靠性、稳定性和寿命。

几种常用触摸屏的特性比较，如表 7-3 所示。

表 7-3　常用触摸彩屏的特性比较

类别 性能	红外	电容	四线电阻	五线电阻	表面声波
清晰度		一般	一般	较好	很好
分辨率	100 点/英寸 ×100 点/英寸	4096 点/英寸 ×4096 点/英寸	4096 点/英寸 ×4096 点/英寸	4096 点/英寸 ×4096 点/英寸	4096 点/英寸 ×4096 点/英寸
反光性		较严重	有	较少	很少
透光性		85%	60%左右	75%	92%(极限)
漂移		有			
材质	塑料框架或 透光外壳	多层玻璃或 塑料复合膜	多层玻璃或 塑料复合膜	多层玻璃或 塑料复合膜	纯玻璃
防刮擦		一般	主要缺陷	较好，怕锐器	非常好
反应速度	50 ms～300 ms	15 ms～24 ms	10 ms～20 ms	10 ms	10 ms
寿命	大多传感器 损坏概率大	2000 万次	500 万次以上	3500 万次	>5000 万次

扩展题

1. 如何选购 LCD 显示器？其关键性指标是什么？
2. 如何选购并规范使用投影机？
3. 简述扫描文本、图片的过程，指出识别操作的注意事项。
4. 触模式自动缴费机、触模式信息查询机均属触摸屏，试说明其工作原理。

多媒体数据存储技术

☞ 信息存储装置按存储介质大致可以分为磁、光和半导体三大类。磁记录方式历史悠久，应用也很广泛。光存储器具有容量大、可靠性好、存储成本低廉等特点。半导体存储器使用简单、携带方便、易于管理。

8.1 磁 存 储 器

8.1.1 磁盘/磁盘阵列

磁盘存储器(magnetic disk storage)是以磁盘为存储介质的存储器，通常由磁盘、磁盘驱动器(或称磁盘机)和磁盘控制器构成。利用磁记录技术在涂有磁记录介质的旋转圆盘上进行数据存储的辅助存储器，具有存储容量大、数据传输率高、存储数据可长期保存等特点。在计算机系统中，磁盘存储器有软盘、硬盘和移动硬盘三种，软盘已基本淘汰，目前应用广泛的有硬盘和移动硬盘两种。

1. 硬盘

现用硬盘大多采用 IDE 接口和 SCSI 接口，主要采用温彻思特技术。硬盘一般由盘片、盘体、磁头、电机四部分组成，其特点是：

(1) 磁头，盘片及运动机构密封；

(2) 固定并高速旋转的镀磁盘片表面平整光滑；

(3) 磁头沿盘片径向移动；

(4) 磁头对盘片接触式启停，但工作时呈飞行状态，不与盘片直接接触。

1) 盘片

硬盘盘片是将磁粉附着在铝合金(新材料也有用玻璃的)圆盘片的表面。这些磁粉被划分成称为磁道的若干个同心圆，在每个同心圆的磁道上就好像有无数的任意排列的小磁铁，它们分别代表着 0 和 1 的状态。当这些小磁铁受到来自磁头的磁力影响时，其排列方向会随之改变。利用磁头的磁力控制指定的一些小磁铁方向，使每个小磁铁都可以用来储存信息。

2) 盘体

硬盘的盘体由多个盘片组成，这些盘片重叠在一起放在一个密封的盒中，它们在主轴电机的带动下以很高的速度旋转，其转速达 3600 r/min、4500 r/min、5400 r/min、7200 r/min、甚至更高。

3) 磁头

硬盘的磁头用来读取或者修改盘片上磁性物质的状态。一般来说，每一个磁面都有一个磁头，从最上面开始，由 0 开始编号。磁头在停止工作时，与磁盘是接触的，但是在工作时呈飞行状态。磁头采取在盘片的着陆区接触式启停的方式，着陆区不存放任何数据，磁头在此区域启停，不存在损伤任何数据的问题。读取数据时，盘片高速旋转，由于对磁头运动采取了精巧的空气动力学设计，此时磁头处于离盘面数据区 0.2 μm～0.5 μm 高度的飞行状态，既不与盘面接触造成磨损，又能可靠地读取数据。

4) 电机

硬盘内的电机都为无刷电机，在高速轴承支撑下机械磨损很小，可以长时间连续工作。高速旋转的盘体会产生明显的陀螺效应，所以工作中的硬盘不宜运动，否则将加重轴承的工作负荷。硬盘磁头的寻道伺服电机多采用音圈式旋转或者直线运动步进电机，在伺服跟踪的调节下精确地跟踪盘片的磁道，所以在硬盘工作时不要有冲击碰撞，搬动时要小心轻放。

2．移动硬盘

移动硬盘是以硬盘为存储介质，数据的读写模式与标准 IDE 硬盘是相同的，强调便携性的存储产品。市场上绝大多数移动硬盘都以标准硬盘为基础的，只有很少部分的移动硬盘是以微型硬盘(1.8 英寸硬盘等)为基础的。移动硬盘多采用 USB、IEEE1394 等传输速度较快的接口，能以较高的速度与系统进行数据传输。截至 2009 年，主流 2.5 英寸品牌移动硬盘的读取速度约为 15 Mb/s～25 Mb/s，写入速度约为 8 Mb/s～15 Mb/s，常见的品牌有联想、爱国者等。

3．磁盘阵列

磁盘阵列是把多个磁盘组成一个阵列，当作单一磁盘使用，由一个硬盘控制器来控制多个硬盘的相互连接，使多个硬盘的读写同步。磁盘阵列将数据以分段(striping)方式储存在不同的磁盘中，存取数据时，阵列中的相关磁盘一起动作，减少了错误，增加了可靠度性，提高了数据读写速度，同时解决了大容量磁盘价格昂贵，防止数据因磁盘的故障而丢失及如何有效利用磁盘空间这些问题。

磁盘阵列所采用的不同技术，称为 RAID level。不同的 level 针对不同的系统及应用，以解决数据安全的问题。一般高性能的磁盘阵列都是以硬件的形式来实现，进一步地把磁盘读取控制及磁盘阵列结合在一个控制器(RAID control)或控制卡上，针对不同的用户解决人们对磁盘输出/输入系统的四大要求，即

(1) 增加存取速度；

(2) 容错(fault tolerance)，即安全性；

(3) 有效地利用磁盘空间；

(4) 尽量平衡 CPU、内存及磁盘的性能差异，提高电脑的整体工作性能。

磁盘阵列的样式有三种：一是外接式磁盘阵列柜；二是内接式磁盘阵列卡；三是软件仿真的方式。外接式磁盘阵列柜常使用在大型服务器上，具有可热抽换(Hot Swap)的特性，不过这类产品的价格都很贵；内接式磁盘阵列卡的价格便宜，但需要较高的安装技术，适

合技术人员操作使用；软件仿真的方式由于会拖累机器的速度，不适合大数据流量的服务器。

8.1.2　磁带/磁带库

磁带是一种用于记录声音、图像、数字或其他信号的载有磁层的带状材料，通常是在塑料薄膜带基(支持体)上涂覆一层颗粒状磁性材料(如针状 γ-Fe_2O_3 磁粉或金属磁粉)或蒸发沉积一层磁性氧化物或合金薄膜而成。最早使用纸和赛璐珞等做带基，现在主要用强度高、稳定性好且不易变形的聚酯薄膜。

广义的磁带库产品包括自动加载磁带机和磁带库。自动加载磁带机和磁带库实际上是将磁带和磁带机有机结合组成的。自动加载磁带机是一个位于单机中的磁带驱动器和自动磁带更换装置，它可以从装有多盘磁带的磁带匣中拾取磁带并放入驱动器中，或执行相反的过程。它可以备份 100～200 GB 或者更多的数据。自动加载磁带机能够支持例行备份过程，自动为每日的备份工作装载新的磁带。一个拥有工作组服务器的小公司或分理处可以使用自动加载磁带机来自动完成备份工作。

磁带库不仅数据存储量大，而且在备份效率和人工占用方面拥有无可比拟的优势。在网络系统中，磁带库通过 SAN(Storage Area Network，存储局域网络)系统可形成网络存储系统，为企业存储提供有力保障，很容易完成远程数据访问、数据存储备份，或通过磁带镜像技术实现多磁带库备份，它无疑是数据仓库、ERP 等大型网络应用的良好存储设备。

8.2　光存储器

光存储器是由光盘驱动器和光盘片组成的光盘驱动系统。光存储技术是一种通过光学方法读写数据的技术。光盘上有凹凸不平的小坑，光照射到上面有不同的反射，改变存储单元的某种性质，如反射率、反射光极化方向等，再转化为 0、1 的数字信号就成了光存储。光盘外面有保护膜，一般看不出来，不过能看出来有信息和没有信息的地方。在读取数据时，光检测器检测出光强和极化方向等的变化，从而读出存储在光盘上的数据。由于高能量激光束可以聚焦成约 0.8 μm 的光束，并且激光的对准精度高，因此与硬盘等其他存储技术相比，它具有较高的存储容量。

常用的光存储设备，主要部分就是激光发生器和光监测器。光驱上的激光发生器实际上就是一个激光二极管，可以产生对应波长的激光光束，然后经过一系列的处理后射到光盘上，然后经由光监测器捕捉反射回来的信号从而识别实际的数据。如果光盘不反射激光，则代表那里有一个小坑，那么电脑就知道它代表一个"1"；如果激光被反射回来，电脑就知道这个点是一个"0"。然后电脑就可以将这些二进制代码转换成为原来的程序。当光盘在光驱中作高速转动时，激光头在电机的控制下前后移动，数据就这样源源不断地读取出来了。

光盘系统有 CD(光盘)、CD-ROM(光盘只读存储器)、CD-R(可刻录光盘)、CD-RW(可重写光盘)、DVD(数字视盘)、DVD-R(可刻录 DVD)、DVD-RW(可重写 DVD)。

(1) CD：存储数字音频信息的不可擦光盘，标准系统采用直径为 12 cm，能记录连续播放 60 min 以上信息的光盘。

(2) CD-ROM：是由音频光盘(简称 CD)发展而来的一种小型只读存储器，用于存储计算机数据的不可擦只读光盘。标准系统采用直径为 12 cm，存储容量大于 550 MB 的光盘。

(3) DVD 数字化视频盘：制作数字化的、压缩的视频信息以及其他大容量数字数据技术。

(4) 可擦光盘：使用光技术，可擦去和重复写入的光盘，有 3.25 英寸和 5.25 英寸两种，容量通常用 650 MB。

蓝光(Blu-ray)或称蓝光盘(BD，Blu-ray Disc)是利用波长较短(405 nm)的蓝色激光读取和写入数据，并因此而得名。传统 DVD 需要激光头发出红色激光(波长为 650 nm)来读取或写入数据，通常来说，激光的波长越短，能够在单位面积上记录或读取的信息越多。因此，蓝光极大地提高了光盘的存储容量，对于光存储产品来说，蓝光提供了一个跳跃式发展的机会。

到目前为止，蓝光是最先进的大容量光碟格式，BD 激光技术的巨大进步，使人们能够在一张单碟上存储 25 GB 的文档文件，这是现有(单碟)DVD 的 5 倍。在速度方面，蓝光允许 1～2 倍或者 4.5～9 Mb/s 的记录速度。

8.3　半导体存储器

半导体存储器(semi-conductor memory)是一种用半导体集成电路工艺制成的存储数据信息的固态电子器件。

8.3.1　按制造工艺分类

按制造工艺的不同，半导体存储器可以分为双极型和金属氧化物半导体型两类。

双极型(bipolar)由 TTL 晶体管逻辑电路构成。该类存储器件的工作速度快，与 CPU 处在同一量级，但集成度低，功耗大，价格偏高，在微机系统中常用做高速缓冲存储器 cache。

金属氧化物半导体型，简称 MOS 型。该类存储器有多种制造工艺，如 NMOS、HMOS、CMOS、CHMOS 等，可用来制造多种半导体存储器件，如静态 RAM、动态 RAM、EPROM 等。该类存储器的集成度高，功耗低，价格便宜，但速度较双极型器件慢。微机的内存主要由 MOS 型半导体构成。

8.3.2　按存取方式分类

半导体存储器可分为只读存储器(ROM)和随机存取存储器(RAM)两大类。ROM 是一种非易失性存储器，其特点是信息一旦写入，就固定不变，掉电后，信息也不会丢失。在使用过程中，只能读出，一般不能修改，常用于保存无需修改且长期使用的程序和数据，如主板上的基本输入/输出系统程序 BIOS、打印机中的汉字库、外部设备的驱动程序等，也可作为 I/O 数据缓冲存储器、堆栈等。RAM 是一种易失性存储器，其特点是在使用过程中，信息可以随机写入或读出，使用灵活，但信息不能永久保存，一旦掉电，信息就会自动丢失，常用做内存，存放正在运行的程序和数据。

1. ROM 的类型

根据编程写入方式的不同，ROM 分为以下几种：

(1) 掩膜 ROM。掩膜 ROM 存储的信息是由生产厂家根据用户的要求，在生产过程中采用掩膜工艺(即光刻图形技术)一次性直接写入的。掩膜 ROM 一旦制成，其内容便不能再改写，因此它只适合于存储永久性保存的程序和数据。

(2) PROM。PROM(Programmable ROM)为一次编程 ROM。它的编程逻辑器件靠存储单元中熔丝的断开与接通来表示存储的信息：当熔丝烧断时，表示信息"0"；当熔丝接通时，表示信息"1"。由于存储单元的熔丝一旦被烧断就不能恢复，因此 PROM 存储的信息只能写入一次，不能擦除和改写。

(3) EPROM。EPROM(Erasable Programmable ROM)是一种紫外线可擦除可编程 ROM。写入信息是在专用编程器上实现的，具有能多次改写的功能。EPROM 芯片的上方有一个石英玻璃窗口，当需要改写时，将它放在紫外线灯光下照射约 15～20 分钟便可擦除信息，使所有的擦除单元恢复到初始状态"1"，又可以编程写入新的内容。由于 EPROM 在紫外线照射下信息易丢失，故使用时应在玻璃窗口处用不透明的纸封严，以免信息丢失。

(4) EEPROM。EEPROM(Electrically Erasable Programmable ROM)是一种电可擦除可编程 ROM。它是一种在线(或称在系统，即不用拔下来)可擦除可编程只读存储器。它能像 RAM 那样随机地进行改写，又能像 ROM 那样在掉电的情况下使所保存的信息不丢失，即 EEPROM 兼有 RAM 和 ROM 的双重功能特点。又因为它的改写不需要使用专用编程设备，只需在指定的引脚加上合适的电压(如 +5 V)即可进行在线擦除和改写，使用起来更加方便灵活。

(5) 闪速存储器。闪速存储器(Flash Memory)简称 Flash 或闪存。它与 EEPROM 类似，也是一种电擦写型 ROM。与 EEPROM 的主要区别是：EEPROM 是按字节擦写，速度慢；而闪存是按块擦写，速度快，一般在 65～170 ns 之间。Flash 芯片从结构上分为串行传输和并行传输两大类：串行 Flash 能节约空间和成本，但存储容量小，速度慢；而并行 Flash 存储容量大，速度快。

Flash 是近年来发展非常快的一种新型半导体存储器。由于它具有在线电擦写、低功耗、大容量、擦写速度快的特点，同时，还具有与 DRAM 等同的低价位，低成本的优势，因此受到广大用户的青睐。目前，Flash 在微机系统、寻呼机系统、嵌入式系统和智能仪器仪表等领域得到了广泛的应用。

2. RAM 的类型

1) SRAM

SRAM(Static RAM)是一种静态随机存储器。它的存储电路由 MOS 管触发器构成，用触发器的导通和截止状态来表示信息"0"或"1"。其特点是速度快，工作稳定，且不需要刷新电路，使用方便灵活，但由于它使用的 MOS 管较多，致使集成度低，功耗较大，成本也高。在微机系统中，SRAM 常用做小容量的高速缓冲存储器。

2) DRAM

DRAM(Dynamic RAM)是一种动态随机存储器。它的存储电路是利用 MOS 管的栅极分布电容的充放电来保存信息的，充电后表示"1"，放电后表示"0"。其特点是集成度高，功耗低，价格便宜，但由于电容存在漏电现象，电容电荷会因为漏电而逐渐丢失，因此必须定时对 DRAM 进行充电(称为刷新)。在微机系统中，DRAM 常被用做内存(即内存条)。

3) NVRAM

NVRAM(Non Volatile RAM)是一种非易失性随机存储器。它的存储电路由 SRAM 和 EEPROM 共同构成，在正常运行时和 SRAM 的功能相同，既可以随时写入，又可以随时读出。但在掉电或电源发生故障的瞬间，它可以立即把 SRAM 中的信息保存到 PROM 中，使信息得到自动保护。NVRAM 多用于掉电保护和保存存储系统中的重要信息。

3. 常见的半导体存储器

1) CF 闪存卡

CF 闪存卡是一种袖珍闪存(Compact Flash)卡。像 PC 卡那样插入数码相机，它可用适配器(又称转接卡)，使之适应标准的 PC 卡阅读器或其他的 PC 卡设备。CF 存储卡的部分结构采用强化玻璃及金属外壳，CF 存储卡采用标准 ATA/IDA 接口界面，配备有专门的 PCM-CIA 适配器(转接卡)，笔记本电脑的用户可直接在 PCM-CIA 插槽上使用，使数据很容易在数码相机与电脑之间传递。

2) SM 闪存卡

SM 闪存卡，即智能媒体(Smart Media)卡，是一种存储媒介。SM 卡采用了 SSFDGB/Flash 内存卡，具有超小、超薄、超轻等特性，体积为 37 mm × 45 mm × 0.76 mm，重量是 1.8 g，功耗低，容易升级，SM 转换卡也有 PCM-CIA 界面，方便用户进行数据传送。

3) 微型记忆棒

微型记忆棒(memory stick duo)的体积和重量都为普通记忆棒的三分之一左右，目前最大存储容量可以达到 4 g。

4) SD 闪存卡

SD(Secure Digital)闪存卡，其体积为 32 mm × 24 mm × 2.11 mm，存储的速度快，非常小巧，外观和 MMC 一样，目前市面上大多数数码相机使用这种格式的存储卡，市场占有率第一。

5) 微硬盘

微硬盘是一种比较高端的存储产品，目前 Hitachi(日立)和国产品牌南方汇通都推出了自己的微硬盘产品。微型硬盘外型和 CF 卡完全一样，使用同一型号接口。

6) 优卡

优卡是 Lexar 公司生产的一种数码相机存储介质，外形和一般的 CF 卡相同，可以用在使用 CF 卡的数码相机、PDA、MP3 等数码设备中，同时可以直接通过 USB 接口与计算机系统联机，用做移动存储器。

8.4　MDB 存储技术

近年来，随着多媒体数据库的引入，一些业内人士开始酝酿对数据管理方法进行新的变革。传统的数据库模型主要针对整数、实数、定长字符等规范数据。数据库的设计者必须把真实的世界抽象为规范数据，这就要求设计者具有一定的技巧，而且在一定情况下，这项工作会特别困难。即使抽象完成了，抽象得到的结果往往会损失部分的原始信息，甚至会出现错误。当图像、声音、动态视频等多媒体信息引入计算机之后，可以表达的信息范围大大扩展，但同时又带来许多新的问题：一方面，如何使用数据库系统来描述这些数据；另一方面，传统数据库可以在用户给出查询条件之后迅速地检索到正确的信息，但那是针对使用字符数值型数据的。现在，我们面临的问题是：如果基本数据不再是字符数值型，而是图像、声音，甚至是视频数据，那我们将怎样检索查询？如何表达多媒体信息的内容？如何组织数据？这些都是我们必须考虑的。

8.4.1　MDB

多媒体数据库(MDB，Multimedia Database)是数据库技术与多媒体技术结合的产物，是为某种特殊目的组织起来的记录和文件的集合。传统的数据库管理系统在处理结构化数据、文字和数值信息等方面是很成功的，但是处理大量的存在于各种媒体的非结构化数据(如图形、图像和声音等)就难以胜任了，因此需要研究和建立能处理非结构化数据的新型数据库——多媒体数据库。

1．MDB 的基本要素

MDB 需处理的信息包括数值(number)、字符串(string)、文本(text)、图形(graphics)、图像(image)、音频、动画和影像等。

1) 数值

在数据库中，数值可以用来表征事物的大小或高低等简单属性，对数值数据可以进行算术运算，可以提供有关事物的统计特征。例如，人事档案库中的年龄、身材等，也可以表示事物的类别、层次等，如性别、部门、学历等。

2) 字符串

字符串即由数字、字母或其他符号连接组成的符号串，其形式近乎于事物本身的特征，并常通过各个角度对事物进行描述，如电话号码、地址、时间等。对字符串数据可以进行连接运算，在数据库管理中是较便于检索的一种类型。

3) 文本

大量的字符串组成文本数据。文本主要以自然语言对事物进行说明性的表示，如简历、备注等。其内容抽象度高，计算机理解需要基于一定的技术，在管理上也增加了难度，如存储问题、语义归类问题、检索问题等。

4) 图形

图形数据以点、线、角、圆、弧为基本单位，一个完整复杂的图形也可以分解为这些基本的元素来存储。此外，还必须保存各图形元素之间的位置与层次关系，如图形元素库、工程图纸库等。图形数据是基于符号的，因此存储量小，便于存取和管理，但图形的使用以显示为主，必须结合图形显示技术。

5) 图像

图像数据以空间离散的点为基础，如果对这种原始数据进行存取的话，将不利于将来对数据的检索，所以通常都通过一定的格式加以组合。数据库中常用尺寸、颜色、纹理、分割等抽象的语义来描述图像的属性。在特定范围内，图像数据库在存取和检索方面也已经有成功的应用，如指纹库、人像库、形体库等。

6) 音频

音频分为声音、语音和音乐。其中声音数据的范围太大、太杂，不便于存储和管理。语音数据的存取也是建立在波形文件基础上的，鉴于语言、语音以及语气的诸多因素，波形的检索还存在着较大的难度，只有对各声波段附加数值、字符串或文本数据，并以它们作为检索的依据，才能达到非声波本身属性方面的检索。在目前的实际应用中，只有对特定声音或特定语音的存取才具有实际意义。

音乐是表示乐器的模拟声音，它以符号方式记录信号，因此容易存取、检索和管理。它类似于图形，一段完整复杂的音乐可以分解音符、音色、音调等元素来存储。此外，还必须保存时间及其他相关属性。

7) 动画和影像

动画和影像类似于图像，与图像的区别是其表现必须与时间属性的变化密切配合。动画和影像数据可以分解成文字、解说、配音、场景、剪辑以及时间关系等多种元素，在空间和时间上的管理比其他数据要复杂得多，无论是对各元素的检索还是对组合元素的检索，都存在着相当的难度。但若作为一个整体，可以如声波那样附加以特定的数据，实现非动画和影像本身属性方面的检索。

2. MDBMS

多媒体数据库管理系统(MDBMS，Multimedia Database Management System)是对多媒体数据库系统的统一集中管理，除了文本和其他离散数据外，视频和音频信息也将被存储、处理和检索。为了支持这些功能，多媒体数据库系统需要适当的存储机制和文件系统，能管理分布在不同辅助存储媒体上的巨量数据，能处理连续的数据，满足实时性的要求。MDBMS 系统结构如图 8-1 所示。

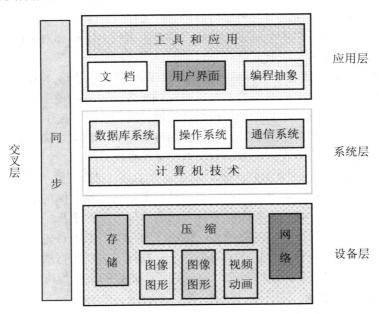

图 8-1　MDBMS 系统结构

MDBMS 的主要任务是提供信息的存储和管理，它需有以下特性：

(1) 数据的持久性。数据的生存期应超过处理程序和技术的生存期。例如，在很多应用中，数据必须保存在数据库中几十年甚至更长时间，而在这期间，计算机技术在发展，操作系统在改变，其他程序也在改变，这就要求 MDBMS 在外围的程序发生改变时，仍然能够对数据进行处理。

(2) 数据视图的一致性。在多用户系统中，在特定的时候处理数据库查询时，系统提供数据视图的一致性是非常重要的。这个属性能通过时间同步协议实现。

(3) 数据的安全性。当系统出现错误时，数据库的安全性和数据库的整体防护性是对 MDBMS 最重要的要求之一。这个属性通过使用事务概念来提供。

(4) 数据查询和检索。在数据库中存储了许多不同的信息，它们能通过数据库查询被检索到，数据库查询已被公式化为查询语言。另外，在数据库中的每个条目及其状态信息(如条目已被修改过)需要通过适当的检索来提供。

8.4.2　MDB 的存储方法和数据索引技术

多媒体数据对存储容量的要求很高，一般都达到 TB 级。多媒体数据存储和查询的最主要特点是要考虑多媒体数据对象的庞大数据量及实时性要求。多媒体数据的存储方法和存取技术是多媒体数据库系统需要解决的重要问题。

1. 多媒体数据库的存储方法

目前，多媒体数据库通常使用磁盘、磁盘阵列、磁带库和光盘库来存储。多媒体数据对象主要有单磁盘存储、多磁盘存储和多磁盘分割存储三种存储方式。单磁盘存储将属于不同媒体类型的对象存储于同一磁盘上，多磁盘存储则将不同对象分别存储于不同的多个可用磁盘上。多磁盘分割存储是另一种使用多磁盘的方法，把某一个媒体对象分开存于不同的磁盘上，同一对象便可在多个磁盘上并行检索，大大提高了媒体对象的查询速度，对存储视频等高带宽的媒体对象特别有用。

虽然磁盘确实为多媒体对象的存储和检索提供了有效空间，但是其存储常常受到存储容量的限制。磁盘存储器的价格也抑制了大规模视频服务器磁盘的使用。一种改进的方法是使用高容量第三级存储设备，如磁带库和光盘库等。高端磁带可提供 TB 级存储容量，而且价格大大低于磁盘。光盘也能提供数百 GB 的存储能力。但是，第三级存储设备的传输率低于磁盘。因此，它们不能直接用于多媒体对象的存取。

在多媒体数据库服务器中，如何选择对象存储方案，主要考虑以下因素：需要同时支持的多媒体应用程序的数目、每一个应用程序的带宽需求、需要存储的数据量、能够承受的费用。基于上面的因素，我们需要比较各种不同的存储方案，选择一种适合于自己需要的多媒体数据库服务器。根据存储的数量和应用程序的带宽需求，首先选择磁盘的数目和类型，然后选择可用于存储数据分割技术的类型。分割技术可以根据磁盘的下列特性进行选择：可用的磁盘数目、磁盘提供的带宽、定位时间、磁盘的旋转等待时间等。

2. 多媒体数据索引技术

为了提高检索或查询多媒体数据的效率，必须考虑多媒体数据的存取方法或索引技术。当一个多媒体数据的属性独立于多媒体数据内容，即该属性是元数据的一部分时，可以像在关系数据库系统中一样为该多媒体数据建立索引，这是目前最普及的一种视频数据索引技术。这类索引技术对视频点播、视频文档查询等应用很有益处。

最近几年，人们提出了基于内容的视频数据索引技术。基于内容的索引查询的内容包括对象、摄像机操作、对象的移动及镜头等。基于内容的视频数据索引的结构可以是散列表或 B 树。如果索引项是图标，可以选用图标的某一特征作为索引键构成散列表或 B 树。若要查询某一对象，可输入该对象的图标，通过索引可查得一批颜色强度平均值与此图标接近的索引项，从中选出所需要的对象。若对查询结果不满意，还可以修改查询要求，反复查询，直至满意为止。

8.4.3　MDB 体系结构类型

多媒体数据库是能够有效实现多媒体数据的存储、读取、检索等功能的数据库系统。它继承了传统数据库的一些优点，并能对具有时空关系的数据进行同步管理。从其总体发展上看，实现多媒体数据管理需要建立的体系结构主要有以下几类。

1．协作型结构

协作型结构是针对各种媒体单独建立数据库，每一种媒体的数据库都有自己独立的数据库管理系统。虽然它们是相互独立的，但是可以通过相互通信进行协调和执行相应的操作。由于这种结构对多媒体数据库的管理是分开进行的，可以利用现在的研究成果直接进行"组装"，设计媒体数据库时也不用考虑与其他媒体的区别和协调。但对不同类型媒体的联合操作实际上是交给用户去完成了，使得对多种媒体的联合操作、合成处理、概念查询等较难完成。如图 8-2 所示为协作型 MDBMS 的组织结构。

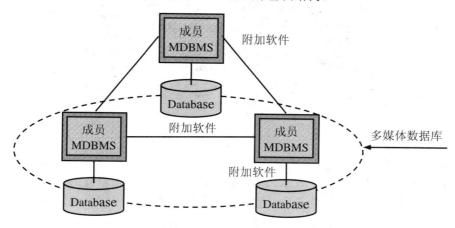

图 8-2　协作型 MDBMS 的组织结构

2．集中统一型结构

集中统一型结构只存在一个单一的多媒体数据库和单一的多媒体数据库管理系统。在这种结构中，对各种媒体统一建模，将媒体的管理与操纵集中到一个数据库管理系统中，各种用户的需求被统一到一个多媒体用户接口上。这种结构建模统一、管理/操作统一、用户接口统一、查询和检索结果统一表示，理论上能够充分地做到对多媒体数据进行有效的管理和使用，但实际上这种多媒体数据库系统是很难实现的。如图 8-3 所示为集中型

MDBMS 的组织结构。

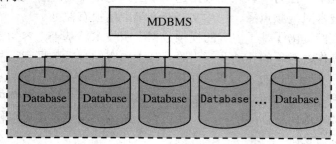

图 8-3　集中型 MDBMS 的组织结构

3．主从型结构

主从型结构是减少集中统一型多媒体数据库系统复杂性的一个很有效的办法。不同数据类型的媒体数据仍然相互独立，系统将每一种媒体的管理与操纵各用一个服务器来实现，所有服务器的综合和操纵也用一个服务器来完成，与用户的接口采用客户进程来实现。这种结构可以针对不同的需求采用不同的服务器、客户进程组合，所以很容易符合应用的需求，对每一种媒体也可以采用与这种媒体相符合的处理办法，但采用这种体系结构必须对服务器和客户进行仔细的规划和统一考虑，采用标准化和开放的接口界面。如图 8-4 所示为主从型 MDBMS 的组织结构。

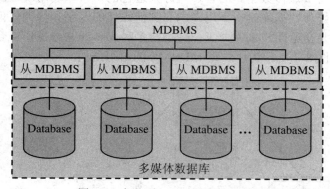

图 8-4　主从型 MDBMS 组织结构

4．超媒体结构

超媒体结构是利用关系链来表示离散数据片断，用户通过关系链由一个信息结点转移到另一个信息结点来实现信息的查询，强调对数据时空索引的组织。超媒体的数据片断可以是任何媒体形式的数据，如文本、图像、图形、声音、视频等。在这种结构的理论下，世界上所有计算机中的信息和其他系统中的信息都应该连接在一起，而且信息也要能够随意扩展和访问。比较典型的商业应用是地理信息系统(GIS)。超媒体被认为是"天然"的多媒体信息组织和管理技术。

MDB 目前已经广泛应用于许多领域中。例如在刑侦中，应用了犯罪现场录像、犯罪嫌疑人相片、声音和指纹等信息的犯罪嫌疑犯跟踪系统。用相关的数据设计多媒体数据库时，必须考虑如何建立视频数据库(犯罪现场录像)、图像数据库(犯罪嫌疑人相片、指纹等信息)，音频数据库(声音)、文本数据库(犯罪嫌疑人的生平简介)，才能从系统中更好地提炼、定位、确认、验证与案件有关的信息，从而使公安人员更容易地确认犯罪嫌疑人是否就是罪犯。具有声音、相片的多媒体户籍管理系统、Internet 上静态图像的检索系统、视频会议等将使人们的生活变得更方便、更丰富多彩。虚拟图书馆、虚拟博物馆和虚拟药品库让你足不出户就可放眼观看世界，了解信息。GIS(地理信息系统)已在生态、交通、气象、政府管理、公共安全、城市建设管理、公用设施管理、城市交通、邮电通信、防汛防灾、环卫环保、遥感信息处理等行业和领域中取得了卓有成效的业绩。

扩展题

1. 多媒体信息按存储介质可分为哪几类？
2. 磁盘阵列和光盘阵列的特点各是什么？它们常用在哪些方面？
3. 举例说明你使用的半导体存储器的特点。
4. MDB 的关键技术是什么？目前有哪些新的应用成果？

第9章

网络多媒体技术

☞ 因特网上已经开发了很多应用，其中以声音和图像为主的通信成为网络应用的一类，通常把任何一种声音通信和图像通信的网络应用称为网络多媒体技术。网络上的多媒体通信应用要求在客户端播放声音和图像要流畅，声音和图像要同步，因此对网络的延时和带宽要求很高。网络多媒体技术是目前网络应用开发的最热门技术之一。

9.1 网络多媒体基本技术与应用

自从 WWW (World Wide Web)技术问世以来，Internet 逐步形成了一个多媒体"世界"。1995 年以前，声音、图像和图形都是以远程文件传输和脱机解压为基础的，WWW 技术促成了实时的、动态的、交互的多媒体技术世界。随着新技术及新产品的不断涌现，Internet 上的用户进入了丰富多彩的多媒体世界。

9.1.1 网络多媒体基本技术

随着信息的可视化和多媒体化，基于 Internet 的多媒体技术和应用数据得到了迅速发展，一些传统应用已经被图形、动画、声音、图像等新的应用所代替。

1. 超文本技术和 WWW

超文本作为多媒体的一种基本应用，给国际互联网带来了巨大的变革。基于超文本的 WWW 及其浏览器自 20 世纪 90 年代问世后，便风行全世界。WWW 利用超文本描述语言 (HTML，Hypertext Markup Language)和网状结构描述信息，在 HTML 的文本里嵌入各种链接。这些链接可以是另一个 HTML 文本，或者文本、语音、图形、图像等，使早期 Internet 上只能看到单调文本和菜单选择的局面彻底改变。用 HTML 可以描述图文声并茂的画面，生动直观。用户可以方便地在关联的链接间自由选择，较快地获取自己感兴趣的内容。WWW 基于客户/服务器应用模式，客户利用超文本传输协议(HTTP，Hypertext Transfer Protocol)与 WWW 服务器交互，取得 HTML 文本，并在用户端解释这些文本，最终将画面呈现给用户。

2. 三维动画技术与 VRML

三维动画技术主要包括几何造型、变换、属性、灯光、阴影和表面纹理。使用 HTML 描述的页面是静态的，Internet 上一种新的图形格式(GIF)的图形可以显示动画，Java 语言也可以简单地描述一些动画。然而这些技术都不是为三维应用而设计的，只有虚拟现实描述语言(VRML，Virtual Reality Modeling Language)才能够真正地将三维动画带进 Internet 世界。

VRML 是一种将三维数据应用在 Web 上的规范说明，是一种描述可以通过 Internet 相互联接和访问的虚拟世界的语言。通过 VRML，不仅可以描述静态事物，还能制作具有复杂动态交互的仿真环境，使用户有现场感觉和体验。VRML 是一种描述大量客观属性及相互关系的语言，这些客体可以是三维事物或图像、声音、文本等。

3．语音通信技术

基于 Internet 的语音通信可以分为两种：非交互式语音通信和交互式语音通信。通过 Internet 实现实时语音广播系统，相当于把广播电台搬到国际互联网上。在 Internet 上打电话就是交互式实时语音通信的典型例子。Netscape 公司在其 Navigator 3.0 中已经提供了这个功能。它预示着 Internet 完全可能替代电信领域中的某些服务。

4．视频通信技术

多媒体通信网络为远程传输多媒体信息提供了必要的技术保证，多媒体会议系统是网络多媒体的重要应用之一。多媒体会议系统的基本特征是：通过计算机远程参加会议或交流，以可视化的、实时的、交互的形式实现了在不同地理位置上人们的多媒体资源共享和信息的相互交流，体现了超越空间的多点通信、群体的"面对面"协同工作的特点。

9.1.2　网络多媒体技术应用

多媒体技术应用可以分为单机多媒体技术应用系统和网络多媒体技术应用系统两大类。网络多媒体技术是多媒体技术和计算机网络通信技术的结合，把计算机的交互性、通信网络的分布性和多媒体信息的综合性融为一体，提供了全新的信息服务，在多个领域获得成功的应用。

1．电子商务

自 Internet 商业化以来，电子商务就成了 Internet 上的重要应用项目。如今，电子商务已经成为热门话题。日本专门成立了"日本电子商务推广促进协议会"，探讨实现电子商务需要解决的技术上、制度上的课题，构造通用的操作平台。

1994 年，原电子工业部信息中心和芬兰 Infosto 集团合作，在国内推广电子贸易系统(ETEP，Electronic Trading Efficiency Progrom)的应用。该系统是联合国贸易发展组织各成员单位通用的一套电子贸易软件，专为在 Internet 网络上进行贸易信息交换的商家而开发。

该系统把各种商业信息分为几大类，在界面上则显示为"卖出"及"购货"两大窗口，并成功地和 Internet 上最新的浏览器技术有机地融合在一起。ETEP 系统是联合国贸易网点的项目之一，与许多国家有合作关系。该系统的应用软件已被国家科委列为正式对外合作项目。该软件是进行全球贸易的有效工具，它基于客户机/服务器(Client/Server)结构，遵循 TCP/IP 协议，采用面向对象设计，是开放型的对外贸易工具。内置的分布数据库，允许用户访问所有已登记的公司和贸易信息数据，用户可以在自己的计算机上进行在线或不在线的数据分析及处理。

2．视频会议

由于地域分散，大企业特别是跨国或跨地区企业需要远程视频会议系统予以支持。当中小企业乃至家庭、个人与客户或者朋友、亲人进行声音或影像交流时，或是在未来电子购物环境中顾客和售货员之间的沟通，都需要视频会议系统。

视频会议系统包括会议控制和管理系统、文件和程序共享并提供交互使用的电子白板、基于超文本和超媒体的文档制作系统、多媒体数据库以及音频、视频、实时采集压缩和传输系统。多媒体会议系统可以是点对点(P2P，Point to Point)多媒体信息的交互和传输，也可以是点对多点(P2MP，Point to Multi-Point)、多点对多点(MP2MP，Multi-Point to Multi-Point)的交互和传输，其网络平台可以在局域网(LAN)上运行，也可以在令牌环网(Token Ring)、城域网(MAN，Metropolitan Area Network)、广域网(WAN)以及 ISDN 上运行，甚至可以在 Internet、Intranet 或公用电话网(PSTN，Public Switched Telephone Network)上运行。

1) 多媒体会议系统的工作方式

多媒体会议系统的工作方式可以是单向(比如广播方式)，也可以是双向(信息交互双方均可以进行信息的发送和接收)和双工(信息交互双方可以同时进行信息的发送和接收)的实时多媒体信息交互传输。目前推出的完全按照协议标准的多媒体会议系统已经越来越多，这为会议系统的普及和推广提供了方便。

2) 多媒体会议系统的主要类型

(1) 基于会议室的视频会议系统(Room-based Video Conferencing)。该系统主要用于会议室，在室内设一个结点(终点会议室)，当然也可以把全部会议设备安装在一个可移动的支架上，在不同的会议室来回移动。全球大约已经安装会议型系统 6 万余台。截至 1995 年底，我国已经安装 1100 套左右，建立了国家会议电视骨干网，在全国安装了 600 多个会议系统点。

(2) 基于微机的桌面视频会议系统(Desk-top Video Conferencing)。该系统既可以作为会议系统使用，也可以作为微机独立使用，比较方便、灵活，已经有不少产品投入实际运行。

3．实时广播技术和实时电视转播技术

实时广播(Real Audio)技术可以使 WWW 用户使用实时方式收听广播节目。WWW 用户只要拥有声卡，便可以享受广播电台点播广播节目(AOD，Audio On Demand)的服务。AOD 服务不受时间区段、天气状态的影响，可以随点随听。

实时电视转播(Stream Works)技术可以使 WWW 用户采用实时方式收看电视节目。

WWW 用户只要拥有视卡，便可以享受电视台的电视点播节目服务。例如，美国 VDO 公司推出的 VDOLive 技术可以使用户通过电话线在 Internet 网上传送电视图像。VDOLive 采用的压缩算法在电话线上每秒可以传送 10 帧图像。这种服务不受时间区段、地理位置的限制，而且可以随时暂停或重播。

4．视频点播系统

随着多媒体技术、通信技术以及计算机硬件存储技术的发展，人们已经不再满足以往

单一被动的信息获取方式，而是希望主动参与节目。视频点播(VOD，Video On Demand)正是一种交互式业务，已经引起有线电视界和通信界的高度重视。

1) VOD 系统的基本组成

VOD 系统由四个部分组成，即视频服务器、数字视频解码器／接收(机顶盒)、带宽交换网络和用户接入网络。

(1) 视频服务器主要为用户提供视频数据流，响应用户的请求，协调多个用户的传送。一般的视频服务器可以装上百至上千部电影，供用户点播。

(2) 数字视频解码器/接收器(机顶盒)的功能是进行节目选择和解码，以及状态诊断和出错处理。

(3) 带宽交换网络主要提供节目和信令数据的传输与交换。

(4) 用户接入网络是指从交换局到用户间的线路设备，比如光纤到路边(FTTC，Fiber To The Curb)、光纤到大楼(FTTB，Fiber To The Building)和光纤到户(FTTH，Fiber To The Home)。

2) VOD 系统的主要功能

通过 VOD 系统，在一个小区中用户不需要从电影频道上收看电视节目，而可以任意点播视频点播系统中的影片，并且可以随意切换和重复点播。用户能够控制快进与快退、向前与向后查看、开始、暂停、取消或移到别的场景，这为用户提供了极大的方便。另外，还可以利用该系统对信息、新闻或卡拉 OK、游戏等进行点播，但条件是这些内容必须事先装入系统中。

3) VOD 系统的点播过程

(1) 用户通过自己的 VOD 终端，向就近的 VOD 业务接入点发起第一次通信呼叫，要求使用 VOD 业务，经 VOD 业务上行通路(比如计算机网、电信网、有线电视网等)向视频服务器发出请求。

(2) 系统迅速做出反应，在用户的电视屏幕上显示点播菜单，并对用户信息进行审核，判定用户的身份。

(3) 用户根据点播菜单做出选择，要求播放某个节目，系统则根据审核结果，决定是否提供相应的服务。在较短的时间间隔内向指定的设备播放所要求的节目，并随时准备响应新的请求。

5. 全球长途电话技术

全球长途电话技术可以使拥有声卡的用户通过 Internet 与网上的任何用户通话，它既不受地理位置的限制，也不必支付昂贵的国际长途费用。比如加拿大的 Aphanet 公司 1996 年推出的 Internet 网上话音和传真服务，使 Internet 用户可以在网上接收和发送自己的语音、传真和电子邮件等信息，而费用仅为市话费的标准。

另外，还有远程诊断、远程教育、远程合作研究。总之，国际互联网和多媒体技术的发展为网络的广泛应用提供了前所未有的条件。过去，"秀才不出门，便知天下事"是从书本上得到消息；如今，通过 Internet 可以得到更多、更丰富、更生动的信息。Internet 多媒体时代为人们展示了一个更加美好的前景。

9.2 流媒体技术

流媒体(Stream Media)技术的出现，使得在窄带互联网中传播多媒体信息成为可能。在 Internet 产生后的相当长的一段时间内，网上的应用一直局限于下载使用的模式下。但是，自从 1995 年 Progressive Network 公司，即后来的 RealNetwork 公司推出第一个流产品以来，Internet 上的各种流应用迅速涌现，逐渐成为网络界的研究热点。随着这项技术的不断发展，现在已经有越来越多的网站开始采用流媒体技术作为传播信息的方式，从而使网站的内容变得丰富多彩。

9.2.1 流媒体的概念

流媒体技术是把连续的影像和声音信息经过压缩处理后放到网络服务器上，让浏览者一边下载一边观看、收听，而不需要等到整个多媒体文件下载完成就可以即时观看。实际上，流媒体技术是网络音、视频技术发展到一定阶段的产物，是一种解决多媒体播放时网络带宽问题的"软技术"。流媒体技术并不是单一的技术，它是融合很多网络技术之后所产生的技术。它涉及到流媒体数据的采集、压缩、存储、传输以及网络通信等多项技术。

1．流媒体

从字面上可以看出，流媒体技术的核心就是流媒体本身。那么，什么是流媒体？流媒体是指在网络中使用流式传输技术的连续时基媒体，如音频、视频、动画或其他多媒体文件。经常在上网时看到的 Flash 动画就是一种形式的流媒体。

流媒体给 Internet 带来的变化是巨大的。曾几何时，我们下载并观看一段音/视频文件要等几十分钟甚至几个小时，而流媒体只让浏览者等短短的几秒钟就可以欣赏到精彩的多媒体影像。比如，下载一部 VCD 格式的影片，大小约为 650 MB，就是宽带的今天也需要下载 3 个多小时，但如果影片采用流媒体技术来进行压缩，只需要 100 MB，并且用户可以边看边下载，整个下载的过程都在后台运行。流媒体文件最大的优点就是不会占用本地的硬盘空间。对于用户来讲，观看流媒体文件与观看传统的音视频文件在操作上几乎没有任何差别。唯一的区别就是影音品质，由于流媒体为了解决带宽问题以及缩短下载时间，而采用了较高压缩比的有损压缩，因此用户感受不到很高的图像和声音质量。但随着网络带宽的不断增加，以及压缩格式的不断改进，用户最终可以欣赏到满意的效果。

2．流媒体文件格式

无论是流式的还是非流式的多媒体文件格式，在传输与播放时都需要进行一定比例的压缩，以期得到品质与尺寸的平衡。由于在压缩过程中对多媒体文件中的数据信息进行了重新的编排，所以在使其重新恢复到原有状态时就需要进行解压缩。一般情况下，压缩编码的过程交由专门的压缩软件进行，而解压缩则是播放器的工作。

1) 压缩媒体文件格式

压缩格式有时称为压缩媒体格式，尽管它的文件大小被处理得更小，但包含了描述一段声音和图像的同样信息。由于压缩过程自动进行，并内嵌在媒体文件格式中，通常我们在存储文件时没有注意到这点。表 9-1 给出了一些常用视频和音频文件格式。

表 9-1　常用视频和音频文件格式

文件格式	媒体类型与名称	压缩情况
MOV	Quicktime Video V2.0	可以
MPG	MPEG *1 Video	有
MP3	MPEG Layer*3 Audio	有
WAV	Wave Audio	没有
AIF	Audio Interchange Format	没有
SND	Sound Audio File Format	没有
AU	Audio File Format(Sun OS)	没有
AVI	Audio Video Interleaved V1.0(Microsoft Windows)	可以

2) 流媒体文件格式

流媒体文件格式是经过特殊编码的，适合在网络上边下载边播放，而不是等到整个文件下载完成才能播放。并不是说普通的标准多媒体文件不能够在网络中以流的方式播放，而是由于其播放效率太低，所以我们很少采用。另外，在编码时还需要向流媒体文件中加入一些其他的附加信息，比如计时、压缩和版权信息。

目前在流媒体领域中，竞争的公司主要有三个：Microsoft、RealNetworks 和 Apple 公司。相应的产品是 Windows Media、Real System 和 QuickTime。此外，还有像 Geo 公司使用大量 Java 技术开发的 Emblaze 流媒体解决方案，但用户数量较少，该公司现在已经向无线领域发展。表 9-2 列出了三家公司产品中所分别使用的流媒体文件格式。

表 9-2　流媒体文件格式

公司名称	文 件 格 式	媒 体 类 型
Microsoft	Quicktime Video V2.0	Video/x-ms-asf
RealNetworks	RM(Real Video)	Application/x-pn-realmedia
	RA(Real Audio)	Audio/x-pn-realaudio
	RP(Real Pin)	Image/ vnd-m-realpix
	RT(Real Text)	Text/vnd-m-realtext
Apple	MOV(Quicktime Movie)	Video/quicktime
	QT(Quicktime Movie)	Video/quicktime

另外，还有一个 WMV(Windows Media Video)格式，与 ASF 文件略有不同。WMV 一般采用 Window Media Video/Audio 格式；ASF 视频部分一般采用 Microsoft。MPG 4V(3/2/1)，音频部分采用 Windows、Media Audio V2/1 格式。不过，现在很多制作软件都没有把 WMV 与 ASF 分开，所以直接更改后缀名就能够互相转换为对方的格式。

此外，还有一些其他公司的流媒体文件格式，像 Macromedia 公司的 SWF(Shock Wave Flash)、ViV02 公司的 VIV(Vivo Movie)以及由 RealNetworks 和 Macromedia 公司共同开发的 RF(RealFlash)等。其中 SWF 格式的文件大家再熟悉不过了，它已经成为网络动画格式的标准。

3) 流媒体发布文件格式

在实际的网络应用环境中，用户会发现一些不是流媒体的文件格式。但这些文件却和流媒体有着非常紧密的关系，这类文件大多是流媒体发布文件，比如 RAM、ASX。

制作完成的流媒体文件需要发布到网络上才能够被别人使用，这就需要以特定方式安排压缩好流媒体文件，而安排流媒体文件的格式就称为流媒体发布格式。这类文件本身并不提供压缩格式，也不描述影音数据，它们的作用在于以特定的方式安排影音数据的播放。虽然流媒体发布文件在流媒体播放的过程中并不是必须的，但使用流媒体发布文件非常有利于流式多媒体的发展以及使用。例如，实际的流媒体文件可以位于多个不同的存储地点，而由流媒体发布文件中的信息控制这些流媒体的播放。另外，由流媒体发布文件隐藏流媒体文件的实际位置也是很好的做法。表 9-3 列出了常用的流媒体发布文件格式。

表 9-3　流媒体发布文件格式

文件格式	注　　释
ASF	Advanced Streaming Format
ASX	Active Stream Redirector
RAM	Real Audio Media
RPM	Embedded RAM
SMI/SMIL	Synchronised Multimedia Integration Language
XML	Extensible Markup Language

虽然 SMIL 语言由 W3C(World Wide Web Consortium，万维网联盟)所指定并发布，且有 RealNetworks 和 Apple 公司的积极倡导，但由于一直得不到 Microsoft 公司的支持，因此至今还没有一种统一的流媒体发布文件格式。

3．流媒体传输方式

在网络上传输音/视频等多媒体信息，主要有下载(Download)和流式传输(Streaming)两种方案。音/视频文件一般都较大，所以需要的存储容量也比较大。同时，由于网络带宽的限制，采用下载方案常常要花数分钟甚至数小时，所以这种处理方法延迟很大。当采用流式传输时，声音、影像或动画等时基媒体由音视频服务器向用户计算机连续、实时传送，用户只需要经过几秒或十几秒的启动延时即可进行观看。当这些时基媒体在客户机上播放时，文件的剩余部分将在后台从服务器内继续下载。流式传输不仅使启动延时大大缩短，而且不需要过多的缓存，从而避免了用户必须等待整个文件全部从 Internet 上下载才能观看的缺点。

实现流式传输有两种方法：一种是实时流式传输(Realtime Streaming)，另一种是顺序流式传输(Progressive Streaming)。一般说来，如果视频为实时广播，或者使用流式传输媒体服务器，或者应用像 RTSP(Real-Time Streaming Protocol)的实时流协议，就称为实时流式传输。如果使用 HTTP(Hypertext Transfer Protocol，超文本传输协议)服务器，文件通过顺序流发送，就称为顺序流式传输。当然，流式文件也支持在播放前完全下载到硬盘。

1) 顺序流式传输

顺序流式传输是顺序下载。在下载文件的同时用户可以观看在线流媒体。在给定时刻用户只能观看已经下载的那部分，而不能跳到还未下载的前头部分。顺序流式传输不像实时流式传输那样，在传输期间根据用户连接的速度作调整。由于标准的 HTTP 服务器可以发送这种形式的文件，也不需要其他特殊协议，因此，常称做 HTTP 流式传输。

顺序流式传输比较适合高质量的短片段，比如片头、片尾和广告。由于该文件在播放前观看的部分是无损下载的，故这种方法可保证电影播放的最终质量。这意味着用户在观看前，必须经历延迟。

顺序流式文件放在标准 HTTP 或 FTP(File Transfer Protocol，文件传输协议)服务器上，易于管理，基本上与防火墙无关。但顺序流式传输不适合长片段和有随机访问要求的视频，比如讲座、演说与演示。它也不支持现场广播，严格说来，它是一种点播技术。

2) 实时流式传输

实时流式传输保证流媒体信号带宽与网络连接匹配，使流媒体可以被实时观看到。实时流式与 HTTP 流式传输不同，需要专用的流媒体服务器与传输协议。

实时流式传输总是实时传送，特别适合现场事件，也支持随机访问，用户可以快进或后退以便观看前面或后面的内容。理论上，实时流式一经播放就可以不停止，但实际上，可能会发生周期暂停。

实时流式传输必须匹配连接带宽，这意味着在以调制解调器速度连接时，图像质量较差。而且，由于出错丢失的信息被忽略掉，当网络拥挤或出现问题时，视频质量很差。如果要保证视频质量，则采用顺序流式传输更好。

实时流式传输需要特定服务器，比如 Quicktime Streaming Server、Real Server 与 Windows Media Server。这些服务器允许对流媒体发送进行更多级别的控制，因而系统设置及管理比标准 HTTP 服务器更复杂。

实时流式传输还需要特殊的网络协议，比如 RTSP 或 MSP(Media Server Protocol)。有的时候，这些协议在有防火墙时会出现问题，导致用户不能看到一些地点的实时内容。

4．流媒体发展现状

Internet 和 Intranet 上使用较多的流媒体技术主要有 RealNetworks 公司的 Real System、Microsoft 公司的 Windows Media technology 和 Apple 公司的 QuickTime，它们是流媒体传输系统的主流技术。

1) Real System

Real System 是 RealNetworks 提出的信息流式播放方案，由媒体内容制作工具 Real Producer、服务器端 RealServer、客户端软件(Client、Software)三部分组成。其流媒体文件包括 RealAudio，RealVideo，Real Presentation 和 RealFlash 四类文件，分别用于传送不同的文件。Real System 采用智能流技术，自动并持续地调整数据流的流量以适应实际应用中的各种不同网络带宽需求，轻松实现音视频和三维动画的回放。Real 流式文件采用 Real Producer 软件进行制作，首先把源文件或实时输入变为流式文件，再把流式文件传输到服务器上供用户点播。

由于 Real System 的技术成熟、性能稳定，美国在线、ABC、Sony 等公司和主要的网络电台都使用 Real System 向世界各地传送实时影音媒体信息以及实时的音乐广播。

2) Windows Media Technology

Windows Media Technology 是 Microsoft 提出的信息流式播放方案，旨在在 Internet 和 Intranet 上实现包括音频、视频信息在内的多媒体流信息的传输。其核心是 ASF(Advanced

Stream Format)文件，ASF 是一种包含音频、视频、图像以及控制命令、脚本等多媒体信息的数据格式，通过分成一个个的网络数据包在 Internet 上传输，实现流式多媒体内容发布。

因此，我们把在网络上传输的内容称为 ASF stream。ASF 支持任意的压缩、解压缩编码方式，并可以使用任何一种底层网络传输协议，具有很大的灵活性。

Windows Media Technology 由 Media Tools、Media Server 和 Media Player 工具构成。Media Tools 是整个方案的重要组成部分，它提供了一系列的工具帮助用户生成 ASF 格式的多媒体流(包括实时生成的多媒体流)；Media Server 可以保证文件的保密性，不被下载，并使每个使用者都能以最佳的影片品质浏览网页，同时具有多种文件发布形式和监控管理功能；Media Player 则提供强大的流信息播放功能。

3) QuickTime

QuickTime 是 Apple 面向专业视频编辑、Web 网站创建和 CD-ROM 内容制作领域开发的多媒体技术平台。QuickTime 支持多种音频、视频与图像格式，支持几乎所有主流的个人计算机平台，是数字媒体领域事实上的工业标准，是创建 3D 动画、实时效果、虚拟现实及其他流媒体的重要基础。QuickTime 的一个显著特点是支持转播功能和模块化 API，用户可以方便地通过 QTSS API 为服务器添加新的功能。

QuickTime 由 QuickTime Player(播放器)、QuickTime Pro(编辑器)、QuickTime VR(虚拟现实)、QuickTime Streaming(流式服务器)等部分组成。

(1) QuickTime Player 可以用来播放任何与 QuickTime 兼容的媒体，既可以播放用户计算机硬盘上的影片，也可以播放 Internet 上的影片。

(2) QuickTime Pro 除了具有 QuickTime Player 的一切功能外，还可以使用户对流式影片进行全屏欣赏，并具有对影片的剪接功能，让用户轻松地成为影片的编辑制作者。此外，它还支持更多的影片文件压缩格式，使得用户可以很容易地在 QuickTime Pro 转换不同格式的影片。

(3) QuickTime VR 是 QuickTime 中的一个重要组件，具有在平面介质中看到真实的立体效果的功能，对网页制作有很大的帮助，可以让作品赋有极佳的视觉效果，并以自身的虚拟现实特点吸引网上浏览者的目光。

9.2.2 流媒体播送技术

人们曾经在网络带宽、传输线路、传输协议、服务器，甚至节目本身等多个方面做过努力，其目的就是能够让多媒体数据在网络中很好地传输，并在客户端精确地回放。同样是基于这个目的，在流媒体的播送技术上人们也做了很多改进。

Internet 为流媒体播送技术带来了新的挑战，很多方面都推陈出新，相继提出了多播、智能流等概念。

1. 单播与多播

1) 单播(Unicast)

所谓单播，就是客户端与服务器之间点对点的连接，这也是大多数网络通信的连接方式。在流媒体播放过程中，客户端与媒体服务器之间需要建立一个单独的数据通道，从一台服务器送出的每个数据包只能传送给一个客户机，发送源和接收端是一对一的关系，这种传送方式称为单播。单播示意图如图 9-1 所示。

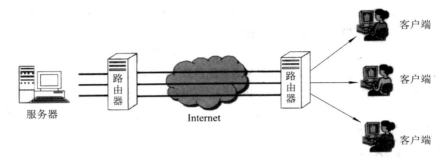

图 9-1　单播示意图

每个用户必须分别对媒体服务器发送单独的查询，而媒体服务器必须向每个用户发送所申请的数据包副本。这种方式会对服务器造成沉重的负担，同时由于每个客户端各自连接服务器，对网络带宽的占用也是巨大的。

单播方式播放流媒体只适用于客户端数量很少的情况，否则，很难保证播放的质量。当然，随着硬件设备、带宽条件的不断提高，单播方式很适合于视频点播应用。

2) 多播(Multicast)

多播也称组播，虽然其概念早已在 IP 网络中提出，但直到流媒体等多播技术的发展壮大后才得到重视。

当多播发送时，服务器将一组客户请求的流媒体数据发送到支持多播技术的路由器上，然后，路由器一次将数据包根据路由表复制到多个通道上，再向用户发送。媒体服务器只需要发送一个数据包，所有发出请求的客户端都共享同一数据包，并且数据可以发送到任意地址的客户机，没有请求的客户机不会收到数据包。在多播方式中，发送源和接收端是一对多的关系。多播示意图如图 9-2 所示。

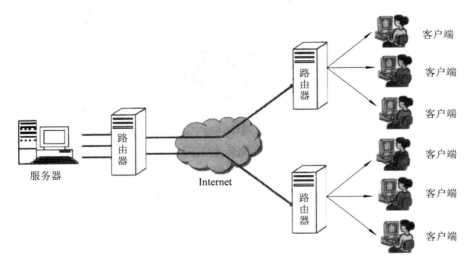

图 9-2　多播示意图

多播技术可以让单台服务器承担数万台客户端的数据传送，同时保证较高的服务质量。

这个服务质量的保证主要依靠数据包的复制数量少和发送目的地址少这两点，从根本上讲是减少了网络中传输的数据总量，从而保证了流媒体传输的最小带宽占用，使得带宽利用率增加，同时也减少了服务器所承担的负载。

多播技术也存在一定的局限性。首先，需要全网内的路由器支持多播，否则，许多用户是无法接收到多播数据的。这一点在局域网或小范围的网络内容易实现，但要在广域网内就有一些困难。另外，多播技术本身不适用于 VOD 应用，其原因在于每个 VOD 用户对点播的需求是不一样的。因此，无法形成一个统一的多播流，也就无法进行多播。所以多播技术更适合现场直播应用。

2．点播与广播

1）点播(On-Demond)

点播连接是客户端主动连接到服务器端的单播连接。在点播连接中，用户通过选择内容项目来初始化客户端连接。一个客户端从服务器接收一个媒体流(这个连接是唯一的，其他用户不能占用)，并且能够对媒体进行开始、停止、后退、快进或暂停等操作，客户端拥有流的控制权，就像在看影碟一样。

点播方式由于每个客户端各自连接服务器，服务器需要给每个用户建立连接，因此，对服务器资源和网络带宽的需求都比较大。

2）广播(Broadcast)

与点播恰恰相反，广播指的是用户被动接收流。在广播过程中，客户端接收流，但不能控制流，用户不能暂停、快进或后退该流。广播的发送源和接收端是一对多的关系，但这种一对多的关系与多播的一对多的关系不太一样，因为它将数据包的单独一个副本发送给网络上的所有用户，而不管用户是否需要，在一定程度上造成了网络带宽的浪费。广播示意图如图 9-3 所示。

图 9-3　广播示意图

广播又分为两类：广播单播与广播多播。两者都是被动的接收媒体流。广播单播的用户是通过链接而获得媒体流，它们都有各自的服务器连接。而广播多播则需要客户端监视特定的 IP 地址来接收媒体流，客户端没有与服务器的单独连接。

3．智能流技术(Surestream)

目前，Internet 用户所使用的接入方式是多种多样的，像 Cable Modem、ADSL、ISDN

等。由于接入方式的不同，每个用户的连接速率也会有很大差别，因此流媒体广播必须提供不同传输速率下的优化图像，以满足各种各样用户的需求。

为每一种不同接入速度的用户提供不同的优化图像是非常困难的。即使我们提供了几种针对不同接入方式进行编码的文件，也仍然存在一些问题。例如，现在大多数用户均使用连接速率为 56 kb/s 的拨号上网，由于线路质量和网络阻塞等原因，实际上用户的连接速率也有差别，主要分布在 28 kb/s～37 kb/s 之间，用户最多的峰值在 33 kb/s 附近。如果我们提供了 33 kb/s 的连接速率，那么对于小于这一数值的很多用户来说，可能会频繁出现缓冲，直到接收足够数据；而对于大于这一数值的用户来说，对接收的效果也不能满意。更何况用户的连接速率是随时变化的。

人们曾经尝试两种方法来解决这种带宽矛盾。一种方法是以一种编码速率的文件为基础，根据情况从服务器端就减少发送到客户端的数据，以避免频繁出现缓冲。也就是用户的连接速率降低，发送的数据量也随之降低，最终导致图像质量很差。RealNetworks 公司提出的"视频流瘦化"技术采用的就是这种方法。另一种方法是根据不同连接速率创建多个文件，服务器根据用户连接速率发送相应文件，但这种方法带来制作和管理上的困难。而且，用户连接是动态变化的，服务器也无法实时协调。

智能流技术是为解决以上矛盾而设计的。该技术通过两种途径克服带宽协调和流瘦化，可以在不同类型编码方式的基础上为多种不同带宽提供适合的影音质量。首先，确立一个编码框架，允许不同速率的多个流同时编码，合并到同一个文件中；其次，采用一种复杂的客户端/服务器机制探测带宽变化。

针对软件、设备和数据传输速度上的差别，用户以不同带宽浏览音视频内容。为满足客户要求，编码及记录不同速率下的媒体数据，并保存在单一文件中，此文件称为智能流文件，即创建可扩展流式文件。当客户端发出请求时，它将其带宽容量传送给服务器，媒体服务器根据客户带宽将智能流文件相应部分传送给用户。以此方式，用户可以看到最可能的优质传输，制作人员只需要压缩一次，管理员也只需要维护单一文件，而媒体服务器根据所得带宽自动切换。智能流通过描述现实世界 Internet 上变化的带宽特点来发送高质量媒体并保证可靠性，并对混合连接环境的内容授权提供解决方法。

智能流技术具有四个特点：

(1) 多种不同速率的编码保存在一个文件或数据流中。

(2) 播放时，服务器和客户端自动确定当前可用的带宽，服务器提供适当位率的媒体流，即在混合环境下以不同速率传送媒体。

(3) 播放时，如果客户端连接速率降低，则服务器会自动检测带宽的变化，并提供更低带宽的媒体流；如果客户端连接速率增大，则服务器将提供更高带宽的媒体流。也就是说，服务器会根据网络变化无缝切换到其他速率。

(4) 关键帧优先，音频数据比部分帧数据重要。

9.2.3　流媒体系统的组成

流媒体是由各种不同软件构成的，这些软件在各个不同层面上互相通信，基本的流媒体系统包含编码器、服务器和播放器三个部件。

1．编码器(Encode)

在观看或收听流媒体之前，原始音视频文件必须先转换为流媒体文件，以便在互联网上传播，这项工作由流媒体编码器来完成。

编码过程包括两项工作：一是在尽可能保证文件原有声音影像质量的情况下尽量降低文件的数据量；二是按照容错格式将转换后的文件打包，这种处理方式能够避免数据传输时发生丢失。

2．服务器(Server)

流媒体服务器用来存放和控制流媒体的数据。文件在编码之前，被存放在流媒体服务器上，流媒体服务器处理来自客户端的请求。服务器在流媒体传输期间，同用户的播放器保持双向通信，这种通信是必须的，因为用户很有可能会暂停或快放一个文件。

流媒体服务器除了要响应播放器外，还必须及时处理新接收的实时广播数据，并将其编码。事实上，流媒体服务器可能同时处理多个任务，一边要处理多个新接收的实时广播数据，一边要响应观众发出的请求，而且还要处理服务器硬盘上备份的数据流。许多流媒体服务器还提供各种额外功能，比如数字权限管理(DRM，Digital Rights Management)、插播广告、分割或镜像其他服务器的流，还有组播。

3．播放器(Player)

流媒体播放器是一种能够与流媒体服务器通信的软件，这种软件能够播放或丢弃收到的流媒体。

流媒体播放器既可以像应用程序那样独立运行，也可以作为网络浏览器的插件。流媒体播放器通常都提供对流的交互式操作，比如播放、暂停、快放等。某些播放器还提供一些额外的功能，比如录制、调整音频或视频，甚至提供文件系统记录所喜欢的流媒体文件。

9.2.4　流媒体技术实现的关键技术问题

流媒体技术并不是单一的技术，它融合了多种网络以及音视频技术。在网络中真正要实现流媒体技术，必须完成流媒体的制作、发布、传输、播放四个环节。在这四个环节中需要解决多项技术问题。

1．需要处理普通多媒体数据以适合流式传输

普通的多媒体数据必须进行处理才能适合流式传输，这是因为普通的多媒体文件尺寸很大，不能使用现有的窄带网络传输。另外，普通的多媒体文件也不支持流式传输。针对以上两点，预处理的主要工作包括两个方面：

(1) 采用高效的压缩算法减小文件的尺寸；

(2) 向文件中加入流式信息。

2．需要合适的传输协议实现流式传输

由于 Internet 中的文件传输都是建立在传输控制协议(TCP，Transfer Control Protocol)基础上的，但 TCP 的特点决定了它并不适合于传输实时数据，因此，一般都采用建立在用户数据报协议(UDP，User Datagram Protocol)上的实时传输协议/实时流协议(RTP/RTSP，

/Real-Time Transport Protocol/Real-Time Streaming Protocol)来传输实时的影音数据。

UDP 和 TCP 一样,直接位于 IP 的上层。根据开放系统互连(OSI,Open System Interconnect)参考模型,UDP 和 TCP 都属于传输层协议。它们的主要区别是两者对实现数据的可靠传递特性不同。TCP 中包含了专门的数据传递校验机制,当数据接收方收到数据后,会自动向发送方发出确认信息,发送方在接收到确认信息后才继续传送数据,否则将一直处于等待状态。与 TCP 不同,UDP 并不提供数据传送的校验机制。在从发送方到接收方的数据传递过程中,UDP 本身并不能做任何的校验。可见在速度与质量的平衡中,TCP 注重数据的传输质量,但会带来很大的系统开销,而 UDP 更加注重数据的传递速度。

3．需要浏览器对流媒体的支持

多用互联网邮件扩展(MIME,Multipurpose Internet Mail Extensions)允许电子邮件包含一般简易文字及图片、视频、声音或二进制格式的文件。MIME 最早是为了电子邮件而制定的,后来扩展到浏览器对各种文件格式的识别。

一般情况下,浏览器使用 MIME 来识别各种不同的简单文件格式。因为所有的 Web 浏览器都是基于 HTTP 的,而 HTTP 都内建有 MIME,所以 Web 浏览器能够通过 HTTP 中内建的 MIME 来标记 Web 上繁多的多媒体文件格式,包括各种流媒体文件格式。

4．需要缓存实现流媒体传输

我们知道,Internet 是以包传输为基础进行断续的异步传输。因此,多媒体数据在传输中要分解成许多包。由于网络传输的不稳定性,各个包选择的路由不尽相同,因此到达客户端的时间先后就会发生改变,甚至会产生丢包现象。为此,必须使用缓存技术来弥补数据的延迟,并重新对数据包进行排序,从而使影音数据能够连续输出,不会因网络的阻塞使播放出现停顿。

缓存的目的就是在某一段时间内存储需要使用的数据。数据存储在缓存中的时间是暂时的,播放完的数据即刻清除,新的数据将被存入缓存。因此,在播放流媒体文件时不需要太大的磁盘空间。

上述四方面均为流媒体在网络传输时所必需的条件,其他的一些流媒体应用技术是在这些技术的基础上变化和发展而来的,最终的目的都是为了解决传输带宽、压缩算法以及安全性等问题。

9.2.5　流媒体技术的应用

互联网的迅猛发展和普及为流媒体业务发展提供了强大的市场动力,流媒体业务正变得日益流行。流媒体技术广泛用于多媒体新闻发布、网络广告、电子商务、视频点播、远程教育、远程医疗、网络电台、实时视频会议等互联网信息服务的方方面面,它的应用将为网络信息交流带来革命性的变化,对人们的工作和生活将产生深远的影响。

1．远程教育

计算机的普及、多媒体技术的发展,以及 Internet 的迅速崛起,给远程教育带来了新的机遇,世界各国都在大力开展包括网络教育在内的远程教育。

在远程教学过程中,最基本的要求就是将信息从教师端传递到远程的学生端,需要传递的信息可能是多元化的,其中包括各种类型的数据,比如视频、音频、文本、图片、图像、动画等。将这些资料从一端传递到另一端是远程教学需要解决的问题。如何将这些信息资料有效地组合起来，达到更好的教学效果，更是我们思考的重要方面。

在远程教学过程中，由于当前网络带宽的限制，流式媒体无疑是最佳的选择。对于学生来说，通过一台计算机、一条电话线、一只调制解调器(Modem)，在家里就可以参加到远程教学当中来。对于教师来说，也不需要做过多的准备，授课方法基本与传统授课方法相同，只不过面对的是摄像头和计算机而已。就目前来讲，能够在 Internet 上进行多媒体交互教学的技术多为流媒体技术，像 Real System、Flash、Shockwave 等技术就经常应用到网络教学中。远程教育模式是对传统教育模式的一次革命，它集教学和管理于一体，突破了传统面授的局限，为学习者在空间和时间上都提供了便利。

除网络实时教学外，使用流媒体中的 VOD 技术，更可以达到因材施教、交互式教学的目的。学生可以通过网络共享自己的学习经验和成果。大型企业可以利用基于流技术的远程教育系统作为对员工进行培训的手段。这里不仅可以利用视频和音频，计算机屏幕的图形、图像捕捉也可以以流的方式传送给大家。

随着网络及流媒体技术的发展，越来越多的远程教育网站开始采用流媒体作为主要的网络教学方式。

2．视频点播

视频点播(VOD)技术已经不是什么新鲜的概念了，最初的 VOD 应用于卡拉 OK 点播，当时的 VOD 系统是半自动的，需要人工参与。随着计算机的发展，VOD 技术逐渐应用于局域网及有线电视网中，此时的 VOD 技术趋于完善，但有一个困难阻碍了 VOD 技术的发展，那就是音视频信息的庞大容量。这样，服务器端不仅需要大量的存储系统，而且还要负荷大量的数据传输，导致服务器根本无法进行大规模的点播。同时，由于局域网中的视频点播覆盖范围小，用户也无法通过 Internet 等网络媒介收听或观看局域网内的节目。

由于流媒体技术的出现，在 VOD 方面我们完全可以遗弃局域网而使用 Internet。因为流媒体经过了特殊的压缩编码，所以它很适合在 Internet 上传输。客户端采用浏览器方式进行点播，基本不需要维护。同时，采用了先进的机群技术对大规模的并发点播请求进行分布式处理，使其能够适应大规模的点播环境。

随着宽带网和信息家电的发展，流媒体技术越来越广泛地应用于 VOD 系统。也许有一天每个人都可以在自己的家中欣赏到与电视节目相当的流式视频节目。目前，很多大型的新闻娱乐媒体都在 Internet 上提供基于流技术的音视频节目，比如国外的 CNN、CBS 以及我国的中央电视台、北京电视台等，有人将这种 Internet 上的播放节目称为 Webcast。

3．网络直播

也许大家只听说过现场直播、卫星转播之类的名词，对于网络直播(或称为互联网直播)的概念还不太熟悉。但随着 Internet 的普及，上网的人越来越多，从 Internet 上直接收看体育赛事、重大庆典、商贸展览等已成为很多网民的愿望。很多厂商都希望借助网上直播的形式将自己的产品和活动传遍全世界。这一切都促成了网络直播的形成。

阻碍网络直播发展的主要因素是网络带宽问题。不过，随着宽带网的不断普及和流媒体技术的不断改进，网络直播已经从实验阶段走向了实用阶段，并能够提供比较满意的音频、视频效果。

流媒体技术在网络直播中充当着重要的角色。首先，流媒体实现了在低带宽的环境下提供高质量的影音。其次，像 Real 公司的 Surestream 这样的智能流技术，可以保证不同连接速率下的用户能够得到不同质量的影音效果。此外，流媒体的 Multicast(多播)技术可以大大减少服务器端的负荷，同时最大限度地节省带宽。

无论从技术上还是从市场上考虑，现在网络直播是流媒体众多应用中最成熟的一个，其中最为典型的就是每年一度的春节联欢晚会就提供网络现场直播。

4．视频会议

市场上的视频会议系统有很多，这些产品基本都支持 TCP/IP，但采用流媒体技术作为核心技术的系统并不占多数。视频会议技术涉及数据采集、数据压缩、网络传输等多项技术。

流媒体并不是视频会议必须的选择，但是流媒体技术的出现为视频会议的发展起了很重要的作用。采用流媒体格式传输影音，使用者不必等待整个影片传送完毕，就可以实时地连续不断地观看，这样不但解决了观看前的等待问题，也可以达到即时的效果。虽然我们损失了一些画面质量，但就视频会议来讲，并不需要很高的音视频质量。

视频会议是流媒体的一个商业用途，通过流媒体我们还可以进行点对点的通信，最常见的例子就是可视电话。只要我们有一台已经接入 Internet 的计算机和一个摄像头，就可以与世界任何地点的人进行音视频的通信，非常便捷。此外，大型企业可以利用基于流技术的视频会议系统来组织跨地区的会议和讨论，从而节省大量的开支。

9.2.6　流媒体的发展趋势

早期的流媒体系统常用在互联网上传输一些低质量的多媒体信息，但随着网络技术的发展，一些高质量的流媒体应用已经开始出现，比如交互式网络电视(IPTV，Internet Protocol Television)将向用户传输标清甚至高清的电视节目。另外，随着无线网络和各种各样手持设备的出现，无线流媒体的应用也变得越来越重要。由于很多现代家庭中既有高端的计算机和电视，又有多种功能的手机、个人数字助理(PDA，Personal Digital Assistant)及便携式媒体播放器，因此流媒体也将在家庭娱乐和数据共享上一显身手。

针对这些应用的需求，流媒体技术本身也在迅速地变革和发展。例如，利用一些高效的编码技术和传输技术提高流媒体的系统性能，发展新的标准扩展流媒体技术到各种不同的网络和设备，在流媒体系统中增加更多的新功能来满足应用的需要等。

1．流媒体新服务

1) IPTV

国际电信联盟(ITU，International Telecommunication Union)在 2004 年 9 月的一份报告中指出，全球的宽带用户已经在 2003 年底首度突破 1 亿大关，其中中国电信的宽带用户就超过了 1000 万。用户的主要接入方式是 ADSL(Asymmetrical Digital Subscriber Line)和以太网线，其实际的连接速率可以达到 1 Mb/s。随着高性能编码技术的采用，比如 H.264 和最新的 Windows Media 视频编码器，800 kb/s 的视频流可以接近或达到 DVD 质量。在这种情况下，扩展流媒体技术用来提供电视服务也就顺理成章了。

IPTV 也叫交互式网络电视，就是利用流媒体技术通过宽带网络给用户传输数字电视信号。这种应用有效地将电视、电信和计算机三个领域结合在一起，具有很广阔的发展前景。IPTV 可以采用两种不同的方式提供用户电视服务：一种是组播或广播方式，另一种是视频点播方式。因为 IPTV 是基于互联网的方式来实现服务器和用户终端的连接，所以，很容易同时提供互联网的服务，将电视服务、互联网浏览、电子邮件，以及多种在线信息的咨询、娱乐、教育及商务功能结合在一起。

2）无线流媒体

2.5G、3G 以及超 3G 无线网络的发展也使得流媒体技术可以用到无线终端设备上。目前中国联通公司提供的 CDMA 1x，用户网络带宽最多可以达到 100 kb/s，这已经足够提供 QCIF(常用的标准化图像格式，QCIF = 176 × 144 像素)大小的流媒体服务。随着 3G 无线网络的应用，用户的网络带宽可以达到 384 kb/s。此外，手机设备运算能力越来越强，存储空间越来越大，能够实现基本的 H.264 的软件解码。

面向无线网络的流媒体应用对当前的编码和传输技术提出了更大的挑战。首先，相对于有线网络，无线网络状况更不稳定。除了网络流量所造成的传输速率的波动外，手持设备的移动速度和所在位置也会严重地影响到传输速率。因此，高效的可自适应的编码技术至关重要。其次，无线信道的环境比有线信道恶劣得多，数据的误码率也要高许多。而高压缩的码流对传输错误非常敏感，会造成错误并向后面的图像扩散。因此，无线流媒体在信源和信道编码上需要很好的容错技术。尽管手机设备的运算能力越来越强，但由于它是由电池供电的，所以，编解码处理不能太复杂，最好能够根据用户设备的电池来调整流媒体的接收和处理。能源管理技术也是移动流媒体的一个研究热点。

3）电子家庭

现代家庭中越来越多的设备可以用来采集、接收、发送和播放多媒体数据。比如，人们可以通过电视收看电视节目，通过计算机在互联网上欣赏流媒体节目，通过自己的数码相机和数码摄像机来拍摄图像和视频，通过手机和其他手持设备发送彩信，通过汽车的音响系统来欣赏音乐和广播。还有，家庭中的网络连接也是多样化的，比如，电视连接有线电视网，计算机连接互联网，手机连接无线网络，而且这些设备也能在家里通过蓝牙(Bluetooth)或者 802.11(一组用于共享无线局域网技术的行业标准)无线网连接在一起。

所有这些设备所收到的多媒体数据如何在家庭网络和设备间共享，为流媒体的发展提供了一个更大的舞台，真正实现一种无所不在、随心所至的多媒体服务，让多媒体真正地像液体一样自由流动起来。流媒体在家庭网络应用中的关键是如何使多媒体数据能够适应不同设备的能力。比如，在电视和计算机中播放的视频可能是标清甚至是高清，但是，同样的内容可能需要经过流媒体系统有效的转换才能成为最适合在手持设备上播放的媒体。

2．流媒体新技术

1）高效的编码技术

流媒体系统中的多媒体数据要通过网络传输给用户。高效的编码技术可以极大地降低流媒体系统对网络带宽的要求。目前标准化和商业化的视频编码技术都是基于运动补偿和 DCT 变换的，从早期的 MPEG-1 和 H.261，到最新的 MPEG-4 AVC/H.264 和 Windows Media

视频编码器都采用了这个框架。在这个框架中，运动估计和补偿模块用来消除相邻图像间的冗余信息，熵编码模块用来消除编码信号的冗余性，变换量化模块根据人的视觉系统丢弃对视频信号的细微变化不敏感的部分信息，从而提高压缩比。

事实上，最新 MPEG-4 AVC/H.264 标准的编码效率比 MPEG-1 提高了 4 倍左右。除去更精细的运动补偿和基于上下文的熵编码外，帧内预测、多参考帧的预测、环路滤波和率失真优化技术也极大地提高了该标准的性能。

MPEG-4 AVC/H.264 标准是由 ITU-T 和 ISO/IEC 联合开发的。ITU-T 给这个标准命名为 H.264，而 ISO/IEC 称它为 MPEG-4 高级视频编码(AVC，Advanced Video Coding)，它将成为 MPEG-4 标准的第 10 部分。该标准定位于覆盖整个视频应用领域，包括低码率的无线应用、标准清晰度和高清晰度的电视广播应用、Internet 上的视频流应用，传输高清晰度的 DVD 视频，以及应用于数码相机的高质量视频等。

2) 可伸缩性编码技术

在流媒体应用中，需要解决的一个基本问题是网络带宽的波动。不同的人在不同的时刻使用互联网和无线网络时，得到的数据传输率存在着很大的差异；甚至同一个人在同一个时刻，哪怕是传输同一个视频流，实际的数据传输率也会存在较大的波动。目前在流媒体系统中所用的编码技术是生成固定码率的码流，它们很难适应如此复杂的网络带宽的波动。一个有效的方法是采用可伸缩性的视频编码，MPEG-4 和 H.263 标准包含了分层的可伸缩性的视频编码。它们提供一定的适应网络带宽变化的能力，但是在流媒体应用中，人们更期望视频编码技术能提供精细的码流可伸缩性，MPEG-4 FGS(Fine Granularity Scalability，精细可伸缩性)就是这样的一种编码技术。

MPEG-4 FGS 是 MPEG-4 标准的一种可分级视频编码方案。FGS 编码实现简单，可以在编码速率、显示分辨率、内容、解码复杂度等方面提供灵活的自适应和可扩展性，且具有很强的带宽自适应能力和抗误码性能。

3) 多媒体标准技术

多媒体编码标准在流媒体中是至关重要的。一方面，标准的制定和执行确保不同厂家和服务商之间可以互通互联；另一方面，标准中涉及的知识产权也是商家必争之处。掌握了标准中的知识产权，竞争就有很大的主动权。所以，很多商家乃至政府部门都在全力推出自己的知识产权到各种国际标准中，甚至打造自己的产业或国家标准。

4) 点对点技术(P2P)

P2P 是当前互联网上较热门的技术，可以应用到流媒体。每个流媒体用户是 P2P 中的一个节点。在目前的流媒体系统中，用户之间是没有任何联系的。但是，采用 P2P 技术后，用户可以根据其网络状态和设备能力，与一个或几个用户建立连接，分享数据。这种连接能够减轻服务器的负荷并提高每个用户的视频质量。P2P 技术在流媒体应用中特别适用于一些热门事件。即使是大量的用户同时访问流媒体服务器，也不会造成服务器因负载过重而瘫痪。此外，对于多人的多媒体实时通信，P2P 技术也会大大改善网络状况和音视频质量。

P2P 技术如果与可伸缩性视频编码技术结合，则能够极大地提高每个用户所接收的视频质量。由于可伸缩性码流的可加性，多媒体数据不用全部传输给每个用户，而是把它们分散传输给每个用户，再通过用户间的连接，每个用户就可以得到合在一起的媒体数据。即使每个用户与服务器的连接带宽是有限的，应用 P2P 技术，每个用户依然可以通过流媒体系统享受高质量的多媒体服务。

  流媒体的发展正处在一个酝酿着突变的阶段。无论是应用、服务，还是技术，都将产生一系列重大的突破。在流媒体的领域里，重点不应该只放在几个孤立的关键技术上，而应该把流媒体当作一个系统工程。编码、传输、分享、网络以及设备都是互相联系的一个整体。要想在流媒体领域的竞争中立于不败之地，只有在这样一个系统工程中，最有效地将流媒体以一种最适合用户终端设备的形式传送给用户，并且不增加服务器和网络负担。

9.3 流媒体传输协议

  流媒体传输协议是流媒体技术的一个重要组成部分，也是基础组成部分。它是为在网络上实时传输多媒体信息而开发的协议。

9.3.1 网络传输

  最初，Internet 并不是为传输多媒体内容而设计的网络，它只用于传输纯文本性的信息，经过一段时间后才加入了图像等数据形式，到现在 Internet 出现了越来越多的多媒体内容。对于现在的 Internet 来讲，传输多媒体内容存在着一定的困难，而这些困难又是我们必须面对的。

1.网络传输面临的问题

  (1) 多媒体数据需要占用更多的网络带宽。与纯文本性的数据相比，多媒体数据需要占用更多的网络带宽。这种对带宽需求的增加决不是几倍、几十倍的关系，而是几百倍、上千倍的需求。

  (2) 多媒体应用需要实时的网络传输。音频和视频数据必须进行连续的播放，如果数据不能按时抵达目的地，那么多媒体播放就会停止或中断。如果在出现数据延时情况后，不能够合理地建立延时数据丢弃及重发机制，那么网络的阻塞就会更加严重，最终导致停滞状态。

  (3) 多媒体数据流具有突发性。多媒体数据流突发性非常强，仅仅依靠单纯的增加带宽，往往不能够解决数据流的突发问题。对于大多数的多媒体应用程序来讲，数据接收端都有一个缓存限制，如果不能够很好地调节数据流的平稳度，就会导致应用程序的缓存溢出。例如，当数据抵达目的地太慢时，缓存就会向下溢出，应用程序会处于"冬眠"状态；而当数据抵达目的地太快时，缓存就会向上溢出，这些先期抵达的数据可能无法正常保存而导致丢失，最终的效果就会变得很差。

  可见，为了解决上述问题，除了快速发展网络软硬件的建设，突破带宽限制外，设计一种实时传输协议来迎接多媒体时代的到来是势在必行的。

2．实时传输协议

Internet 一直用来提供可靠的数据传送服务，对数据的时延几乎没有什么限制。TCP/IP 协议就是为这种类型的通信而设计的，并且工作得很好。然而，像多播这样的多媒体应用却具有不同的特性，因此，需要不同的协议来提供所需要的服务。

例如，如果用户在接收来自 Internet 的声音、电视或者要求时延很小的其他数据时，使用 TCP/IP 协议，那么，在实时播放的过程中可能会产生抖动，甚至是不能接受的抖动，使声音或者电视的质量明显下降。

现在已经开发、并且还将继续开发许多协议来增强 Internet 的体系结构，从而改善声音广播、电视广播和交换多媒体会议的应用。资源保留协议(RSVP，Resource Reservation Protocol)、实时传输协议(RTP，Real-time Transport Protocol)、实时控制协议(RTCP，Real-Time Control Protocol)、实时流协议(RTSP，Real-Time Streaming Protocol)就是为实时多媒体在网络上的应用而开发的协议。

9.3.2　RSVP

在传统的 Internet 上，只提供单一的服务质量(QOS，Quality of Service)，不提供资源配置及预留等措施，并且所有业务均不加区分地以平均流量使用资源。这种 QOS 对数据吞吐率和时延不提供任何担保，因此，根本不能满足流数据的传输。只有当网络的带宽和时延抖动维持在一定水平，流媒体数据才能够平稳地在客户端播放。为了改善声音和电视质量，非常渴望能够在 Internet 上为多媒体网络应用提供 QOS 有保证的服务。但 QOS 无疑需要一种机制，这种机制允许应用程序保留 Internet 上的资源。新的 Internet 标准"RSVP"是一种允许应用程序保留资源的标准，可以让流数据的接收者主动请求数据流路径上的路由器，为该数据流保留一定资源(即带宽)，从而保证一定的服务质量。

1．RSVP 概述

RSVP 是为保证服务质量而开发的一种协议。它允许应用程序为它们的数据流保留带宽。接收端根据数据流的特性使用这个协议向网络请求保留一个特定量的带宽，路由器也使用 RSVP 转发带宽请求。为了执行 RSVP，在接收端、发送端和路由器中都必须要有执行 RSVP 的软件。RSVP 的两个主要特性是：

(1) 保留多播树上的带宽，单播是一个特殊情况。

(2) 接收端导向，也就是接收端启动和维护资源的保留。

图 9-4 说明了 RSVP 上述的两个特性，表示的是一个多播树，即服务器和客户端之间构成的发送与接收关系图。它的数据流向是从服务器到 6 个客户端。虽然数据流来自发送端——服务器，但保留消息(Reservation Message)则发自接收端——客户端。当路由器向上给发送端转发保留消息时，路由器可以合并来自下面的保留消息。

RSVP 没有指定网络如何为数据流保留资源。这个协议仅是允许应用程序提出保留必要的链路带宽的一个协议。一旦客户端提出要求保留资源，实际上是 Internet 上的路由器来为数据流保留带宽，让路由器接口来维护途经这个接口的各种数据流信息包。

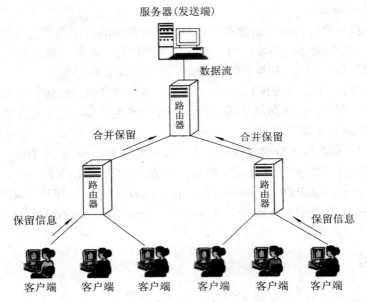

图 9-4　RSVP 的特性

2．不同种类的接收器

接入 Internet 的用户是多种多样的。有的使用 28.8 kb/s 速率接收数据流，有的使用 128 kb/s 速率接收数据流，而有的使用 10 Mb/s 甚至更高的速率接收数据流，所以，就出现了一个问题：当服务器向这些接收数据流速率不同的用户发送数据流时，到底应该使用什么样的数据流速率，使用 28.8 kb/s 还是使用 10 Mb/s？如果使用 28.8 kb/s 的速率发送数据流，那么使用 10 Mb/s 速率的用户就会嫌质量太低；如果使用 10 Mb/s 的速率发送数据流，那么使用 28.8 kb/s 速率的用户就接收不到数据流。

解决这个问题的一种方案是对声音或电视进行分层编码。每层的声音或电视的数据速率各不相同，以此满足各种不同用户的要求。在服务器发送数据流时，并不一定要知道接收端的数据流接收速率，而只需知道这些用户中使用的最大数据流接收速率即可。发送端对声音或电视进行分层编码，把它们发送到 Internet 上，用户根据自己的实际速率接收不同质量的数据流。

例 9-1　多目标实况数据流传输。

假设要在 Internet 上进行一场体育比赛的实况转播。多目标数据流传输地址已经在 Internet 上事先发布，并且从发送端到接收端的多目标数据流传输关系网已经确立，如图 9-5 所示。此外，每个接收端的数据流接收速率如图 9-5 所示，电视数据是按照接收端数据流接收速率进行分层编码的。

RSVP 的工作过程大致如下：

每个接收端逆向发送一个资源保留消息到多目标数据流传输关系网上。这个消息说明了接收端接收发送端的数据流速率。当保留消息到达一个路由器时，路由器就调整它的数据包调度程序来保留带宽，然后把这个消息送到上游路由器。路由器逆向保留的带宽数量是根据下流的保留带宽的数量来确定的。在本例中，接收端 R1、R2、R3 和 R4 分别保留 20 kb/s、100 kb/s、3 Mb/s 和 3 Mb/s，因此路由器 D 下面的接收端请求的最大速率为 3 Mb/s。

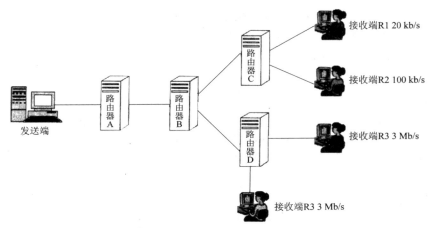

图 9-5　多目标数据流传输网

(1) 路由器 D 把保留消息发送给路由器 B，请求路由器 B 在路由器 B 和路由器 D 之间的链路上保留 3 Mb/s 的带宽，因为 R3 和 R4 接收同一个数据流，因此，不需要保留 6 Mb/s 的带宽。

(2) 路由器 C 请求路由器 B 在路由器 B 和路由器 C 之间的链路上保留 100 kb/s 的带宽。分层编码的数据流保证接收端 Rl 的 20 kb/s 的数据流包含在 100 kb/s 数据流中。

(3) 一旦路由器 B 接收到来自下一层路由器的保留消息之后就递送给它的调度程序，然后把新的保留消息递送给上一层的路由器 A。这个消息要求在从路由器 A 到路由器 B 之间的链路上保留 3 Mb/s 的带宽，这是接收端要求保留的最大带宽。

从上面的分析可以看到，RSVP 是接收端导向(Receiver-Oriented)的协议，也就是由接收数据流的终端提出资源保留请求。我们也注意到，每个路由器接收到的消息依次是从多目标数据流传输关系网上的下流链路上发送来的，而且只有一个带宽保留消息。

例 9-2　4 人电视会议。

假设每人在自己的计算机屏幕上开有 3 个窗口观看其他 3 个人的情况，按照路由协议在 4 台计算机之间建立多目标数据流传输网。他们都使用 3 Mb/s 的数据流速率来接收电视，如图 9-6 所示。

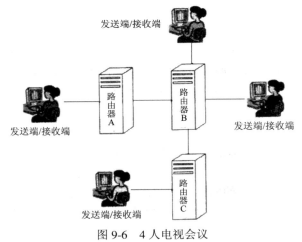

图 9-6　4 人电视会议

在这个多目标数据流传输网的每条链路上，RSVP 要在一个方向保留 9 Mb/s 的带宽，而在其他方向保留 3 Mb/s 的带宽。在这个例子中，RSVP 不合并保留带宽，因为每个人都想接收来自其他 3 台计算机的数据流。

3. 接纳测试

由于路由器在链路上保留的带宽的数量不能超过链路本身的能力，因此每当路由器接收一个新的保留消息时，必须首先判断多目标数据流传输网上的下流链路是否可以容纳，这个过程称为接纳测试(Admission Test)。如果接纳测试失败，则路由器拒绝保留带宽，并且给请求保留带宽的接收端发送一个错误消息。

RSVP 不定义和执行容纳测试，而是由路由器来承担这种测试。

4. 路径消息

发送端与接收端之间传递的 RSVP 信息分为两种类型：

(1) RSVP 保留消息(RSVP Reservation Messages)。即为前面讨论的 RSVP 的带宽保留消息。这是从接收端发出并向发送端递送的带宽保留消息。

(2) RSVP 路径消息(RSVP Path Messages)。它与 RSVP 保留消息相反，是从发送端发出并向接收端发送的消息。

发送路径消息的主要目的是要让路由器知道在哪些链路上转发保留消息，尤其是在多目标数据流传输网(如图 9-5 所示)中从路由器 A 到路由器 B 发出的路径消息。这个消息中包含有路由器 A 的单目标数据流传输 IP 地址。路由器 B 把这个地址放在路径状态表(Path-State Table)中，当它从下流节点接收到保留消息时，就访问这张路径状态表，从而得知应该向路由器 A 发送一个带宽保留消息。

路径消息也包含发送端的通信特性，它定义发送端将要生成的数据流的特性。这个消息可以用来预防带宽保留过多。

9.3.3 RTP 与 RTCP

RTP 是一种端对端传输服务的实时传输协议，用来支持在单目标数据流传输和多目标数据流传输网络服务中传输实时数据。它通常使用 UDP 协议来传输数据，而实时数据的传输则由 RTCP 协议来监视和控制。

1. RTP

数据报(Datagram)是一种自含式的独立数据实体。它包含有从源计算机传送到目标计算机的完整信息，而无需依靠此源计算机和目标计算机及传输网络之间先前进行的数据交换。简而言之，数据报是 TCP/IP 在通过指定网络传送文件和其他类型内容之间，将其划分的形式。

在网络上发送和接收的数据被分成一个或多个数据包(Packet)，每个数据包括要传送的数据和控制信息(即告诉网络怎样处理数据包)。TCP/IP 决定了每个数据包的格式。

如果事先不告知，则可能不会知道信息被分成用于传输和再重新组合的数据。

Internet 是一个共享数据报的网络，因此，数据报在 Internet 中传输时会存在不可预期的延迟和不稳定性。但是多媒体数据的传输恰恰需要精确的时间控制，以保证多媒体内容最终能够正常地回放。RTP 正是在这种需求下产生的协议，它在数据传输的时间性上制定了特别的机制。RTP 协议主要完成对数据包进行编号、加盖时间戳，丢包检查、安全与内容认证等工作。通过这些工作，应用程序会利用 RTP 协议的数据信息保证流数据的同步和实时传输。下面我们看一下 RTP 协议是如何工作的。

1) RTP 数据包的基本内容

图 9-7 给出了 RTP 数据包的位置及结构。

图 9-7　RTP 数据包的位置及结构

RTP 数据包由固定包头(RTP Header)和有效载荷(RTP Payload)两部分组成。其中固定包头又包括时间戳(Time Stamping)、顺序号(Sequence Number)、同步源标识(Synchronization Source Identifier)、贡献源标识(Contributing Source Identifier)等；有效载荷类型就是传输的音频或视频等多媒体数据。

(1) 时间戳(Time Stamping)：这是实时应用中的一个重要概念。发送端会在数据包中插入一个即时的时间标记，即时间戳。时间戳会随着时间的推移而增加。当数据包抵达接收端后，接收端根据时间戳重新建立原始音频或视频的时序，以此去除由网络引起的数据包的抖动。时间戳也可以用于同步多个不同的数据流，帮助接收方确定数据到达时间的一致性。

(2) 顺序号(SN，Sequence Number)：由于 UDP 协议发送数据包时无时间顺序，因此人们就使用顺序号对抵达的数据包进行重新排序。同时，接收端可以用顺序号来检查数据包是否丢失。

看上去时间戳和顺序号都可以用于再现数据，那么，它们的作用是不是重复的？在实际传输过程中会遇到如下的情况：在某些视频格式中，一个视频帧的数据可能会被分解到多个 RTP 数据包中传递。这些数据包会具有同一个时间戳，因此仅凭时间戳是不能够对数据包重新排序的。

(3) 同步源标识(SSRC，Synchronization Source Identifier)：可以帮助接收端利用发送端生成的唯一数值来区分多个同时的数据流，得到数据的发送源。例如，在网络会议中通过同步源标识可以得知哪一个用户在讲话。

(4) 有效载荷类型(PT，Payload Type)：对传输的音频、视频等数据类型给以说明，并说明数据的编码方式，使接收端知道如何破译和播放负载数据。RTP 可以支持 128 种不同的有效载荷类型。对于声音流，这个域用来指示声音使用的编码类型，如 PCM、ADPCM 或 LPC 等，如果发送端在会话或者广播的中途决定改变编码方法，发送端可以通过这个域来通知接收端。对于电视流，这个域用来指示电视编码的类型，如 motion JPEG、MPEG-1、MPEG-2 或 H.231 等，发送端也可以在会话期间随时改变电视的编码方法。注意在任意给定时间的传输中，RTP 发送端只能传输一种类型的负载。

2) RTP 固定包头

RTP 固定包头的格式如图 9-8 所示。除 CSRC(贡献源标识)外，其他内容都会出现在每一个 RTP 固定包头中。

0~1	2	3	4~7	8	9~15	16~31
V	P	X	CC	M	PT	顺序号
时间戳						
同步源标识						
贡献源标识						

图 9-8　RTP 固定包头格式

- V 代表 version(版本)，占用 2 位，说明 RTP 协议的版本。
- P 代表 padding(填充)，占用 1 位，设定后在数据包的末尾会多出一个或更多的填充内容，这些内容不属于有效载荷。
- X 代表 extension(扩展)，占用 1 位，设定后固定包头会跟在一个头扩展的后面。
- CC 代表 CSRC Count(贡献源标识计数)，占用 4 位，跟在固定包头后记录贡献源标识的数量。
- M 代表 maker(标记)，占用 1 位，意旨接收重要事件，比如在数据包流中的帧边界进行标记等。
- SN(顺序编号)，占 16 位。
- Time Stamping(时间戳)，占 32 位。
- SSRC(同步源标识)，占 32 位，从一个同步源出来的所有包构成相同的时间和序列部分，在接收端就可以用同步源为包分组，进行回放。
- CSRC(贡献源标识)，可以有 0~15 个项目，每个项目占 32 位。一列贡献源标识被插入 Mixer(混合器)中，混合器表示将多个载荷数据组合起来产生一个将要发出去的包，允许接收端确认当前数据的贡献源，它们具有相同的同步源标识符。

2. RTCP

RTCP 是 RTP 的姐妹协议，是一个控制协议，其设计目的是与 RTP 共同合作，为顺序传输数据包提供可靠的传送机制，并对网络流量和阻塞进行控制。

例如，接收端应用程序在某些情况下要求发送端降低视频流的发送速度，这样在低带宽的情况下仍然能看到图像，只不过画面质量有所损失。因此，服务器可以利用反馈信息动态地改变数据的传输速率，甚至改变有效载荷的类型。

在一个 RTP 会话中，参与者可以周期性地相互发送 RTCP 数据包，从而得到数据传送质量的反馈以及对方的状态信息。RTCP 数据包是一个控制包，由一个固定报头和结构元素组成。其报头与 RTP 数据包的报头相类似，一般都是将多个 RTCP 数据包合成一个包在底层协议中传输。

1) 传送控制信息的 RTCP 数据包

(1) 发送端报告(SR，Sender Report)。发送端报告由活动的发送端产生，包含发送端信息部分、媒体间的同步信息、数据包累计计算、发送的字节数等。

(2) 接收端报告(RR，Receiver Report)。接收端报告由非活动的发送端产生，主要是数据传输的接收质量反馈，包括接收的最大数据包数、丢失的数据包数、计算发送端和接收端的往返延迟等。

(3) 源描述(SDES，Source Description)。源描述包含源描述的信息。

(4) BYE。BYE 表示结束参与。

(5) APP。APP 表示应用特殊功能。

2) RTCP 可以完成的服务

(1) QOS 监视和网络阻塞控制。这是 RTCP 最主要的功能，它向应用程序提供数据发布质量的反馈。这个控制信息无论对发送端、接收端，还是第三方监视都很有用。发送端可以根据接收端反馈的信息调整数据的发送，而接收端可以得到网络阻塞的情况。

(2) 源标识。在 RTP 数据包中，数据源的标识是一个随机产生的 32 位标识符，这一标识符对于应用者用处不大。而 RTCP 的 SDES(源描述)数据包中则包含会话参与者的全球统一标识符。如果愿意，则可以使用用户名、E-mail 地址等信息。

(3) 调节信息的缩放。RTCP 数据包在多个会话参与者之间周期性地发送，当参与者数量增加时，需要在得到最新的控制信息和限制控制通信之间调节。为了放大多点传送成员数，必须防止调节通信量占用全部的网络资源。RTP 限制调解通信量最多能达到整体会话通信的 5%，而 RTCP 加强了这一点。

3. RTP 的优点

当应用程序开始一个 RTP 会话时，将使用两个端口：一个给 RTP 进行数据流的传递，另一个给 RTCP 进行控制流的传递。一个只管传递有效数据，另一个帮助监视网络流量和阻塞情况，为有效数据传递提供可靠保障。RTP 和 RTCP 就像一对姐妹，两者配合能以有效的反馈及最小的开销使传输效率最佳化，特别适合在 Internet 上传输实时数据。

(1) 协议简单。因为 RTP 建立在 UDP 上，其本身不支持资源预留，不提供保证传输质量任何机制，数据包也是依靠下层协议提供长度标识和长度限制，所以协议规定相对简单得多。

(2) 扩展性好。因为 RTP 建立在 UDP 上，所以充分利用了 UDP 的多路复用服务。这主要得益于 RTP 不对下层协议作任何指定。同时，RTP 对于新的负载类型和多媒体软件是完全开放的。

(3) 数据流和控制流分离。RTP 的数据传输和控制传输使用不同的端口，大大提高了协议的灵活性和处理的简单性。

9.3.4　RTSP

RTSP 协议是由 RealNetworks 公司、Netscape 公司和哥伦比亚大学共同开发的，其开发是建立在 RealNetwoks 公司的 RealAudio 产品和 Netscape 公司的 LiveMedia 产品对流媒体的应用与实验基础之上的。

1. RTSP 概述

RSVP、RTP、RTCP 三个协议都与实时传输有关，是实时传输多媒体数据的保障。RTSP 是既与实时传输有关，又与流式传输有关的协议，是在服务器端与客户端之间建立和控制音视频流的协议。RTSP 在服务器端与客户端之间扮演着远程遥控器的角色，也就是通过客户端对服务器上的音视频流做播放、录制等操作的请求。

由于多媒体数据传输量非常大，因此，在传输时会将其分割成多个适合在网络中传输的小数据包，再实时地以流的形式传送。对于客户端来讲，数据包的接收、解压、播放可能在同一时刻进行，用户不需要将整个文件下载就可以开始欣赏节目。节目既可以是现场的实况，也可以是事先制作好的作品。在客户端应用程序中，对流式多媒体内容的播放、暂停、快进、录制和定位等操作都是通过 RTSP 实现的。

RTSP 是一个应用层协议，它必须以底层的 RTP、RSVP 等协议为依托，才能够在 Internet 上提供完整的流媒体传输服务。在数据选择传送通路和传送机制上都遵循底层的 RTP 或 TCP。它能够为单点传送和多点传送流式多媒体提供很高的播放性能，同时，也能够兼容不同厂商的发送端和接收端的应用程序。

2．RTSP 的操作

(1) 从媒体服务器上取得多媒体数据，客户端可以要求服务器建立会话并传送被请求的数据。

(2) 要求媒体服务器加入会议，并回放或录制媒体。

(3) 向已经存在的表达中加入媒体，当任何附加的媒体变为可用时，客户端和服务器之间要互相通报。

RTSP 提供音视频数据的传输就像在 HTTP 上提供文本和图像的传输一样。基于这个初衷，两者的语法和操作有很多相似之处。每一个媒体流都对应一个 URL，媒体的各种属性都被定义在一个描述文件中，包括语言、编码、目的地址、端口等。描述文件可以通过 HTTP 或邮件等方式传送。除此以外，两者也有很多的不同。其中一个很大的不同就是，HTTP 中的请求必须由客户端发出，服务器做出响应。而在 RTSP 中，客户机和服务器都可以发出请求，即 RTSP 是双向的。

扩展题

1. 超文本技术、HTML、HTTP、URL 和 WWW 有什么联系？
2. 什么是流媒体技术？流媒体系统的组成包括哪几部分？
3. 试用流媒体制作工具(如 WM Recorder)录制一流媒体片段并发布。
4. 举例说明不同流媒体的传输协议的应用情况。

第 10 章

多媒体技术综合应用

☞ 人类社会逐渐进入信息化时代，社会分工越来越细，人际交往越来越频繁，群体性、交互性、分布性和协同性将成为人们生活方式和劳动方式的基本特征，其间大多数工作都需要群体的努力才能完成。但在现实生活中，影响和阻碍上述工作方式的因素太多，如打电话时对方却不在。即使电话交流也只能通过声音，而很难看见一些重要的图纸资料，要面对面地交流讨论，又需要费时的长途旅行和昂贵的差旅费用，这种方式造成了效率低、费时长、开销大的缺点。今天，随着多媒体计算机技术和通信技术的发展，两者相结合形成的多媒体通信和分布式多媒体信息系统较好地解决了上述问题。

10.1　计算机支持的协同工作系统

计算机支持的协同工作(CSCW)系统具有非常广泛的应用领域，可应用于远程医疗诊断系统、远程教育系统、远程协同编著系统、远程协同设计制造系统以及军事应用中的指挥和协同训练系统等。

10.1.1　CSCW

CSCW 是地域分散的一个群体借助计算机及网络技术，共同协调与协作来完成一项任务。它包括群体工作方式研究和支持群体工作的相关技术研究、应用系统的开发等部分。通过建立协同工作的环境，改善人们进行信息交流的方式，消除或减少人们在时间和空间上的相互分隔的障碍，从而节省工作人员的时间和精力，提高群体工作质量和效率。

10.1.2　CSCW 的研究内容和关键技术

CSCW 系统就是向人们提供了一个开放的分布式集成化的协同工作环境，主要内容是支持群体协同工作，是计算机化的人与人交互的有关技术。或者说，人与人如何借助计算机来进行交流与协同工作。CSCW 关键技术有 CSCW 的系统结构、冲突与协调、公用语言、人与人的交互界面等四个方面。

1. 系统结构

对系统结构的要求，首先应该是有很大的灵活性，该结构应包括易于组装、扩充、剪裁和软件复用等特点。其次，整个 CSCW 系统应有很高的运行效率，特别是应尽可能发挥分布式并行处理的能力。目前，系统结构的实现方法有集中式和分散式两大类。集中式方法是遵循客户/服务器模式。服务器集中负责整个系统的管理、控制和调度，用户要执行某种任务，只能向服务器发出请求，甚至本来可以在用户所在的客户机上执行的任务，也必须向负责总控的服务器提出申请。集中式方法的优点是能保持内部信息的一致性，但网络的传输量可能很大，这种方法对在局域网支持下，人员固定且人数不多的用户小组是可行的。分散式的方法则遵循每个程序模块均处于同等地位，没有主从之分。一种异步工作自治的多 Agent 系统就属这一类。每个 Agent 均是自治地、并发地工作，即每个 Agent 都是平等的、自己管理自己、自己决定自己何时被激活，以及被激活后执行何种动作。或者说，没有一个 Agent 能直接激活另一个 Agent，而只能修改数据、广播信号，别的 Agent 根据当前的数据、环境状态和自身状态决定是否被激活，以及激活后干什么。有关系统的控制和管理模块，同样也是一个 Agent，和其他工具的 Agent 具有完全同等的地位。分散式的方法灵活性大，开放性好，通用性强，且便于将异构的机器和软件连接在一起，适合于支持较多的用户、较大的群体协同工作。

2．冲突与协调

由于群体中人员各自的经历、学科和所处位置等的差异，群体工作中难免出现冲突，需要进行协同。要求群体工作达到高效率、高质量，也需要协同。因此在设计 CSCW 系统时，必须充分考虑可能出现的冲突，提供解决冲突的办法和进行协调的工具。比如说，工程项目或工业产品的设计是一个典型的群体工作。在总体设计阶段，针对方案的选比，协同设计系统应提供有关的工具，让设计人员提出不同的方案，然后有关人员对方案进行评价，最后用决策的手段选择或制订出一个最优方案。方案确定后，要进行详细设计，一般详细设计分成若干设计阶段，由不同的设计组完成。以建筑为例，可以分为建筑设计、结构设计和给排水设计等。如何保证这些阶段的设计结果一致，而且在施工阶段不会出现冲突，能保证质量，让领导认可，而且用户也满意，就变得至关重要。如果有计算机支持的协同设计环境，则在确定方案阶段和每一设计步骤中，有关人员都可随时进行磋商，发现问题、解决问题，避免了过去经常发生的不必要的返工或凑合交工等现象，从而提高了效率和质量。

3．公用语言

CSCW 系统支持的工作群体中，有各式各样、各种学科的人们。如上面提到的一项工程中，可能包括不同专业的设计人员、施工人员、维修人员、服务人员、领导和用户等。这些人一起交流和讨论问题，首先会碰到语言理解上的困难。对同一事物、同一概念，不同专业的人往往用不同的术语。如古典园林建筑中有很多构件，这只有园林专家清楚，一般人只按它的功能给予一个名字，应该也是允许的。比如说北海公园古建筑中有"垂花门"，这是内行人说的术语，一般游人说它是一个门也不能算错。同样，由于习惯上的差异，同一概念有多种术语，如计算机和电脑完全是同一概念。

总之，如果没有标准术语，容易导致误解，单用户应用时，矛盾不突出，现在要支持多用户群体进行人与人的交互，矛盾就很突出。谈到不同国家不同语言的人们之间的交流，障碍就更多，因此，必须制订统一的术语标准。此外，不同软件之间的信息交互和操作也要求有统一的标准，这些都属于公用语言范畴，有待进一步完善。

4．人与人交互界面

CSCW 系统既包括人机交互，又包括人与人交互。如举行一次电子会议，既需要操作电子会议系统提供的工具，又包括会议参加者之间的交互，这两种交互是难以截然分开的。应该说人机交互技术在 CSCW 系统中必须继承下来，而人与人的交互是新的需求，进行这些交互在时间或地点上可以相同，也允许不同。还有，只要许可，用户可以很方便、灵活地加入到一个群体之中，进行交互，同时也可很容易地从群体中退出，中断交互操作。当然，在交互过程中还需要协同管理工作。另外，还应该有个监视器能形象地为群体成员提供系统当前的运行状态和有关信息。交互的界面一般有两种：一是隐式的，另一是显式的。前者如文本形式，而后者则通过多媒体技术提供一些形象化的手段，如手势、声音和图像等，来直接支持人与人之间的交流和讨论。

10.2　多媒体会议系统

随着计算机多媒体技术和数字化技术的发展，出现了全新概念的多媒体会议系统。一方面，多媒体会议系统能够通过声音、图像、文字发布信息，即能够以大屏幕投影显示计算机的图文信息和录像资料、电视，以及需要讨论演示的书籍、图纸、胶片、实物(通过视频演示仪)和电话会议图像、发言人图像、会议场景等，也就是说，传播信息的来源不仅仅局限于会场内，还包括与会场连接的网络、全球 Internet 网络、远程电视电话系统、通信系统，其他如 110 指挥、城市监管、远程现场采集等系统组成。另一方面，多媒体会议系统也能通过数字会议系统控制会议进程、通过表决系统收集代表反应，并且可通过同声翻译系统实现不同语种的人们实时地交流信息。而对于整个庞大的系统控制的全部操作(包括环境灯光)，都集中到一个图文并茂的液晶触摸屏或计算机控制台，实现由非专业人员自己控制会议设备、进程等。

10.2.1　多媒体会议室设计功能

多媒体会议室的设计功能包括：
(1) 利用文字、图片资料、音视频素材或实物资料等进行演示；
(2) 通过网络系统进行双向视音频信号传输；
(3) 随时切换音视频信号；
(4) 高品质音响还原和大屏幕显示效果；
(5) AutoPatch 数字会议系统控制会议发音、表决和评分；
(6) KT-AV 中央集成控制系统进行集中控制和切换；
(7) 会场手机信号开启或屏蔽等。

10.2.2　多媒体会议系统的组成

1．中央控制系统

中央控制设备集灯光、机械、投影及视音频控制于一体。整个系统以中央控制器为核心。它以控制总线与各个设备相连接，接受操控者发出的控制要求，然后向各个延伸控制设备及被控设备发出控制指令。所有控制功能通过功能实现原则编程而成，具体控制可通过主席台(控制台)的彩色液晶触摸屏或普通 PC 机实现。其控制效果如下：

(1) 可根据需要控制各类视音频设备的操作(如播放、停止等简单功能及对设备进行设置等高级调整)；

(2) 可根据需要，通过对各类切换设备的控制，完成各类音/视/计算机信号的切换，调整信号通路；

(3) 可通过音量控制盒完成对音量的控制；

(4) 可对会议室的照明设备进行分路无级调光及开关控制；

(5) 通过继电器控制器，完成对电动窗帘、电动屏幕的控制以及电磁锁的开关和通电单透玻璃的控制；

(6) 中央控制设备可随不同需要而设计程序，如各种灯光模式、调光速率、口令保护使用权等，可根据实际情况调整。

(7) 通过 RS-485 接口，利用摄像头的云台，实现会议室中摄像头的变焦以及全方位的旋转，摄像头的视频信号通过音视频矩阵切换输出到显示设备上。

(8) 通过温度探头可以测试室内的温度，同时可以连接到中央空调系统以控制会议室温度。

2．音响扩声系统

多功能会议厅的音响效果需要满足国家厅堂扩声系统设计的声学特性指标标准。在建筑声学配合的基础上，一般还需要通过使用扩声设备进行音效补偿。

扩声系统主要由三部分组成：声源、中央控制处理设备(调音台)、扬声器系统。

(1) 声源。声源主要包括会议话筒和录音卡座、DVD 影碟机、移动电脑等声源设备，可播放普通或金属磁带、CD 唱片、DVD 影音图像，录放卡座还可对会议广播进行高质量的录音。

(2) 调音台。调音台可进行多路音频信号混合放大、切换，高低音调节，效果补偿，音量大小调整，录音、放音等；

(3) 扬声器。整个扩声系统的音质及声场均匀性主要取决于扬声器的品质和布置方式。扩声系统设计通常都从声场设计开始，因为声场设计是满足系统功能和音响效果的基础，涉及扬声器系统的选型、供声方案和信号途径等。

3．会议发音系统

会议发音系统包括手拉手会议讨论系统、投票表决系统和同声传译系统。

1) 手拉手会议讨论系统

系统中所有话筒之间都用专用线串联起来，最后到会议主机，如同手拉手一般。在进行中大型团体会议交流时，会议发言者众多，手拉手会议发言系统可保证每个发言者都能很方便地发言，同时又便于会议管理。

系统一般由一个主席发言机(控制机)控制多个代表发言机，系统组成及功能如下：

(1) 主席发言机：具有优先发言权、控制发言权和系统设置权，每个系统设置一个主席机；

(2) 副主席发言机：具有优先发言权、控制发言权，每个系统设置一个副主席机；

(3) 代表发言机：具有申请发言、发言排队、听取发言功能；

(4) 会议主机：接受主席机的指令，对代表机进行控制。

2) 投票表决(评分)系统

在会议讨论系统的每台设备上增加投票表决(评分)功能，用来进行表决、投票及打分。其主要设备包括：

(1) 投票表决器：参会代表用来进行投票；

(2) 资料显示器：用来显示会议议程、代表及会议背景资料、表决或评分结果等信息；

(3) 代表身份管理器：用来确认代表身份；

(4) 投票管理软件：该软件用来管理复杂的投票表决型会议，有话筒管理、表决管理、签到管理、评分统计管理等功能模块。

3) 同声传译系统

同声传译系统用来进行国际间会议交流。使用多语种的参会代表在开会的过程中，当使用任意一语种的代表发言时，由同声翻译员即时翻译成其他语种，通过语言分配系统送达每一个参会代表前，使其可以选听自己所懂的语言，达到多语言交流的目的。

该系统是在会议讨论系统的每台设备上增加了同声传译系统中的语言通道选择功能，并增加了相应的设备而构成的。这些设备有：

(1) 译员机：让翻译员把所翻译的语言传送到系统中，以便参会代表选听；

(2) 语言分配系统：同声传译系统的语言分配系统可分为无线式或有线式。

4. 自动跟踪摄像系统

自动跟踪摄像系统可为会议提供高质量的现场视频图像信号资源。它能通过数字发言系统激活，在无人操作的情况下准确、快速地对发言人进行特写。其采集到的信号可输出给大屏幕背投影系统及远程视频会议系统。

自动跟踪摄像系统一般在会议桌的顶部纵向设置几台高速半球摄像机，其主要作用是采集发言人的特写。在会议室大屏幕上方安装一台全景固定摄像机，用来在无人发言时拍摄全场画面。发言系统的中央控制器连接到视频切换设备的控制端口，当发言系统的话筒开启后，中央控制器将命令发送给视频矩阵设备，视频矩阵设备对相应的摄像机发出操作命令，并同时将此摄像机拍摄的信号输出到会议视频系统或远程视频会议系统。

5. 多媒体视频系统

多媒体视频系统主要包括可联电脑的投影系统、实物投影系统、智能白板等，以满足现代化信息交流的需要。通过它可以把已有的其他信号如闭路电视、广播电视、网络电视等信号等送入该多媒体会议系统，同时还可以把每个会场的多媒体会议信号传送到网络出口，进行网络电视会议交流。

(1) 投影机：可放映录像机、LD、DVD 影碟机的视频图像，更可在大屏幕上真实投影计算机图形文件(或计算机网络信息)等；

(2) 实物展示台：可把任何实物、讲稿、幻灯片经摄像后传送给投影机，投射在大屏幕上向听众展示；

(3) 电子白板：能把讲座中使用的笔记本电脑的显示屏内容通过投影机投射在电子白

板上，让讲座者方便地直接在电子白板上控制电脑演示程序，并进行书写、标记，可存盘，可通过网络会议设备异地同时开会讨论，是现代多媒体会议系统必备和有效的交流工具。

6. 远程视频会议系统

远程视频会议系统利用通信线路实时传送两地或多个会议地点与会者的影像、声音以及会议资料图表和相关实物的图像等，使身居不同地点的与会者互相可以闻声见影，如同坐在同一间会议室中开会一样。

远程视频会议系统基于 Internet，一般由多媒体会议终端(PC 机)、互联网和控制服务器组成。会议终端是配有视频采集设备(摄像机)和编解码卡、音频输入/输出设备(如话筒和音箱)以及终端应用程序的电脑，控制服务器是一台高性能服务器。例如，一个集中式多点会议是指所有终端以点对点方式向控制服务器发送视频流、音频流和控制流，服务器则遵循一定的控制协议对会议进行集中式管理，进行混音、数据分配以及视频信号混合和切换，并将处理结果送回参加会议的终端。

10.3　视频点播和交互电视系统

视频点播和交互电视系统是根据用户要求播放节目的视频点播系统，具有提供给单个用户对大范围的影片、视频节目、游戏、信息等进行几乎同时访问的能力。对于用户而言，只需配备相应的多媒体电脑终端或者一台电视机和机顶盒、一个视频点播遥控器，就可以想看什么就看什么，想什么时候看就什么时候看了。用户和被访问的资料之间高度的交互性使它区别于传统的视频节目的接收方式。它是在多媒体数据压缩解压技术的基础上，综合了计算机技术、通信技术和电视技术的一门综合技术。

10.3.1　视频点播

视频点播(VOD，Video On Demand)指的是用户可以请求访问视频服务器上提供的视频节目，是网络多媒体技术的一个典型应用。

第一代 VOD 系统是半自动的，主要应用于卡拉 OK 点播房中。硬件设备是一台位于控制中心的影碟机，由操作员根据用户点播请求向影碟机中放置相应碟片，并管理影碟机运行。这种 VOD 系统由于要借助手工操作，稳定性差，且当多个用户点播同一节目时，排队等待时间较长。

第二代 VOD 系统是将所有节目放在服务器硬盘中，点播终端通过局域网或有线电视同轴电缆(HFC)将点播请求上传至服务器，服务器进行相应播放。第二代 VOD 系统未对视频文件进行充分优化，客户端需专用视频压缩卡及专用程序，难以支持大规模的并发点播，维护量大，不适合在较大规模的环境中应用。

第三代 VOD 系统是目前最先进的，其基于 Web 平台设计，可与 Internet 平滑地结合在一起；客户端采用浏览器方式进行点播，基本无需维护。由于采用了先进的机群技术，可对大规模的并发点播请求进行分布式处理，使其能适应大型住宅小区及城域级的应用环境。VOD 的应用早已突破了其最初的点歌的范围了，它将作为一种新的信息交互理念而存在。

10.3.2　视频点播系统的组成

在视频点播系统中向用户提供视频流,典型的为 MPEG-1 或 MPEG-2 位流。VOD 系统要解决视频数据的存储、传送和显示等问题,并要提供交互性。一个视频点播系统主要由视频服务器、网络和用户终端三个部分组成,如图 10-1 所示。

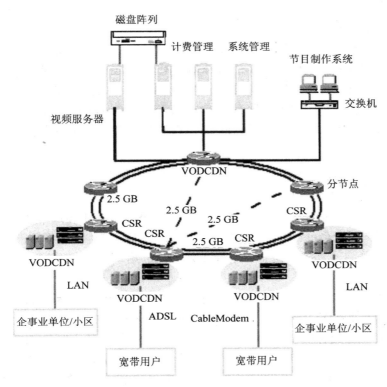

图 10-1　VOD 系统的组成

1．视频服务器

视频服务器是视频点播系统的关键部件。它是一种专门的服务器,存储量大,存取时间短,而且能处理多重访问,并具有数据检索功能。由于视频服务器要存储和管理的是视频、音频这样的连续媒体,故要求必须能实时进行视频、音频数据流的存储和访问。视频服务器要能同时处理大量用户的访问,及时作出响应,这其中包括数据检索、数据流的组织和分配等。而在节目传送过程中必须保证数据流的连续,即延时抖动很小。专门的视频服务器从硬件结构、控制软件到数据存放和读取的方法都不同于一般的服务器。好的专用视频服务器能同时支持几千个用户的访问。视频服务器常采用磁盘阵列作为存储部件,为了兼顾性能和价格,不少视频服务器采用 RAM、硬磁盘和光盘阵列相结合的分级的存储方式。

2．网络

VOD 系统对网络的吞吐量、延迟和延迟变化等性能指标以及等时性、多点播送等特性都有要求。VOD 系统在通信方面的特点之一是收发(上行/下行)数据流量的不对称性。

大型的 VOD 系统可能由有线电视台经营，并以城域宽带网为基础，范围可以覆盖一个城市。在这种情况下，视频服务器和前端设备常常接到宽带主干网(如 ATM 网)上，而用户(一般是住户)通过 HFC、ADSL、FTTH、FTTB 等接入网接到主干网上。园区范围的 VOD 系统可直接采用 HFC、ADSL、ATM LAN，而宾馆和大楼内的用于娱乐和教学目的的小型 VOD 系统可以采用 ATM LAN、千兆以太网、帧中继、FDDI 等。其中千兆以太网性能价格比较高，是近来采用最多的方案。

3. 用户终端

VOD 系统的用户设备可以是多媒体 PC 机、工作站，也可以是电视机的机顶盒。这些用户终端应具备相应的网络接口，如 Cable Modem、ADSL 适配器、网卡等。

VOD 系统还要有软件的支持才能工作。通常需要一个网络操作系统平台加上点播和管理、记费等专用软件。视频服务提供商提供视频资料源及其视频服务系统的管理，其设备一般由视频服务器、辅助存储服务器、记账计算机和节目选择计算机组成。用户终端也要运行相应的用户界面。

10.3.3　交互电视系统

交互电视(ITV，Interactive TV)从纯粹意义上讲是指观众和电视屏幕交互、互动，观众用遥控器在屏幕上显示菜单、问题及选择。例如，通过电子节目单选择自己感兴趣的节目，浏览当前播放节目的所有相关信息，或者在某一特定频道上显示当天所计划播出的全部内容。

交互电视是一个与视频点播关系密切的系统。ITV 主要提供视频节目，而且提供交互性，这与 VOD，特别是 IVOD 很相似。一般认为两者的区别在于 ITV 与电视有着渊源关系，它们是借助电视的网络(特别是 CATV)，主要面向公众，用户端主要是(带接口设备如机顶盒的)电视机。而 VOD 建立在多种网络的基础上，主要面向局部用户，用户端可能是 PC 机或工作站。实际上，这主要是广播电视部门和电信部门从不同的角度产生的不同称呼。随着数字技术、多媒体技术、网络技术的迅速发展，电视网络和计算机电信网络的结合，带有通信接口的数字式电视机的出现，使它们的区别越来越不明显了。

基于 CATV 网络的数字电视城域点播系统是一种借助电话，利用移动互联技术、数字压缩技术、数字视频传输技术、数据库技术，在现有的数字电视前端系统的基础上进行节目播放的视频点播系统。

用户只需要具备普通的电话和数字电视机顶盒即可实现节目的点播和收看。通过接入服务器接收用户的点播请求，点播节目时，用户先通过机顶盒接收列有可供点播节目的节目单，然后在相关点播提示音的提示下，在电话上输入相应内容，包括自己所要点播节目的有关信息(如智能卡卡号、机顶盒验证码、节目的编号等)。通过呼叫中心对点播的内容进行分析，获得用户的合法信息，视频服务器将合法用户点播的视频节目发送给前端设备的调制器，调制设备将调制后的节目由混合器送入 CATV 网络，当机顶盒切换到相应的频道之后，用户就能在电视上看到自己点播的节目了。该城域 VOD 系统包括交互播出系统、呼叫服务中心、业务支撑平台、VOD 点播服务器群、客户终端机顶盒五个部分。其逻辑结构图如图 10-2 所示。

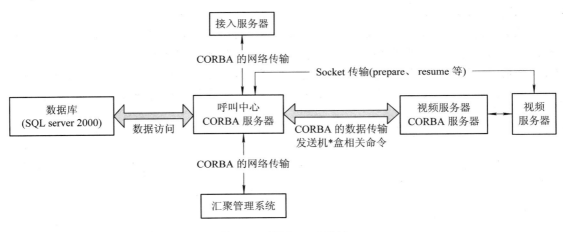

图 10-2　城域 VOD 系统

　　在这些 VOD 应用技术的支持和推动下，网络在线视频、在线音乐、网上直播为主要项目的网上休闲娱乐、新闻传播等服务得到了迅猛发展，各大电视台、广播媒体和娱乐业公司纷纷推出其网上节目，虽然目前由于网络带宽的限制，视频传输的效果还远不能达到人们所预期的满意程度，但还是受到了越来越多的用户的青睐。VOD 和交互电视(ITV)系统的应用，在某种意义上讲是视频信息技术领域的一场革命，具有巨大的潜在市场，具体应用在电影点播、远程购物、游戏、卡拉 OK 服务、点播新闻、远程教学、家庭银行服务等方面。

10.4　其他多媒体应用软件

1．CAI 及远程教育系统

　　根据一定的教学目标，在计算机上编制一系列的程序，设计和控制学习者的学习过程，使学习者通过使用该程序，完成学习任务，这一系列计算机程序称为教育多媒体软件或称为计算机辅助教学(CAI，Computer Assisted Instruction)。网络远程教育模式依靠现代通信技术及多媒体技术的发展，大幅度地提高了教育传播的范围和时效，使教育传播不受时间、地点、国界和气候的影响。CAI 的应用，使学生真正打破了明显的校园界限，改变了传统的"课堂教学"的概念，突破时空的限制，接受到来自不同国家、教师的指导，可获得除文本以外更丰富、直观的多媒体教学信息，共享教学资源，它可以按学习者的思维方式来组织教学内容，也可以由学习者自行控制和检测，使传统的教学由单向转向双向，实现了远程教学中师生之间、学生与学生之间的双向交流。

2．地理信息系统(GIS)

　　地理信息系统(GIS)获取、处理、操作、应用地理空间信息，主要应用在测绘、资源环境领域。与语音图像处理技术比较，地理信息系统技术的成熟相对较晚，软件应用的专业程度相对也较高，随着计算机技术的发展，地理信息技术逐步形成为一门新兴产业。除了大型 GIS 平台之外，多媒体技术也广泛应用于领域设施管理、土地管理、城市规划、地理测量专业。

3. 多媒体监控技术

　　图像处理、声音处理、检索查询等多媒体技术综合应用到实时报警系统中，改善了原有的模拟报警系统，使监控系统更广泛地应用于工业生产、交通安全、银行保安、酒店管理等领域。它能够及时发现异常情况，迅速报警，同时将报警信息存储到数据库中以备查询，并交互地综合图、文、声、动画多种媒体信息，使报警的表现形式更为生动、直观，人机界面更为友好。

扩展题

1. 什么是"三网合一"？
2. 试利用 3G 网络设计一个远程交互实时视频会议系统原理图。

参 考 文 献

[1] 李希文，赵小明. 多媒体技术及应用. 北京：高等教育出版社，2004.

[2] 何东健. 多媒体技术与应用. 西安：西安交通大学出版社，2003.

[3] 周苏，陈祥华，胡兴桥. 多媒体技术与应用. 北京：科学出版社，2005.

[4] 鄂大伟. 多媒体技术基础与应用. 北京：高等教育出版社，2002.

[5] 冯博琴，赵英良，崔舒宁. 多媒体技术及应用. 北京：清华大学出版社，2005.

[6] 黄心渊，淮永建，罗岱. 多媒体技术基础. 北京：高等教育出版社，2003.

[7] 胡晓峰，等. 多媒体技术教程. 北京：人民邮电出版社，2002.

[8] 洪小达，等. 多媒体技术简明教程. 北京：电子工业出版社，2001.

[9] 雷运发，等. 多媒体技术与应用. 北京：中国水利水电出版社，2002.

[10] 钟玉琢，等. 多媒体技术基础及应用. 北京：清华大学出版社，2000.

[11] 刘瑞新. 电脑常用工具软件短训教程. 北京：机械工业出版社，2004.

[12] 梁仁弘，严枫琪. 精彩光盘刻录. 北京：中国水利水电出版社，2003.

[13] 张磊研究室. 刻录机实战演练. 北京：人民邮电出版社，2003.

[14] 陈强. 多媒体技术与应用教程. 北京：人民邮电出版社，2001.

[15] 孙奂轮，包振山. 多媒体基础教程. 北京：科学出版社，2001.

[16] 彭丽英. 多媒体技术与应用教程. 北京：人民邮电出版社，2001.

[17] 肖波，张国兵，马传连. 多媒体技术应用教程. 北京：人民邮电出版社，2004.

[18] 郑成增. 多媒体实用教程. 北京：中国电力出版社，2002.

[19] 邓振杰. 多媒体应用技术基础. 北京：人民邮电出版社，2005.

[20] 邓嘉平，王升贵. 多媒体技术. 大连：大连理工大学出版社，2003.

[21] 陈文华，等. 多媒体技术. 北京：机械工业出版社，2006.